*Bibliothèque de Philosophie scien*

# GASTON BONNIER

Membre de l'Institut. — Professeur à la Sorbonne.

# Le Monde végétal

## 230 figures dans le texte

PARIS

ERNEST FLAMMARION, ÉDITEUR

26, RUE RACINE, 26

# Le Monde végétal

*Bibliothèque de Philosophie scientifique*

# GASTON BONNIER

Membre de l'Institut. — Professeur a la Sorbonne.

# Le Monde

# végétal

*230 figures dans le texte.*

**PARIS**
**ERNEST FLAMMARION, ÉDITEUR**
26, RUE RACINE, 26
1907

LE

# MONDE VÉGÉTAL

## I

## HISTOIRE DE LA FLEUR

### 1. Pour et contre la sexualité de la fleur.

L'histoire de la fleur se confond, jusqu'à une
époque récente, avec l'histoire de la sexualité chez
les végétaux. Ce sont, en effet, les plantes à fleurs
ou Phanérogames, qui, par leurs organes de reproduction apparents, ont attiré pendant longtemps
l'attention des naturalistes et des philosophes.

La difficulté très grande que présente l'observation des organes sexuels chez les plantes sans
fleurs les avait éliminées de cette étude, comme
l'exprime le nom de Cryptogames, sous lequel on
les a désignées.

Bien que cela semble au premier abord paradoxal, nous verrons que, dans l'état actuel de la
science, c'est au contraire chez les Cryptogames
que l'on connaît le mieux la production des cellules sexuelles et la formation de l'œuf, tandis que
bien des questions restent à résoudre dans l'étude

véritable de la sexualité des Phanérogames et, en général, au sujet du rôle des diverses parties de la fleur.

Tout le monde sait qu'une fleur complète renferme, au milieu d'enveloppes protectrices formées de pièces souvent colorées, les organes considérés comme essentiels à la production du fruit et des graines. Ces organes sont : au centre, les carpelles, dont l'ensemble constitue le pistil, organe femelle dans lequel les œufs prendront naissance ; autour du pistil, les étamines, dont l'ensemble forme l'androcée, organe mâle produisant une fine poussière de cellules vivantes, le pollen.

On sait aussi que c'est seulement lorsque cette fine poussière a été amenée sur le pistil que les œufs peuvent se produire et se transformer chacun en embryon ou plantule, future plante qui sera semblable à celle qui a formé l'œuf dont elle sort.

Ce rôle du pistil et des étamines est maintenant si connu qu'il semblerait avoir dû être toujours admis par les naturalistes. Aussi n'est-ce pas sans étonnement qu'on trouve dans l'ouvrage de Tournefort, paru au commencement du XVIIIe siècle, la négation de toute sexualité chez les fleurs. L'illustre botaniste descripteur considérait les étamines comme des organes d'excrétion et le pollen comme une substance inutile rejetée par le végétal. Il enseignait, en outre, que les pétales colorés de la fleur sont des organes destinés à épurer la sève par une sorte de digestion interne.

La surprise est encore plus grande lorsqu'on apprend que l'Académie d'Amsterdam a décerné, en 1850, un prix au mémoire présenté par Schacht, (qui était d'ailleurs un naturaliste de grand mérite), et dans lequel la sexualité de la fleur se trouve

niée d'après des considérations différentes de celles
invoquées de Tournefort.

Ces exemples font déjà comprendre que l'histoire de la fleur a passé par des phases diverses
et que beaucoup d'opinions contradictoires ont
été successivement soutenues avant qu'on soit
arrivé, tout récemment, à la découverte du mode
de la formation de l'œuf dans la fleur.

Les philosophes grecs avaient déjà acquis quelques notions sur la constitution et le rôle de la
fleur. Empédocle (444 av. J.-C.) admettait que la
plupart des fleurs sont hermaphrodites, ayant à
la fois des organes femelles et des organes mâles.
Environ un siècle plus tard, Aristote cite plusieurs
arbres ayant des pieds de deux sortes : sur les uns,
les fleurs se transforment en fruits, et sur les
autres, appartenant à la même espèce, les fleurs
servent à préparer les fruits des pieds fructifères.

Tout cela est un peu vague. Mais Théophraste,
disciple d'Aristote, apporta plus de précision sur
cette question, car il était non seulement philosophe, mais encore observateur et presque expérimentateur. Sur une étendue de terrain assez
grande, il cultivait un certain nombre de plantes
et d'arbres, soit d'Europe, soit d'Asie ou d'Afrique.

Théophraste remarque, entre autres faits, que
les Pistachiers ont des plants de deux formes : les
premiers qu'il nomme femelles ne portent que des
fleurs à pistil et sans étamines, les seconds qu'il
désigne sous le nom de mâles produisent uniquement des fleurs à étamines et sans pistil. Il rapporte que les premiers seuls sont fertiles ; les autres
restent toujours stériles, ne formant aucun fruit.
Cette observation est complétée d'une manière très

heureuse par le philosophe grec, qui étudie les Palmiers dioïques, c'est-à-dire, comme on sait, ayant aussi des pieds à fleurs femelles et des pieds à fleurs mâles. Il constate que les fleurs des pieds femelles de ces Palmiers ne donnent de fruits que si l'on a saupoudré les fleurs femelles avec la poussière jaune des fleurs mâles.

Depuis ces remarquables observations de Théophraste, fondées sur les plantes à fleurs de deux sortes, rien n'est venu s'ajouter à nos connaissances sur le rôle de la fleur jusqu'à l'époque de la Renaissance.

Virgile, Ovide, Claudien, Pline l'Ancien admettent bien l'existence des deux sexes chez les fleurs, mais à côté d'observations justes, ils commettent de nombreuses erreurs, et, en somme, ces auteurs ne donnent aucune preuve appuyant leur manière de voir.

Au commencement de la Renaissance, c'est d'abord la négation complète de toute sexualité chez les plantes, ainsi qu'il résulte du célèbre ouvrage : *De Plantis*, publié en 1583 par Andrea Cesalpini, d'Arezzo (Toscane), plus connu sous le nom de Césalpin. Cet auteur émet en effet la singulière idée que les graines sont produites directement par la moelle de la tige ; pour lui, les sépales du calice, les pétales de la corolle, les étamines, les carpelles ne sont que les feuilles de bourgeons spéciaux, ayant pour fonctions de protéger les graines pendant leur développement aux dépens de la tige. Le mérite de Césalpin, dans ses études de classification, fit adopter cette manière de voir par la plupart des botanistes.

Vers 1700, Malpighi, le fondateur de l'anatomie, et, comme je l'ai dit plus haut, Tournefort, suivaient encore les idées de Césalpin, sans les modifier sensiblement.

## 2. Premières expériences sur le rôle de la fleur.

Aucun des naturalistes dont je viens de parler n'était expérimentateur ; or, à côté de cette École, une autre devait se développer et établir peu à peu, par des expériences précises, la sexualité de la fleur.

Les remarques de Théophraste sur la pollinisation des Palmiers avaient passé inaperçues, bien que cette expérience sur les Palmiers mâles et femelles ait été refaite à deux reprises par deux naturalistes italiens : Alpino en 1592, et Bocconi en 1673.

Il y a plus : une expérience exécutée en 1678 sur une plante herbacée dioïque par un botaniste anglais, Jacob Bobart, ne fut pas remarquée. L'expérience de Bobart est pourtant très nette et d'un très grand intérêt dans l'histoire de la fleur.

Ce savant choisit pour sujet d'étude une plante de la famille des Œillets, le Lychnis dioïque, connu en France sous le nom de « Compagnon-blanc ». C'est une plante à grandes fleurs blanches, inodores dans la journée, exhalant le soir un parfum subtil, et qu'on rencontre très fréquemment dans les champs, les prairies ou sur les talus.

Bobart avait remarqué que ce Lychnis a des fleurs de deux sortes, presque identiques par leur calice et leur corolle ; mais les unes, toutes semblables sur un même pied, n'ont que des éta-

1.

mines (fig. 1); les autres, toutes semblables sur un
autre pied, n'ont au contraire que des carpelles (fig. 2)
réunis en un pistil que surmontent cinq longs styles
garnis chacun extérieurement d'un stigmate, c'est-
à-dire d'une région sur laquelle vient s'attacher la
poussière du pollen provenant des pieds à éta-

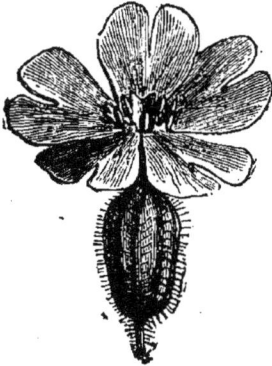

Fig. 1. — Fleur à étamines
de Lychnis dioïque (grossi
de 1/4).

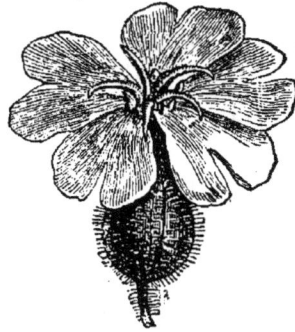

Fig. 2. — Fleur à pistil
de Lychnis dioïque (grossi
de 1/4).

mines. L'auteur anglais avait bien remarqué que
les stigmates des pieds femelles se trouvaient naturellement saupoudrés de pollen avant que ces
fleurs puissent se transformer en fruits, et il supposait que la présence du pollen sur cette partie du pistil était nécessaire à la formation du
fruit et des graines. Toutefois, ces observations ne
lui suffirent pas, d'autant plus qu'il ne pouvait voir
par quel mécanisme la poussière pollinique arrivait ainsi à franchir la distance qui sépare les plants
à étamines des plants à pistils.

Il entreprit alors de cultiver des Lychnis dioïques
dans un grand jardin, après avoir eu soin de détruire
tous les Lychnis de cette espèce qui pouvaient se

trouver aux environs. A l'une des extrémités de ce vaste terrain, il ne mit que des Lychnis à pistil ; à l'autre extrémité, très éloignée, il planta de ces mêmes Lychnis à pistil, en les entremêlant de Lychnis à étamines.

Au bout de quelques semaines, Bobart constata qu'aucun fruit ne s'était formé sur les Lychnis à pistil qui étaient isolés ; sur les stigmates de ces fleurs, il n'avait d'ailleurs pas vu de pollen. Au contraire, la plupart des Lychnis à pistil entremêlés avec les Lychnis à étamines donnèrent des fruits et des graines. Sur les pieds où il avait lui-même saupoudré les stigmates de toutes les fleurs avec du pollen, il trouva que toutes les fleurs s'étaient transformées en fruits très bien constitués. Le botaniste anglais en conclut que l'apport du pollen des étamines sur le stigmate du pistil est nécessaire à la production des fruits.

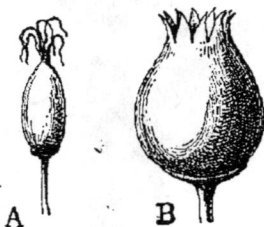

Fig. 3 et 4. — Expérience de Bobart : A, fruit avorté des fleurs n'ayant pas reçu de pollen ; B, fruit développé des fleurs pollinisées (grandeur naturelle).

Cette expérience était d'ailleurs isolée, et c'est à peu près à la même époque que le savant allemand Rudolf-Jacob Camerarius fit toute une série d'expériences semblables sur les plantes dioïques les plus variées. Ce fut donc Camerarius qui recueillit la gloire d'avoir découvert la sexualité de la fleur.

Les recherches de Camerarius furent étendues presque aussitôt par de nombreux auteurs à des espèces de plantes très diverses. C'est ainsi, par exemple, que Bradley, professeur de botanique à Cambridge, fit, en 1717, les premières expériences effectuées avec des fleurs hermaphrodites, c'est-à-dire ayant à la fois étamines et pistil. Le savant anglais cultiva des Tulipes dans un endroit isolé de son jardin et enleva, dans les boutons, toutes les étamines, à mesure que les fleurs allaient s'épanouir ; il constata que ces Tulipes ne produisaient aucune graine, tandis que d'autres Tulipes semblables, mais auxquelles il avait laissé les étamines et qui étaient placées dans un autre endroit, donnaient des fruits renfermant des graines en abondance.

Ce qui est tout à fait remarquable dans les recherches de Camerarius, c'est que l'auteur fit lui-même la critique de ses recherches et qu'il établit aussi des expériences négatives avec la poudre des spores des plantes Cryptogames, que certains botanistes considéraient comme devant jouer le même rôle que le pollen.

Dans la critique de ses expériences, Camerarius remarque que les résultats sont parfois contradictoires. Il peut arriver, dit-il, que la fleur produit un fruit très bien conformé renfermant de bonnes graines, bien qu'on ait supprimé toutes les étamines, ou, s'il s'agit de plantes à fleurs des deux sexes, bien qu'on ait enlevé toutes les fleurs mâles. Il fait observer pourtant que si les plantes soumises à l'observation ne se trouvent pas à l'état naturel dans le voisinage, si ce sont par exemple des plantes étrangères à la contrée, l'expérience réussit toujours. Le naturaliste allemand soupçonnait que quelque cause pouvait nuire aux résultats dans le cas où des plantes à fleurs intactes croissaient spontanément dans les environs. En effet, il trouvait de la poussière de pollen sur les stigmates de ces fleurs, qui étaient ainsi fructifiées malgré l'ablation des étamines. Mais il ne sut pas trouver la cause de ce transport du pollen à distance. C'est seulement un peu plus tard, en 1739, que l'Écossais James Logan devait découvrir que le vent ou les insectes pouvaient porter le pollen des fleurs mâles aux fleurs femelles, ou des étamines d'une fleur hermaphrodite au stigmate du pistil appartenant *à une autre* fleur hermaphrodite de la même espèce.

Au reste, ces expériences de pollinisation sont très difficiles à réaliser, même aujourd'hui, et ce serait donc par une chance particulière, ou plus exactement par un choix heureux des objets d'études, que ces naturalistes purent les mener à bien vers le commencement du xviiie siècle.

Si seulement Bobart avait eu des ruches dans son jardin, ou même si les hyménoptères sauvages tels que les Bourdons y avaient été assez nombreux, son expérience sur le Lychnis dioïque aurait échoué. Si Bradley s'était adressé à la plupart des fleurs au lieu de prendre les Tulipes comme objet d'expérience, il aurait abouti à un résultat contraire. Les conclusions de ces expérimentateurs se seraient alors trouvées exactement inverses de celles qu'ils ont tirées de leurs travaux.

En effet, si Bobart avait eu des abeilles dans son jardin, elles auraient transporté le pollen des fleurs de Lychnis dioïques mâles jusqu'aux fleurs des pieds femelles qu'il avait placés beaucoup plus loin. Celles-ci auraient donné des fruits aussi bien que celles qu'il saupoudrait lui-même de pollen. Bradley, en se servant de Tulipes, s'était trouvé en présence d'une fleur qui, par exception, ne produit pas de liquide sucré, et, par suite, n'est généralement pas visitée par les insectes mellifères. S'il avait opéré avec la plupart des fleurs indigènes,

avec des Bourraches, par exemple, il aurait vu se
produire des fruits et des graines sur toutes les
fleurs dont il aurait supprimé les étamines. Et alors,
qu'aurait-il conclu ?

Il ne faudrait pas cependant attribuer à un pur
hasard la découverte de Camerarius et des auteurs
dont je viens de parler. Leur attention n'était pas
seulement attirée vers le fait brutal de la présence
ou de l'absence d'étamines, mais plus judicieuse-
ment sur la présence ou l'absence de la poussière
pollinique à la surface du stigmate ; et c'est dans
leurs observations, variées de toutes manières suivant les différentes espèces de fleurs étudiées, que
réside la sagacité de ces chercheurs.

Un autre naturaliste remarquable, Kœlreuter,
professeur à Carlsruhe, devait confirmer par des
expériences différentes, publiées de 1761 à 1766, la
découverte de Camerarius.

Sachant, d'après les observations de Logan, que
le vent ou les insectes peuvent transporter le pollen
d'une fleur à l'autre, Kœlreuter se demanda quelle
descendance pourrait bien se produire lorsque le
pollen d'une espèce déterminée de plante serait
amené sur le stigmate *d'une autre sorte* de plante.

Aucun résultat ne fut obtenu par lui, lorsqu'il
pollinisait le pistil d'une fleur avec le pollen pris
dans les étamines d'une fleur appartenant à une
espèce très différente. Mais la fécondation croisée
pouvait réussir, en bien des cas, avec des espèces
voisines. De ce croisement naquirent des graines
qui, en germant, présentaient des caractères intermédiaires entre l'espèce paternelle et l'espèce
maternelle. Ces sortes de métis ont été appelés
*hybrides* chez les végétaux.

La connaissance des hybrides venait donc ajouter

une importante démonstration à la sexualité de la fleur. Kœlreuter remarqua d'ailleurs, à la suite de ses nombreuses expériences d'hybridation, que ces plantes obtenues par croisement étaient généralement stériles, comme cela arrive chez les animaux, chez le mulet par exemple ; la pollinisation des stigmates de leurs pistils ne provoquait la formation ni de fruit ni de graines. Lorsque parfois ces hybrides se montrent fertiles, ils perdent en général leurs caractères dans leur postérité. Les plantes issues des hybrides reprennent bientôt soit les caractères de l'espèce père, soit les caractères de l'espèce mère.

Des idées toutes différentes sur la reproduction des plantes avaient été émises vers la fin du xviie siècle, par Malebranche (1638-1715). D'après le célèbre philosophe français, la première semence d'un végétal doit avoir contenu en elle-même le principe de tous les végétaux qui en sont sortis et qui se sont développés jusqu'à l'heure actuelle. Ces germes seraient de dimensions infiniment petites et emboîtés les uns dans les autres depuis la création du monde. Dès lors, il n'y aurait plus de sexualité à chercher dans la fleur ni autre part chez les plantes.

Si étrange que puisse paraître cette théorie, elle trouva des défenseurs parmi les naturalistes du xviiie siècle ; le plus important est Christian Wolf. L'ouvrage principal de ce botaniste allemand parut à Magdebourg en 1723. Pour lui, les bourgeons, les bulbes ou les fleurs sont des organes comparables, et tous capables de donner, sans fécondation, les semences des plantes. Une graine, une bouture naturelle qui se détache, un caïeu issu de la fragmentation d'un bulbe, sont pour lui autant de plantes nou-

velles dont le germe existait déjà dans la sève du
végétal qui les produit.

Grâce à cette théorie, appelée alors « théorie de
l'évolution », expression qu'il ne faut pas confondre
avec les mêmes mots appliqués au transformisme
moderne, le rôle des étamines, en tant qu'organes
mâles, se trouvait supprimé et l'utilité du pollen
considérée comme tout à fait accessoire.

Cependant, ces rêveries d'esprits intelligents,
n'étant appuyées sur aucun fait démontré, ne devaient pas rester dans la science, et, à partir de
1735, grâce aux travaux de l'illustre naturaliste
suédois Linné, qui développa à cette date la question de la sexualité de la fleur, aucun savant ne
douta plus du rôle de cette partie de la plante dans
la reproduction végétale.

L'immense majorité des fleurs ayant à la fois
étamines et pistil, les étamines étant placées tout
autour du pistil, on admettait comme évident qu'en
général une même fleur se suffit à elle-même pour
préparer la formation du fruit et des graines. L'in-
tervention du vent ou des insectes n'apparaissait
comme nécessaire que pour le petit nombre des
plantes à fleurs diclines, c'est-à-dire ayant des
fleurs de deux sortes, les unes mâles, les autres
femelles.


### 3. Idées de Sprengel sur l'adaptation réciproque des fleurs et des insectes.


Or, vers la fin du XVIIIe siècle, parut en Allemagne une œuvre très originale remplie d'observations sagaces et dont il faut parler avec quelque

détail, à cause de son succès posthume. Dans ce travail, l'auteur prétend démontrer qu'en réalité toutes les plantes fonctionnent comme si elles avaient des fleurs de deux sortes.

Malgré le rapprochement des étamines et du pistil dans une même fleur, les étamines de cette fleur ne seraient pas destinées à projeter leur pollen sur le stigmate qui en est si voisin. L'hermaphrodisme ne serait qu'apparent.

L'ouvrage singulier, auquel je fais allusion, a pour titre : *le Secret de la Nature dévoilé dans la structure et la fructification des fleurs*, pour auteur un bizarre personnage du nom de Christian-Conrad Sprengel, et pour date 1793.

Sprengel, ministre du culte à Spandau, était tellement absorbé par ses observations sur les fleurs qu'il en oublia la prédication du dimanche et fut, par suite, révoqué. Il se trouva obligé de donner des leçons ou de diriger des excursions qu'on pouvait suivre moyennant deux ou trois groschen, afin de contribuer aux frais d'impression de son ouvrage, dont l'éditeur ne lui offrit même pas un seul exemplaire. C'était un observateur minutieux, un contemplatif et un rêveur.

Considérant chaque fleur en particulier, Sprengel eut cette idée extraordinaire qu'une fleur d'une espèce déterminée avait été modelée par le Créateur, de façon à présenter exactement le moulage du corps d'une espèce d'insecte également déterminée. La fleur de la Sauge des prés, par exemple, serait le moulage du bourdon terrestre (ce gros bourdon sauvage bien connu dont le vol rend un son grave et qui creuse son nid dans la terre); la fleur du Sainfoin serait le moulage d'une abeille, et ainsi de suite.

**2**

Dans quel but aurait été combinée cette disposition ? L'explication en serait la suivante, un peu compliquée, mais assurément très ingénieuse.

Pour la comprendre, il faut admettre plusieurs lemmes.

Premier lemme : la fleur, bien qu'ayant en général à la fois des étamines et un pistil, chercherait à éviter par tous les moyens possibles que le pollen de ses étamines arrivât sur son propre stigmate. Pourquoi cela ? Parce que les graines ainsi formées seraient moins bonnes que si le pollen provenait d'une autre fleur et arrivait sur le stigmate de la fleur considérée, ou même parce que les graines ne se formeraient pas du tout si le pollen de la fleur tombait sur le stigmate de la même fleur. Il ne faudrait pas qu'il y eût autopollinisation, c'est-à-dire transport du pollen sur le pistil de la même fleur, mais bien pollinisation croisée[1], c'est-à-dire transport du pollen de l'étamine d'une fleur au pistil d'une fleur située sur une autre plante de la même espèce.

Ainsi donc, d'après la manière de voir de Sprengel, la fleur qui, dans le cas général, possède à la fois et à côté les uns des autres, dans une même corolle, le pistil et les étamines, aurait le plus grand intérêt à ne renfermer que le pistil seul ou les étamines seules. Pourquoi donc alors toutes les plantes ne sont-elles pas dioïques ? Le Créateur, tel que l'imagine Sprengel, a donc commis un impair en fabriquant la plupart des fleurs sur le modèle hermaphrodite, en mettant à la fois dans une même corolle étamines et pistil ?

1. Les expériences que j'ai faites en 1878 et 1879, ainsi que les expériences toutes récentes de M. P.-P. Richer, ont démontré l'énorme exagération de cette soi-disant règle.

Parfaitement, et ce serait pour réparer sa bêtise qu'il aurait créé les insectes qui volent et se posent sur les fleurs.

Voici, en effet, le second lemme qu'il faut admettre. Ce sont les insectes qui sont chargés d'opérer la pollinisation croisée, c'est-à-dire de transporter le pollen pris sur les étamines d'une fleur pour l'appliquer sur le stigmate d'une autre fleur. Il va sans dire qu'on n'attribue pas aux abeilles ou aux papillons l'intention de rendre volontairement ce service aux fleurs. Alors, pourquoi vont-ils visiter les fleurs et comment se fait le transport du pollen par l'intermédiaire de ces agents ailés ?

A ce sujet, troisième lemme nécessaire à la théorie. On sait que beaucoup de fleurs produisent dans leur intérieur et à leur base des gouttelettes de liquide sucré, poétiquement appelé nectar. Il faut encore admettre que les fleurs sacrifient ce liquide sucré en l'offrant comme appât aux insectes pour payer le service rendu. C'est, doit-on croire, d'après Sprengel, dans le but unique de faire venir jusqu'à elles et de récompenser ces précieux auxiliaires, que les fleurs ont formé ces tissus spéciaux appelés « nectaires », qui secrètent pour eux ce délicieux aliment.

Si ces trois lemmes sont admis, voici comment on peut exposer la théorie de Sprengel :

Les fleurs hermaphrodites ont intérêt à éviter l'autopollinisation ; les insectes allant souvent d'une fleur à une autre fleur de la même espèce, mais située sur une plante différente, transportent sans s'en apercevoir, depuis les étamines d'une fleur jusqu'au stigmate d'une autre fleur, le pollen qui adhère à leur corps. Comme prix de leur tra-

vail inconscient, la fleur leur prépare le nectar en
telle place que les mouvements de l'insecte qui
y butine effectuent la pollinisation croisée. Cet
échange de bons procédés entraînerait une adaptation réciproque des fleurs et des insectes, et même
de certaines fleurs pour certains insectes. C'est ainsi
que les fleurs à long tube, avec du liquide sucré
au fond, seraient réservées aux seuls papillons dont
la trompe est très allongée ; ce serait pour s'en cou-
vrir de pollen afin de le transporter d'une fleur à
l'autre, que le corps de tel ou tel bourdon s'est couvert de poils en telle ou telle place devant frôler
exactement les anthères, etc., etc. Ainsi seraient
trouvées les causes de toutes les formes variées des
fleurs, et de toutes celles des insectes nombreux
qui les visitent.

Et cette théorie a ceci d'admirable, c'est qu'une
fois qu'on l'a adoptée (mais il faut l'adopter, c'est
peut-être ce qu'il y a de moins facile), une fois
adoptée, dis-je, elle explique tout. Ce serait bien le
secret de la nature dévoilé, suivant le titre de l'ouvrage de Sprengel !

Le plus curieux, c'est qu'à une époque relativement toute récente, cette étrange conception de
Sprengel a été admise telle quelle par Darwin (sauf
que le mot Créateur a été remplacé par le mot
sélection) ; et l'illustre philosophe naturaliste a écrit
deux volumes sur cette question. Toutefois, à
l'époque où parut l'ouvrage de Sprengel, personne
ne le prit au sérieux, et ces observations, dont
plusieurs ont cependant un certain intérêt, n'eurent
aucune influence sur la marche des découvertes
relatives au rôle de la fleur.

## 4. Découverte de la germination du pollen.

L'examen microscopique de la germination des grains de pollen sur le stigmate devait faire entrer dans une nouvelle phase l'étude de la fécondation des plantes à fleurs, à partir de 1822. Mais il faut d'abord rappeler quelques faits antérieurs.

L'abbé Needham, naturaliste anglais, bien connu pour ses recherches sur la génération spontanée, avait placé des grains de pollen dans l'eau (1745) et avait observé qu'au contact du liquide, ils éclataient, le plus souvent, en projetant en dehors la substance qu'ils renferment. Needham prit ce fait comme représentant le phénomène qui se produit naturellement. C'était une erreur ; le pollen germe sur le liquide visqueux et sucré dont sont enduits les papilles stigmatiques, et non pas dans l'eau. Lorsque les grains de pollen sont brusquement plongés dans l'eau, celle-ci y pénètre avec rapidité, d'après les lois de l'osmose, à travers la membrane du grain de pollen, et le protoplasma de la cellule pollinique se gonflant subitement fait éclater la membrane ; c'est là un phénomène purement accidentel, qui ne se réalise pas lorsque le pollen germe sur le liquide stigmatique.

Cette erreur fut partagée par le célèbre botaniste français Bernard de Jussieu (1759). Celui-ci admettait qu'au contact du stigmate, les grains de pollen éclataient en projetant à l'intérieur des tissus leur contenu spécial, appelé *fovilla*, et que la fovilla pénétrait à travers les tissus du stigmate, du style et de l'ovaire pour arriver jusqu'aux ovules renfermés dans le pistil. Alors, et seulement alors, ces ovules pouvaient se transformer en graines. Cette

**2.**

hypothèse était tout à fait invraisemblable. Comment supposer que cette substance vivante granuleuse puisse traverser les membranes d'un nombre considérable de cellules, et accomplir un pareil trajet?

Cette théorie absurde de la fovilla a si bien passé

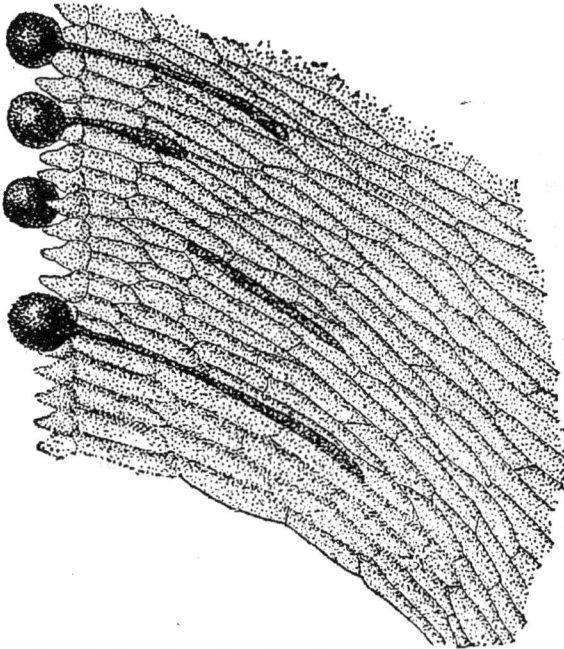

Fig. 5. — Germination de grains de pollen sur des papilles stigmatiques. On voit les tubes polliniques pénétrant dans le tissu du stigmate (grossi 100 fois).

dans l'enseignement et a été si généralement adoptée, qu'on la trouve encore exprimée dans les ouvrages assez récents de botanique descriptive.

C'est seulement en 1822 que le physicien italien Amici découvrit véritablement la germination du pollen sur le stigmate (fig. 5), en examinant au microscope des coupes pratiquées dans les fleurs

Ces faits ayant été vérifiés par de nombreux savants dans les fleurs les plus différentes, il semblait qu'aucun doute ne pouvait plus subsister sur la sexualité de la fleur, lorsque l'existence de toute fécondation se trouva niée d'une autre manière encore par l'école allemande de Schleiden.

Les théories contribuent souvent au développement de la science ; parfois, au contraire, les idées préconçues ne servent qu'à retarder tout progrès ; c'est ce qui arriva dans le cas actuel. Un style clair, une méthode parfaite d'exposition, un grand talent dans l'exécution des dessins, une parole éloquente, toutes ces qualités qui donnèrent à Schleiden une influence incontestée, ne furent guère utilisées par lui que pour soutenir des erreurs manifestes.

Schleiden, qui avait essayé d'introduire tant d'idées fausses en anatomie, imagina que le pollen possédait dans sa fovilla tous les éléments du futur embryon, et que, par conséquent, il n'existait aucune sexualité dans la fleur.

D'après l'auteur allemand, la germination du pollen sur le stigmate, la production du tube pollinique arrivant jusque dans l'ovule par le micropyle, tout cela ne servirait à la plante qu'à transporter la future plantule, déjà contenue en puissance dans le grain de pollen, au milieu de tissus favorables à sa formation première.

Schleiden n'admettait pas l'existence d'une fusion entre deux éléments différents. Pour lui, il n'y avait ni cellules mâles ni cellules femelles.

C'est cette doctrine que soutenait encore Schacht en 1850, ainsi que je l'ai dit plus haut.

## 5. La formation de l'œuf.

A vrai dire, dans toutes les recherches précédentes, on ne s'était presque exclusivement occupé que d'un côté de la question. On avait étudié surtout l'étamine et le pollen. Des ovules, de la cellule femelle à laquelle devait se joindre la cellule mâle, il n'était que peu ou point question.

Par comparaison avec les animaux, on avait nommé *ovaire* la cavité close (*cov*, fig. 7) formée par un ou plusieurs carpelles, et *ovules* les corps généralement elliptiques ou arrondis (*ch*, *n*, *se*, fig. 7) qui sont attachés par une extrémité aux parois de l'ovaire et renfermés dans cette cavité. Le cordon (*fn*, fig. 7) plus ou moins allongé qui relie l'ovule à l'ovaire avait reçu le nom de *funicule* ou *cordon ombilical*, et l'on avait appelé *placenta* la partie de l'ovaire sur laquelle les funicules sont attachés.

Toutes ces comparaisons sont inexactes et ne reposent que sur des apparences ; mais l'influence des mots est parfois considérable. Ces divers organes ayant été désignés à tort sous des noms qui impliquent des rôles ou des fonctions qu'on observe chez les animaux supérieurs, il en est résulté pendant longtemps une méconnaissance de l'organisation femelle de la fleur.

Par ses belles recherches, par ses vues d'une justesse remarquable, Hofmeister, dans les mémoires qu'il a publiés de 1849 à 1861, devait renverser tout cet édifice artificiel et découvrir chez les plantes la véritable cellule femelle.

C'est surtout, en effet, grâce à Hofmeister que l'on comprit enfin que la cavité désignée sous le nom d'ovaire et les corps appelés ovules chez les plantes ne correspondent pas à ce qu'on nomme ovaire et ovules chez les animaux. C'est l'ovule des

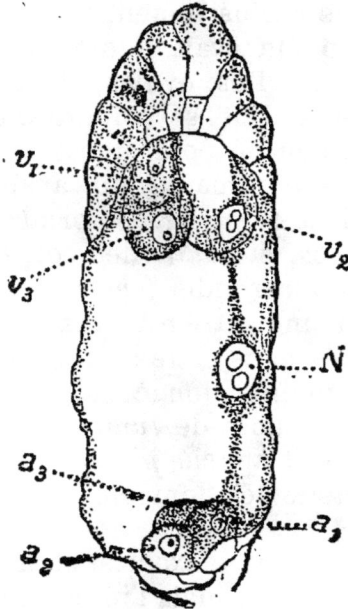

FIG. 8. — *Figure d'un Mémoire de Hof-meister*, représentant le sac embryonnaire d'un ovule de Phanérogame Angiosperme : $v_1$, oosphère ; $v_2$, $v_3$, les deux synergides : $a_1$, $a_2$, $a_3$. les trois antipodes ; N, les deux noyaux médians *accolés en une seule masse* (grossi 200 fois).

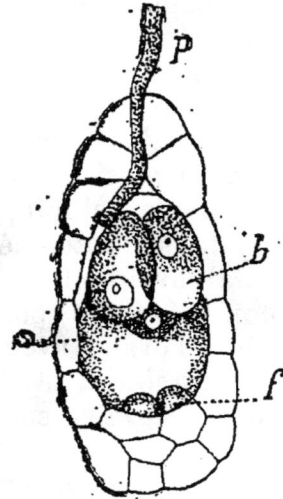

FIG. 9. — Figure d'un Mémoire de Hofmeister, représentant le tube pollinique *p*, pénétrant dans le sac embryonnaire et arrivant au contact de l'oosphère : *b*, une des synergides ; *c*, partie médiane du sac embryonnaire ; *f*, antipodes (grossi 150 fois).

végétaux qui est plutôt analogue à l'ovaire des animaux. Quant à l'ovule des animaux, qui est une simple cellule et non un tissu compliqué comme ce qu'on a nommé inexactement ovule chez les vegétaux, il correspond dans la fleur à une simple cellule aussi. Cette cellule reproductrice femelle se trouve dans une partie toute spéciale de l'ovule des végétaux appelée sac embryonnaire. C'est cette cellule femelle, nommée maintenant *oosphère*, que découvrit Hofmeister et qu'il avait désignée sous le nom de vésicule embryonnaire ($v_1$, fig. 8).

Le même savant fit voir que le tube pollinique qui a pénétré dans le micropyle traverse les tissus de l'ovule, pénètre dans le sac embryonnaire et arrive au contact de la vésicule embryonnaire ou oosphère (fig. 9). Alors celle-ci, sous l'action du contenu du tube pollinique, change de forme, se revêt d'une membrane de cellulose et forme ce que Van Tieghem a nommé l'*œuf*, désignation très heureuse adoptée maintenant par tous les naturalistes. De cette manière, l'*œuf* du végétal est comparable à l'*œuf* de l'animal. C'est une simple cellule fécondée qui, dans tous les cas, aussi bien chez les végétaux que chez les animaux, est l'origine d'un nouvel être, de toute la future plante ou de tout le futur animal.

Déjà Schwann, en 1839, avait eu cette vue d'ensemble lorsqu'il énonçait ces principes généraux :

« Tout être vivant émet à un certain moment de simples cellules.

« Tout être vivant a pour origine une simple cellule. »

Mais il avait surtout en vue les animaux, et c'est par extension, sans aucune démonstration directe, qu'il appliquait aux végétaux ces principes dont la généralité est aujourd'hui démontrée.

Un point important restait toutefois encore assez obscur. En quoi peut consister cette influence de l'extrémité du tube pollinique arrivant au contact de l'oosphère ou vésicule embryonnaire ? Est-ce simplement le contact qui féconde l'oosphère ? Est-ce une influence à distance? Une partie de la substance du tube pollinique, de la fovilla des anciens auteurs, se mêle-t-elle à la substance de l'oosphère pour former l'œuf?

Ce phénomène de la fécondation n'était pas d'une netteté suffisante, et Duchartre pouvait encore avoir le droit de dire, en 1875, à son cours de la Sorbonne : « Il est vrai que l'embryon de la future « plante provient de la vésicule embryonnaire, et « cela seulement lorsque le tube pollinique est venu « influencer cette vésicule. Mais il y a encore dans « ce phénomène de la fécondation quelque chose « de magnétique et de mystérieux qui est loin « d'être éclairci. »

Vers cette époque, Warming, en Danemark, porta ses investigations vers la partie principale de l'ovule, et étudia en détail l'origine et la formation du sac embryonnaire. Un peu plus tard, Strasburger, en Allemagne, mettait en évidence la composition presque absolument constante des éléments qui se forment au nombre de huit dans le sac embryonnaire et déjà signalés par Hofmeister (fig. 8). Trois se groupent au sommet; trois se groupent à la base; les deux autres restent imprécis quant à leurs limites, mais leurs noyaux se trouvent entre le groupe des trois cellules du sommet et celui des trois cellules de la base. Ces dernières ont été nommées *antipodes;* parmi les trois cellules du sommet, la médiane est l'*oosphère* ($v_1$, fig. 8, et plus loin $o$, fig. 12), la seule cellule reproductrice femelle qui puisse former l'œuf proprement dit; les deux cellules voisines ont été appelées *synergides* ($v_2$, $v_3$, fig. 8, et plus loin $s$ et $s'$, fig. 12). Celles-ci ne jouent le rôle de cellules femelles que chez quelques plantes exceptionnelles. Quant aux deux éléments intermédiaires, ils s'accolent souvent entre eux (N, fig. 8) et deviennent le point de départ de la formation de l'albumen. On sait que l'albumen est ce tissu vivant qui entoure l'embryon, et qui est digéré par lui pendant son premier développement. Dans le grain de Blé, par exemple, l'embryon est la jeune plantule avec laquelle on peut fabriquer le gluten, tandis que l'albumen, riche en amidon, fournit la farine.

Il est très remarquable de constater chez la fleur de toutes les plantes supérieures cette uniformité presque absolue dans la production de leur sac embryonnaire. Dans toutes les fleurs, depuis le Lis jusqu'au Topinambour, ou depuis l'Épinard jusqu'au Blé, on trouve ces huit éléments du sac embryonnaire : les trois antipodes, les deux éléments intermédiaires d'où sortent l'albumen, les deux synergides, et l'oosphère qui formera l'œuf sous l'influence de l'extrémité du tube pollinique (voyez fig. 8, fig. 12 et fig. 15).

Mais tout cela ne nous dit pas quelle est cette influence? Le mystère magnétique n'est pas encore approfondi.

En 1896, les savants japonais Ikeno et Hirase découvrirent que dans certaines plantes telles que les Cycas (si souvent cultivés dans les appartements pour leurs grandes feuilles persistantes ressemblant un peu à celles des Palmiers), le tube pollinique contient des éléments distincts, dont deux d'une forme très spéciale sont transportés à son extrémité. Ces deux éléments, nommés *anthérozoïdes*, ne sont autre chose que des cellules reproductrices mâles; en effet, il suffit que l'un d'eux vienne à se combiner complètement avec une oosphère renfermée dans le sac embryonnaire d'un ovule, pour qu'on puisse assister dans tous ses détails à la formation de l'œuf.

Dans le Cycas, il se produit, comme l'ont indiqué ces savants, quelque chose de très particulier. Le grain de pollen qui germe ici directement sur l'ovule (*p*, fig. 11) produit un tube pollinique (*tp*, fig. 11) s'enfonçant dans les tissus du nucelle, partie essentielle de l'ovule où s'est formé le sac embryonnaire, mais il n'arrive pas jusqu'à l'oosphère. Il débouche dans une cavité creusée dans le nucelle et qui se trouve au-dessus des oosphères. Cette cavité est remplie d'un liquide sucré (*ls*, fig. 11) provenant de la destruction des cellules qui l'a formée.

Lorsque le tube pollinique l'a atteinte, son extrémité arrive dans la cavité au contact du liquide sucré ; alors l'extrémité du filament pollinique y dissout sa paroi, et les deux anthérozoïdes (*a'*, *a''*, fig. 11) qui ont été transportés jusque-là, suivant toujours l'extrémité du tube pollinique dans son parcours, sont déversés dans le liquide sucré où ils se mettent immédiatement à tourbillonner comme de petits animalcules.

Voilà qui semble bien extraordinaire ! Et cependant cette découverte a été vérifiée par tous les observateurs. Le botaniste américain Webber en a donné une description très détaillée pour les *Zamia*, plantes très voisines des Cycas, qui ont des anthérozoïdes relativement gros, et même visibles à l'œil nu. En faisant germer artificiellement des grains de pollen, Webber leur a fait produire des anthérozoïdes qu'il voyait ensuite nager en tournoyant dans un verre d'eau sucrée.

D'ailleurs, comme l'avaient montré les auteurs

-de la découverte, chacun de ces petits corps porte une sorte de rampe en spirale (fig. 10) qui est régulièrement garnie de fins prolongements de la matière vivante de l'anthérozoïde. Ces filaments protoplasmiques sont des cils vibratiles analogues à ceux décrits si souvent dans les cellules animales.

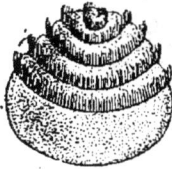

Fig. 10. — Anthérozoïde de *Zamia* montrant la rampe spiralée garnie de cils vibratiles (grossi 70 fois).

Grâce à cette rampe spiralée, garnie de cils vibratiles qui battent le liquide dans le même sens, l'anthérozoïde tournoie dans l'eau sucrée à la manière des Infusoires, ces petits animaux qu'on trouve en si grand nombre dans l'eau des mares ou des ruisseaux.

Or donc, pour en revenir au *Cycas*, lorsque les anthérozoïdes, apportés pour ainsi dire de l'extérieur, grâce au tube pollinique (*tp*, fig. 11), jusque dans la cavité du tissu de l'ovule, sont mis en liberté dans le liquide sucré, ils y nagent en tous sens. Il suffit que l'un d'eux (*a'*, fig. 11) atteigne une oosphère (*o*, *no*, fig. 11) pour que la combinaison, la conjugaison se produise entre ces deux éléments, l'un mâle (celui qui se déplace), et l'autre femelle (celui qui reste immobile).

Et maintenant, comment un anthérozoïde peut-il rencontrer l'oosphère?

Il faut savoir que, dans le Cycas, le sac embryonnaire contient un tissu (*end*, fig. 11) dans lequel sont découpées de petites bouteilles en forme de gourdes renfermant chacune une oosphère. Ces sortes de bouteilles ont été découvertes par Robert Brown qui les avait désignées sous le nom de *corpuscules* (*corp*, fig. 11). Le col de chaque bouteille est rempli d'un mucilage qui déborde au fond de la cavité à liquide sucré ; car les cols de ces petites bouteilles viennent s'ouvrir dans cette cavité. Lorsqu'un anthérozoïde en nageant et en tourbillonnant vient à rencontrer ce mucilage débordant à l'entrée du col d'une de ces petites bouteilles, que se passe-t-il ? Il s'arrête, pirouette sur lui-même, entre en spirale dans le col de la bouteille et atteint l'oosphère qui s'y trouve contenue.

Le protoplasma de l'anthérozoïde se fusionne avec le protoplasma de l'oosphère pour former un protoplasma résultant, qui est celui de l'œuf ; en même

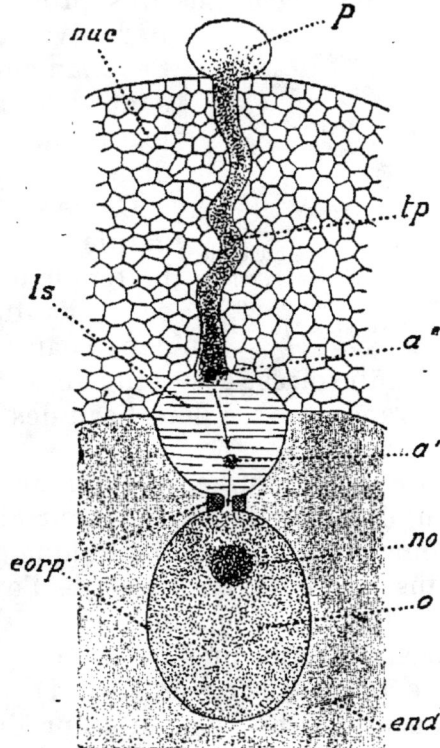

Fig. 11. — Schéma de la formation de l'œuf chez le *Cycas* : *p*, grain de pollen germant ; *tp*, tube pollinique ; *a''*, anthérozoïde sortant du tube pollinique ; *a'*, anthérozoïde nageant dans le liquide *ls* et vers l'oosphère *o*, *no*; *nue*, tissu du nucelle de l'ovule ; *end*, tissu dans lequel sont creusés les corpuscules tels que *no*. L'œuf se forme par la conjugaison de *a'* avec *o*, *no* (grossi 60 fois).

temps, le noyau de l'anthérozoïde se combinant à celui de l'oosphère, les deux réunis ne forment plus qu'un seul noyau qui est le noyau de l'œuf.

3.

Les deux cellules reproductrices, anthérozoïde et oosphère, n'avaient pas de membrane de cellulose entourant leur protoplasma et leur noyau; mais aussitôt que la combinaison est produite, l'œuf formé se revêt d'une membrane cellulosique; l'œuf se divise en cellules qui se multiplient rapidement; ce sera le point de départ d'un embryon, d'une jeune plantule de Cycas.

Tout cela est bien curieux, pourra-t-on dire; mais les Cycas et les végétaux voisins ont une organisation toute spéciale. Dans les fleurs ordinaires, il n'y a pas ce liquide sucré, le sac embryonnaire ne renferme pas comme dans le Cycas un tissu abondant où se produisent quatre à cinq oosphères pouvant chacune donner un œuf; les oosphères ne sont pas renfermées dans de petites bouteilles dont le col est rempli d'un mucilage débordant. La fécondation doit s'y faire autrement. Pour la plupart des plantes à fleurs, le mystère de la formation de l'œuf subsisterait encore.

C'est en 1898, que le savant russe Nawaschine découvrit la solution générale de la question. Il fit voir que, chez les plantes supérieures, il se forme dans le tube pollinique, à son extrémité, deux anthérozoïdes ($sp_1$ et $sp_2$, fig. 13 et 14). Toutefois, ces petits corps, représentant les cellules reproductrices mâles, ne sont jamais mis en liberté dans un liquide; ils sont transportés par le tube pollinique jusqu'au voisinage de l'oosphère ($sp_1$, fig. 12 et fig. 15), la membrane du tube pollinique se résorbe à son extrémité, et les deux anthérozoïdes sont déversés directement dans le protoplasma du sac embryonnaire. N'ayant pas à nager dans un liquide, ces anthérozoïdes ne possèdent pas de cils

vibratiles ; ils sont d'ailleurs de formes va-
riées suivant les espè-
ces : en virgule, en arc
ou en spirale.

En même temps,
Nawaschine faisait une
autre découverte de la
plus grande impor-
tance. Il mettait en évi-
dence le fait suivant :
tandis que l'un des an-
thérozoïdes va s'unir à
l'oosphère pour former
l'*œuf proprement dit*
(*sp₁*, fig. 12), l'autre
anthérozoïde va se con-
juguer avec un des
deux noyaux intermé-
diaires ou avec ces
deux noyaux réunis
(*sp₂*, fig. 12 et fig. 15)
qui sont vers le milieu
du sac embryonnaire,
et former un second
œuf ou *œuf accessoire*.
L'œuf proprement
dit donnera en se dé-
veloppant l'embryon,
et par suite la nouvelle
plante ; l'œuf acces-
soire forme simple-
ment un proembryon
non différencié qui ac-

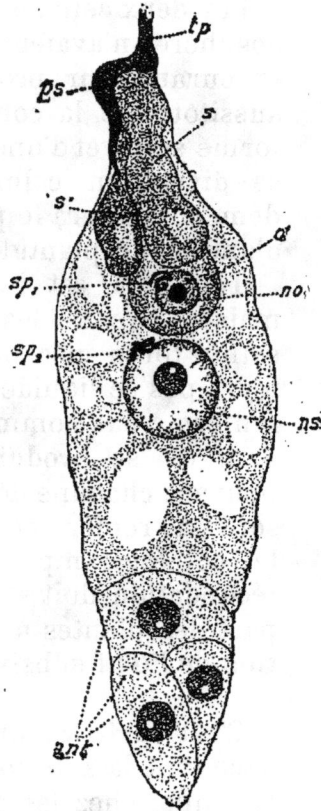

FIG. 12. — Double fécondation dans le
sac embryonnaire du Topinambour :
*tp, ps,* restes de l'extrémité du tube
pollinique ; *sp₁,* l'un des anthérozoïdes
issu du tube pollinique se fusionnant
avec le noyau *no* de l'oosphère pour
donner le noyau de l'œuf proprement
dit, origine de l'embryon ; *sp₂,* l'autre
anthérozoïde se fusionnant avec le
noyau secondaire *ns* du sac embryonnaire pour donner le noyau de l'œuf
accessoire, origine de l'albumen ; *s, s',*
synergides ; *o,* oosphère ; *ant,.* antipodes (grossi 400 fois) [d'après Na-
waschine].

cumule des substances nutritives dans ses tissus :
c'est l'albumen.

Il en résulte ce fait imprévu, que l'albumen est
comme le frère cadet de l'embryon proprement
dit. Ce fait a été qualifié de « double fécondation ».
Une fois les œufs formés, pendant le développement
ultérieur, le proembryon qui cons-
titue l'albumen servira à nourrir
l'embryon proprement dit. Le frère
aîné est adelphophage ; il dévore son
frère cadet pendant la maturation de
la graine ou même pendant la germination ; et c'est ce lent fratricide qui
permet à l'embryon proprement dit
de se différencier en une jeune plantule. En 1899, Guignard étudia ce
phénomène avec détail (fig. 15 et 16)
chez d'autres Phanérogames angiospermes, c'est-à-dire chez les plantes à
fleurs dont l'ovule est renfermé dans
un repli de la feuille carpellaire. La généralité de la
double fécondation a été ensuite étendue à toutes
les plantes de ce groupe, c'est-à-dire à toutes les
plantes supérieures, à toutes les plantes à fleurs
les plus connues.

Fig. 13 et 14. —
Les deux anthé-
rozoïdes $sp_1$ et
$sp_2$ du tube pol-
linique de Topi-
nambour (grossi
1000 f.) [d'après
Nawaschine].

D'après ces recherches, on voit que la sexualité
de la fleur n'est pas située où l'on croyait l'avoir
trouvée. Ce n'est plus l'étamine qui est vraiment
l'organe mâle ; ce n'est pas le grain de pollen qui
est la cellule reproductrice mâle ; celle-ci n'est
autre chose que l'un des anthérozoïdes formés ultérieurement dans le filament parasite sur la plante
même, et qui provient de la germination du pollen.
Ce n'est pas le pistil formé de carpelles, ce n'est

pas le stigmate, ce n'est pas l'ovule qui sont vraiment des organes femelles. La cellule reproductrice femelle qui doit former l'œuf est une des cellules

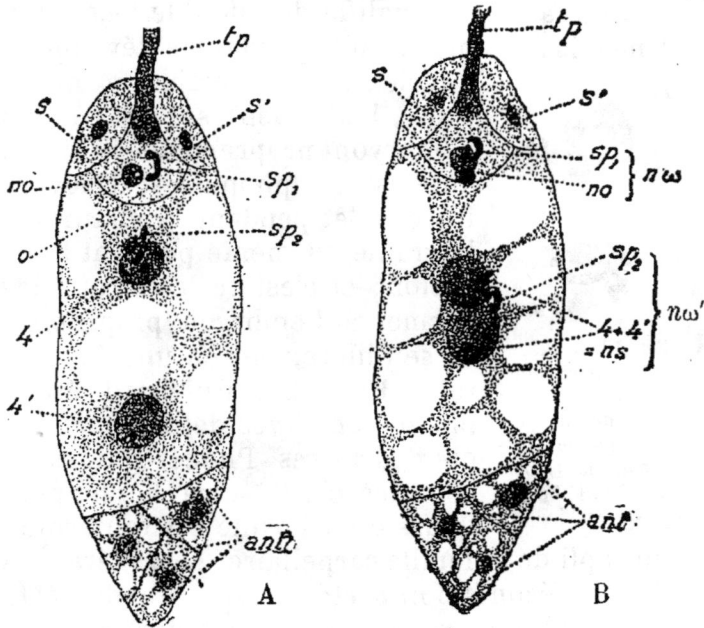

Fɪɢ. 15 et 16. — Double fécondation dans le sac embryonnaire du Lis Martagon : en A, l'anthérozoïde $sp_1$ s'approche du noyau $no$ de l'oosphère, et l'anthérozoïde $sp_2$ s'approche du noyau $4$ encore distant du noyau $4'$; en B, l'anthérozoïde $sp_1$ se fusionne avec le noyau $no$ de l'oosphère, pour donner le noyau $n\omega$ de l'œuf principal, origine de l'embryon ; l'anthérozoïde $sp_2$ se fusionne avec le noyau $4$ (qui avec le noyau $4'$ correspond au noyau secondaire $ns$ du sac embryonnaire), pour donner le noyau $n\omega'$ de l'œuf accessoire, origine de l'albumen ; les autres lettres comme fig. 12 (grossi 300 fois) [d'après Guignard].

(oosphères) qui se produit dans le sac embryonnaire de l'ovule.

Or, on savait déjà depuis longtemps que les plantes sans fleurs ou Cryptogames, se reproduisent

en général par la conjugaison d'une oosphère avec
un anthérozoïde, et l'on avait opposé ce mode de
formation de l'œuf à celui des plantes à fleurs ou
Phanérogames.

Cette opposition n'existe pas. Toutes les plantes
forment leur œuf de la même manière que les
animaux.

## II

## IDÉES SUCCESSIVES
## SUR LA CONSTITUTION DES GROUPES

### 1. Avant les temps modernes.

Il faut remonter, non pas tout à fait au déluge,
mais à une époque bien reculée, environ 3.000 ans
avant l'ère chrétienne, pour trouver la trace des
premières études sur les végétaux. Ce serait presque à la date que Duruy, dans son *Histoire*, assi-
gnait avec une certaine précision à la création du
monde !

C'est, en effet, d'après la tradition, vers cette
époque que vivait en Chine le célèbre Yen-Ti, qui
apprit le premier aux peuples d'Asie à reconnaître
les espèces de plantes utiles à l'homme, et à les
cultiver méthodiquement.

Ces enseignements furent recueillis plus tard
et rédigés (vers 2200 av. J.-C.) dans le grand
ouvrage intitulé : *Chou-King*. On trouve dans ce
traité la description, l'énumération des propriétés
diverses, et les procédés de culture de plus de
cent espèces de plantes : blé, riz, sorgho, pois,
millet, fève, coton, etc. On reconnaît çà et là, dans

ce recueil, quelques intéressantes associations de plantes dont la forme de la fleur est assez semblable. Les dérivés des mêmes mots désignent le pois, la fève et d'autres Légumineuses. Il en est de même pour les melons, courges et diverses Cucurbitacées, pour les plantes bulbeuses rangées aujourd'hui parmi les Liliacées et les groupes voisins. Toutefois la Botanique chinoise, même de date moins ancienne, est avant tout essentiellement pratique et spécialement orientée vers la recherche des plantes alimentaires.

La civilisation hindoue, au contraire, donne aux plantes et à leurs vertus spéciales une signification surtout religieuse. Le second livre des Védas, intitulé : *Ayouch*, a été, il est vrai, entièrement perdu. On sait cependant que les prêtres hindous faisaient usage de nombreuses plantes sacrées, et dans les *Lois de Manou*, les indications relatives à diverses plantes ont toujours un sens religieux. Ces traditions furent transmises par les Chaldéens aux peuples de l'Asie occidentale, et les plantes furent énumérées suivant les propriétés qu'elles possédaient dans la magie et les sciences occultes.

En Grèce, c'est tout autre chose. Ce n'est ni le côté pratique, ni le point de vue merveilleux qui domine. La préoccupation des philosophes grecs dans l'observation du monde végétal est exclusivement scientifique.

Les plus anciens savants de la Grèce considéraient déjà les végétaux comme des êtres organisés et vivants, au même titre que les animaux, et les Pythagoriciens (environ 500 ans av. J.-C.) insistaient sur cette solidarité entre le Règne végétal et le Règne animal. Cette vue exacte n'est pas sans surprendre, et fait voir que ces philosophes savaient au besoin faire abstraction de l'homme et des animaux qui lui ressemblent le plus pour jeter un regard d'ensemble sur les choses de la Nature. Actuellement, combien de personnes instruites, mais ignorantes de la Biologie, exprimeraient naïvement leur surprise si on leur disait que les plantes vivent et sont organisées comme les animaux ; si on leur montrait au microscope la presque identité dans la forme, le développement, et jusqu'au moindre détail d'organisation, entre un tissu pris, par exemple, sous la peau de l'homme ou dans l'écorce d'un chêne !

Au milieu d'erreurs inévitables, les écrits d'Anaxagore et d'Empédocle renferment des idées très justes sur la constitution et les fonctions des plantes. Démocrite (v° siècle av. J.-C.) avait exprimé cette vue théorique qu'il existe une unité de plan générale dans la constitution du monde organique. Aristote (384-332) développe cette idée et cherche à l'établir par la comparaison de toutes les formes connues. Il expose que des transitions insensibles se présentent entre tous les organismes, depuis l'être le plus simple, et même, depuis la plus petite molécule vivante jusqu'à l'homme, en passant successivement par toute la série végétale et par toute la série animale.

Cette gradation, telle que la concevait le célèbre philosophe, était, il est vrai, simplement linéaire, sans ramifications ni embranchements qui auraient formé une sorte d'arbre généalogique. Et cependant un grand intérêt se dégage de cette théorie, qui ne devait être reprise sous une autre forme qu'à une époque toute récente par Lamarck et par les précurseurs de Darwin. Il résulte en effet des

4

considérations présentées par Aristote que tous les êtres vivants, végétaux et animaux, forment un ensemble indivisible.

En ce qui concerne les végétaux, plusieurs disciples d'Aristote devaient compléter son œuvre par des observations plus détaillées. Théophraste distingue les cotylédons (feuilles nourricières déjà contenues dans la graine) des feuilles ordinaires qui se produisent ensuite sur la tige ; il reconnaît la différence de structure interne qui existe entre les Palmiers et les autres arbres, l'importance du rôle de la fleur, et décrit un grand nombre de plantes. Phanias sépare les plantes sans fleurs, telles que les Fougères, les Mousses et les Champignons, des plantes portant des fleurs ; et c'est seulement dix-huit siècles plus tard que l'on devait revenir sur cette importante considération.

En somme, dans ces temps de haute antiquité, l'étude des plantes avait été envisagée par les différents observateurs à trois points de vue différents : application à la nourriture de l'homme, vertus miraculeuses des plantes, étude scientifique et philosophique de la Nature.

Après la décadence de la Grèce, ce dernier point de vue devait disparaître jusqu'à la Renaissance italienne. Il faut arriver à l'année 64 de l'ère chrétienne pour trouver des noms dignes d'être cités dans la Science des végétaux. Ce sont ceux de Dioscoride et de Pline l'Ancien.

Dioscoride de Cilicie était médecin ; aussi, ce qui l'intéresse avant tout dans la Botanique, ce sont les propriétés curatives des plantes. Combien de gens du monde pensent de même aujourd'hui et s'imaginent qu'un botaniste est un médecin rural, arpentant les bois et les coteaux, avec une boîte verte sur le dos, pour recueillir les « simples » qui guérissent les maladies !

Dioscoride classe l'ensemble des herbes et des arbres en plantes aromatiques, alimentaires, médicinales, vénéneuses, et s'occupe particulièrement de ces deux dernières catégories. Son ouvrage contient des descriptions de plus de 700 végétaux, souvent accompagnées de figures coloriées. Bien que conçue sans méthode, l'œuvre de Dioscoride eut un très grand succès et fut considérée presque comme l'unique guide de la Botanique jusqu'au milieu du Moyen âge.

La voie était ainsi ouverte à ce qu'on nomme aujourd'hui la « Botanique descriptive », c'est-à-dire à cette partie de la Science qui se propose comme but principal de distinguer les uns des autres tous les végétaux et de leur donner des noms. D'après la Genèse, Adam avait déjà été chargé de cette mission ! Mais il n'en était resté que les noms de quelques plantes d'Asie Mineure, qu'on trouve çà et là énoncés dans la Bible.

En même temps que Dioscoride, Pline l'Ancien consacrait six livres de son *Histoire naturelle* à l'étude des plantes. On y trouve réuni, sans aucun choix judicieux, tout ce qu'on savait ou tout ce qu'on croyait savoir à cette époque sur les végétaux. Son ouvrage eut aussi un grand succès, malgré les grossières erreurs qu'il renferme et que, bien souvent, le lecteur aurait pu déceler facilement.

On retrouve encore dans la nomenclature actuelle de nombreux noms de genres ou d'espèces qui avaient été donnés par Dioscoride ou par Pline. Il en est ainsi pour beaucoup de noms de plantes empruntés à la mythologie, tels que :

*Achillea*, *Adonis*, *Daphne*, *Narcissus*, *Nymphæa*, *Hyacinthus*, etc. D'autres noms, désignant divers personnages, ont subsisté aussi; tels sont : *Eupatorium* (Mithridate), *Gentiana* (Gentius, roi de Sicile), *Artemisia* (Artémise, femme du roi Mausole), *Euphorbia* (Euphorbe, médecin de Juba II, roi de Mauritanie), *Helenium* (Hélène, femme de Ménélas), *Telephium* (Télèphe, roi de Troie), etc.

Après la chute de Rome, la science avait trouvé asile dans la civilisation arabe. Les savants arabes étaient de l'école de Dioscoride, dont ils avaient traduit les œuvres; ils s'occupèrent de retrouver les plantes décrites par lui et d'en ajouter d'autres à cette liste; mais leur classement était toujours presque uniquement établi au point de vue médical. L'illustre médecin arabe, Ibn-Sina (980-1037), plus connu sous le nom d'Avicenne, fit connaître beaucoup de plantes nouvelles. El-Biruni (xi$^e$ siècle) et Kasuini (xiii$^e$ siècle) augmentèrent encore le nombre des espèces nommées et décrites.

Certains de ces noms ont été conservés dans la nomenclature actuelle et marquent encore la trace laissée par la science arabe dans la Botanique descriptive. Tels sont les noms suivants : *Oryza* (le riz), *Alkanna* (plante dont on extrait une teinture), *Alkekengi* (cette curieuse mauvaise herbe dont le fruit est comme une cerise entourée d'un large calice rouge, introduite d'Orient en Europe et qu'on trouve dans les vignes ou dans les décombres), *Azedarach* (petite plante rampante à fleurs jaunes qu'on rencontre en France au bord de la mer), etc.

Dans la chrétienté, pendant le Moyen âge, on n'étudia presque jamais la Botanique d'après les plantes. On se contentait de lire les écrits traitant des végétaux; les dissertations sur les plantes n'étaient, en général, que des commentaires ou des discussions sur les textes des œuvres d'Aristote, de Théophraste, de Dioscoride.

Il faut excepter cependant quelques esprits capables d'émettre des idées personnelles. Tel est le moine dominicain Albert le Grand, évêque de Ratisbonne, célèbre par la découverte de l'huile de vitriol (acide sulfurique).

Albert le Grand établit une classification générale des êtres, plaçant les végétaux entre les animaux et les corps bruts. Le premier, il considère avec raison les Champignons comme des végétaux inférieurs voisins des animaux les moins élevés en organisation. De là partent, pour Albert le Grand, deux séries d'êtres vivants, et il regarde la série végétale comme se terminant au sommet par les arbres dont les fleurs sont très développées.

## 2. Gesner, Césalpin, Bauhin. — Idée du « genre ».

L'invention de l'imprimerie et la découverte de l'Amérique devaient influer d'une manière considérable sur toutes les études scientifiques et, entre autres, sur celles de Botanique.

C'est en Allemagne que se révéla le premier indice de réaction contre cette fausse science du Moyen âge, qui se cantonnait dans les commentaires des auteurs anciens. Les ouvrages des naturalistes qu'on a nommés « les pères de la Botanique allemande », Brunfels (1530), Fuchs (1542) et Bock (1552), marquent ce premier retour à 'étude directe des objets et des faits. Sans aucune

4.

prétention philosophique, ces auteurs accumulent les matériaux, comme si la science commençait à se manifester, et, en cela, leur œuvre fut plus utile que toutes les réflexions qu'auraient pu leur inspirer les œuvres d'Aristote. Tous trois écrivent ou dessinent, ayant les plantes sous les yeux. Brunfels donne les premières gravures exactes représentant les végétaux ; Fuchs range simplement les plantes par ordre alphabétique (classification qui ne saurait prêter à aucune contestation !) et accompagne de figures bien faites l'énoncé de leurs caractères ; Bock décrit les plantes naïvement, telles qu'il les voit, sans aucun appareil scientifique.

Des œuvres d'une valeur supérieure apparaissent peu après avec Conrad Gesner, de Zurich (1516-1565), et Charles de l'Écluse, d'Arras (1525-1609).

Gesner fournit les éléments d'une classification raisonnée. Le premier, il met en évidence, comme étant les plus importants, les caractères de la fleur et du fruit. Il s'aperçoit, en effet, presque implicitement, que les feuilles et les tiges ont des caractères très différents qui tiennent le plus souvent aux conditions extérieures du milieu ; que des plantes dont les fleurs et les fruits sont presque identiques offrent souvent, au contraire, des organes végétatifs très dissemblables.

Prenons quelques exemples pour faire comprendre en quoi consiste cette vue importante de Gesner. Celui qui comparerait la tige épaisse, courte, portant des feuilles énormes, d'une salade de Chicorée, à la tige raide, mince, allongée, rameuse, portant de petites feuilles simples, d'une Chicorée sauvage, ne pourrait jamais croire qu'on a affaire, dans les deux cas, à la même plante.

Mais qu'il laisse fleurir la salade dans son potager, au lieu de la cueillir pour la manger, il verra s'épanouir de belles fleurs d'un bleu clair. S'il compare alors ces fleurs à celles de la Chicorée sauvage, lorsque celle-ci fleurit en été sur le bord des routes, il les trouvera identiques; il en sera de même de leurs fruits.

Que l'on considère, à côté l'une de l'autre, la tige raide à feuilles plates et larges d'un Boutond'or des prairies, et la tige molle, mince, à feuilles découpées en lanières d'une Grenouillette aquatique, aucune idée de parenté entre ces deux plantes ne pourra venir à l'esprit. Mais plaçons côte à côte une fleur jaune du Bouton-d'or et une fleur blanche de la Grenouillette, nous verrons que ces deux fleurs, et aussi les fruits qui en proviennent, sont constitués de la même manière dans toutes leurs parties.

Ce sont de telles études comparées qui ont fait exprimer à Gesner la première idée de cette catégorie à laquelle on donne le nom de *genre*. Gesner rangeait le Bouton-d'or et la Grenouillette, malgré la diversité de leurs organes végétatifs, dans une de ces catégories. On dit aujourd'hui que ces deux plantes appartiennent à deux espèces du même genre, le genre Renoncule.

Quant à Charles de l'Écluse, bien connu comme bienfaiteur de l'humanité par l'extension donnée par lui, un siècle et demi avant Parmentier, à la culture de la pomme de terre en Europe, son œuvre botanique est remarquable à d'autres titres. C'est lui qui, le premier, sait donner aux descriptions des plantes une valeur vraiment scientifique, par la précision des caractères. Si Gesner peut

être considéré comme le créateur du genre, c'est-
à-dire comme ayant l'idée de grouper des plantes
qui présentent des ressemblances, on peut dire
que de l'Écluse est le premier naturaliste qui
évoque une première idée de l'espèce, c'est-à-dire
d'une parenté bien plus étroite. Le « genre » est
une convention qui résulte du rapprochement
de plantes offrant entre elles un certain nombre de
caractères communs. Par la notion d' « espèce »,
on cherche à représenter quelque chose de plus
réel, car les plantes issues des graines d'une même
plante en reproduisent tous les principaux caractères, et c'est cet ensemble de végétaux, dérivant
directement les uns des autres par semis, qui constitue l'espèce.

L'Italie commençait, vers cette époque, à produire de nombreux savants, dont plusieurs se
consacrèrent à l'étude des végétaux.

Au commencement du xvie siècle, Luca Ghini
constitua pour la première fois des herbiers, dans
un but tout autre que celui des collectionneurs. Il
pouvait ainsi comparer entre elles, à la fois, les
formes de nombreuses plantes croissant en des
saisons diverses ou habitant des localités les plus
variées.

Ghini fit école ; il eut plusieurs élèves remarquables, parmi lesquels il faut citer Aldrovandi
qui étudia directement les animaux, les plantes,
les minéraux, décrits par lui dans un immense
ouvrage d'Histoire naturelle, et aussi le célèbre
Cesalpini ou Césalpin.

Césalpin (1519-1603) fut vraiment l'initiateur de
la classification scientifique. Il jeta un regard d'ensemble sur les végétaux connus au xve siècle. Mais

il ne les étudia pas au point de vue purement
théorique et philosophique, comme l'avaient fait
les savants grecs ; il laissa de côté toute considération relative à leurs prétendues vertus merveil-
leuses ou médicales. Ne s'occupant que de leur
forme et de leur organisation, il choisit, pour les
décrire, 840 végétaux types et les répartit en quinze
classes d'après les ressemblances ou les différences
qu'elles présentent entre elles.

Malheureusement, comme on l'a vu plus haut,
Césalpin avait des idées inexactes sur la constitution et le rôle de la fleur, qui lui firent attribuer
à la forme du fruit et des graines une trop grande
importance. Certains des groupes de sa classification correspondent toutefois plus ou moins à
ceux de sa classification actuelle.

Quoi qu'il en soit, l'ouvrage de Césalpin eut une
grande influence. La question de la classification
générale des plantes était loin d'être résolue, mais
elle était nettement posée. D'ailleurs, les adeptes du
grand naturaliste italien amenèrent de nombreux
perfectionnements à l'ordre qu'il avait établi.

Césalpin désignait les plantes, non par une
longue description, mais par une brève phrase
latine permettant d'en condenser les caractères
essentiels. Un de ses contemporains français,
Pierre Belon (1517-1574), les déterminait par des
phrases encore plus courtes, souvent même par
deux mots seulement, un substantif suivi d'un
adjectif. C'est ce qui a fait dire quelquefois, avec
exagération, que Belon est le créateur de la nomenclature binaire dont Linné devait être plus
tard le réel fondateur.

Comme, en France, on élève facilement des
monuments aux grands hommes et même aux pe-

tits, Pierre Belon a sa statue au Mans, tandis que
l'illustre Andrea Cesalpini n'est pas encore immor-
talisé par le marbre en Italie.

D'autres travaux de premier ordre furent exécutés parallèlement à l'œuvre de Césalpin, en
Flandre et en Suisse. Leur intérêt principal réside
dans l'essai d'une méthode meilleure pour établir
les divers groupes de végétaux. Au lieu de ne
considérer presque qu'un seul organe, comme le
faisait Césalpin, plusieurs botanistes firent de premières tentatives pour chercher à tenir compte de
l'ensemble des caractères, tout en laissant prédominer ceux tirés de la fleur.

Le naturaliste flamand, Mathias de L'Obel[1], répartit les plantes en quarante-quatre tribus fondées sur ces ressemblances de tous les caractères.
Son ouvrage, chef-d'œuvre d'impression de la
célèbre imprimerie Plantin à Anvers, renferme
près de 2.500 figures gravées sur bois.

Gaspard Bauhin (1560-1624), né à Bâle de parents
français, professait, ainsi que son frère Jean
Bauhin, les mêmes principes que de L'Obel. Comme
ce dernier, il débute par les plantes dont l'organisation est la plus simple, pour terminer par les
plus complexes. Toutefois, il traite à part les arbres et les arbrisseaux, et, ne sachant pas distinguer les Cryptogames, il les introduit çà et là dans
sa classification de la manière la plus étrange.
L'importance de l'ouvrage de Bauhin, intitulé
*Pinax theatri botanici*, auquel il avait travaillé

1. De L'Obel, connu sous le nom de Lobelius, est né à
Ryssel (Flandre) en 1538 et mort à Londres en 1616. Tout le
monde connaît les *Lobelia*, petites plantes à fleurs bleues, qui
lui sont dédiées, et qu'on cultive en bordures dans les jardins.

pendant plus de quarante années et qui fut publié,
en 1620, peu avant sa mort, réside surtout dans le
grand nombre d'espèces nouvelles, trouvées par
lui dans ses voyages ; ces plantes y sont décrites
en phrases condensées et dépassent le nombre
de 6.000.

### 3. John Ray et Tournefort. — Idée des grandes divisions.

Deux ouvrages fondamentaux étaient donc en
présence à cette époque : le *Traité des plantes* de
Césalpin et le *Pinax* de Bauhin. Beaucoup de botanistes, adoptant l'un ou l'autre de ces guides,
se mirent à décrire de nouvelles espèces. Les
voyages se multipliaient, d'ailleurs, et l'exploration de l'Amérique ajoutait tout à coup un énorme
contingent de matériaux nouveaux à examiner.

Parmi les nombreux naturalistes français, alle-
mands, anglais et italiens de XVIIe siècle, qu'on
peut considérer à divers titres comme les précurseurs du grand botaniste anglais John Ray, on doit
citer surtout Jung, de Hambourg (1587-1657).

Jung critique l'œuvre de Césalpin et fait voir
que les caractères physiologiques ne doivent pas
servir à l'établissement des groupes de végétaux.
Le premier, il enseigne qu'on ne doit pas diviser
le règne végétal en Herbes et Arbres, comme
l'avaient fait tous ses devanciers. En effet, qu'une
plante ait des tiges persistantes devenant ligneuses
et formant ensuite un arbre, ou que ses tiges meu-
rent chaque année, cela n'a aucune importance
au point de vue des caractères d'affinités. Que l'on
considère un Robinier Faux-Acacia, par exemple,

cet arbre bien connu dont les fleurs en grappes blanches s'épanouissent à la fin de mai. Si l'on compare ses fleurs à celles d'un Pois, qui est comme on sait une espèce annuelle herbacée, on y trouvera les mêmes parties, disposées de cette manière caractéristique qui a fait donner à ces plantes le nom de Papilionacées. Le fruit et les graines du Faux-Acacia sont organisés de la même manière que les fruits et les graines de Pois. Ce serait donc une faute grave de placer la première de ces plantes dans une division du règne végétal et la seconde dans une autre, toute différente. Jung fait voir qu'en procédant de la sorte, on rompt les affinités les plus évidentes.

L'œuvre du naturaliste anglais, John Ray (1628-1705), est sans comparaison possible avec celle de ses devanciers. Ray combine l'étude scientifique de l'organisation des plantes avec la classification. Il remarque que l'embryon des plantes à fleurs présente des caractères constants dans le nombre des cotylédons qui est toujours de 1 ou de 2, et cette différence en entraîne d'autres avec elles par corrélation. Par leur port, les nervures de leurs feuilles, la composition de leurs fleurs, les Monocotylédones diffèrent des Dicotylédones. De plus, il sépare complètement sous le nom d'*Imperfectæ* les plantes cryptogames qui étaient presque toutes confondues au milieu des autres dans les classifications précédentes. Enfin les trente-trois classes établies par Ray, renferment, pour la plupart, des groupes très naturels constitués par des végétaux dont les études modernes ont démontré les affinités.

Voilà donc le savant qui a le premier énoncé les principes essentiels sur lesquels doit être fon-

dée la classification des plantes, qui a précisé
la différence entre les Phanérogames et les Cryptogames, qui a découvert la distinction entre
les Monocotylédones et les Dicotylédones, qui a
établi rationnellement de grandes divisions dans
le règne végétal. D'où vient que son œuvre n'a
pas eu un retentissement suffisant, et qu'elle
n'a été appréciée à sa juste valeur que dans les
temps récents ? Serait-ce à cause des erreurs inévitables qui se trouvent dans l'ouvrage de John
Ray ? Serait-ce encore parce que, malgré la remarque de Jung, Ray a laissé à part les arbres
et les arbrisseaux, mais toutefois en y établissant
des divisions parallèles à celles qu'il a proposées
pour les herbes ?

Non pas. L'insuccès relatif de Ray tint surtout
aux discussions qu'il eut à soutenir contre ses adversaires, et notamment contre son contemporain
Bachman, de Halle, connu sous le nom de Rivinus.
Celui-ci, qui avait exprimé sur l'organisation de la
fleur les idées les plus fausses, qui avait dilapidé
sa fortune pour faire exécuter de très inutiles
figures sur cuivre, était beaucoup plus versé
dans la critique et la polémique que dans les
études scientifiques. C'est à ses attaques contre
Ray, au plagiat de l'œuvre de Jung, ainsi, du reste,
qu'à son talent de rédaction qu'on doit attribuer
le succès des ouvrages de Rivinus.

Et cependant, par suite d'une justice posthume,
il ne devait presque rien rester des publications
de Rivinus, tandis que John Ray est considéré
maintenant, à juste titre, comme le réel fondateur
de la Méthode naturelle.

C'est un botaniste français, Joseph Piton de

Tournefort, qui, par la clarté et la méthode de son ouvrage principal, devait recueillir le succès que John Ray n'avait pu obtenir.

Tournefort, né à Aix-en-Provence (1656-1708), était destiné par son père à l'état ecclésiastique; mais il désertait souvent le séminaire pour aller herboriser dans la campagne. « Il pénétrait, dit Fontenelle, par adresse ou par présents, dans tous les lieux fermés où il pouvait croire qu'il y avait des plantes qui n'étaient pas ailleurs ; si ces sortes de moyens ne réussissaient pas, il se résolvait plutôt à y entrer furtivement, et un jour il pensa être accablé de pierres par des paysans qui le prenaient pour un voleur. » Après la mort de son père, en 1677, il put se livrer sans contrainte à sa passion pour la Botanique, et en 1679 il quitta la théologie pour suivre les cours de l'Université de Montpellier. Deux ans après, il fit son premier voyage d'exploration dans les Pyrénées-Orientales où il éprouva de nombreuses difficultés, car ces contrées étaient peu sûres à cette époque. Comme il avait été dépouillé déjà plusieurs fois par les bandits ou par les miquelets espagnols, il résolut, pour continuer ses recherches sur les plantes de montagnes, de revêtir un costume des plus pauvres, et imagina de placer dans un morceau de pain bis le peu d'argent qui lui était nécessaire.

Le célèbre médecin de Louis XIV, Fagon, qui avait entendu parler des travaux de Tournefort, le fit nommer démonstrateur de Botanique au Jardin royal des Plantes. Mais cet emploi sédentaire ne pouvait plaire à Tournefort. En effet, il n'était pas de ces botanistes qui restent dans leur salle d'herbier et décrivent minutieusement les plantes qu'ils n'ont jamais vues, à l'état vivant, dans la Nature.

Non seulement Tournefort avait parcouru les diverses montagnes de France, mais il visita les différents pays d'Europe et, plus tard, Louis XIV le chargea d'une mission en Orient, d'où il rapporta treize cent cinquante-six espèces de plantes, pour la plupart nouvelles. Après son retour, il fut nommé professeur au Collège de France. Tournefort était dans toute la force de l'âge lorsqu'en passant dans la rue Copeau, près du Jardin des Plantes, il reçut en pleine poitrine le timon d'une charrette ; il en mourut un mois après, à l'âge de cinquante-deux ans.

Les principales causes du succès qu'obtint la Méthode de Tournefort furent la clarté générale de son œuvre, les divisions méthodiques qu'il établit, les emprunts bien choisis à tout ce qu'il trouva de meilleur dans les travaux de ses prédécesseurs, un style remarquable, et aussi l'emploi de la langue française à la place du latin, ce qui contribua à répandre le goût de la Botanique.

Dans sa classification, fondée surtout sur la forme de la fleur, Tournefort donne aux genres une très grande importance et en rédige le premier les caractères avec un ordre excellent, ce qui simplifie beaucoup l'étude de la connaissance des plantes.

Il est intéressant de constater que l'esprit méthodique de Tournefort et ses capacités remarquables dans la Botanique descriptive contrastent avec l'insuffisance du même auteur en Physiologie. C'est là encore une preuve que, ainsi que le soutenaient avec raison Jung et Ray, la recherche des affinités végétales doit être tout à fait indépendante de l'étude des fonctions.

En définitive, l'œuvre de Tournefort eut un très

grand retentissement et son système de classification fut universellement adopté.

## 4. Linné. — Idée de l' « espèce ».

Aucun travail digne d'être noté ne se produisit
pendant le premier tiers du xviiiᵉ siècle, au point
de vue qui nous occupe, mais à partir de 1735,
les sciences naturelles : la zoologie, la minéra-
logie et surtout la Botanique, devaient renaître
tout à coup sous l'impulsion du génie de Linné.

L'œuvre, d'une ampleur invraisemblable, accom-
plie par l'illustre Suédois, allait remplacer dans la
dénomination des êtres et des objets naturels en
général, toutes celles qui l'ont précédée.

Et ce n'est pas le système artificiel de la classification de Linné qui pouvait marquer un progrès
dans la classification; car c'était au contraire un
singulier recul de la science que l'adoption de ce
procédé enfantin, n'ayant d'autre but que de faci-
liter la détermination des plantes en comptant les
étamines. C'est à la quantité prodigieuse des travaux clairs et méthodiques du savant, à sa réforme
judicieuse de la nomenclature, aux principes rationnels qu'il établit, qu'est due l'influence de
Linné sur les progrès des sciences de la nature.

Carolus Linnæus, ou Charles de Linné (1707-
1778), est né à Rœshult, en Suède. C'était le fils
d'un pauvre pasteur de campagne qui n'avait aucune ressource. Son père, comme celui de Tournefort, voulait le diriger vers la théologie, et lutta
contre les goûts de son jeune fils pour l'étude des
plantes. Toutefois, les maîtres de l'école de Vexiœ
ayant déclaré que leur élève, le jeune Linné, était

d'une complète incapacité sur toutes les matières, son père renonça à en faire un pasteur et le mit en apprentissage chez un cordonnier. Mais l'enfant persistait dans son amour pour l'étude de la Nature. Un médecin du voisinage l'ayant rencontré herborisant pendant la journée du dimanche, fut frappé de son intelligence et de sa précoce connaissance des plantes. Il en parla au père de Linné et lui procura l'argent nécessaire pour que le jeune apprenti cordonnier fût envoyé à l'Université de Lund. C'est là qu'il fit ses études, puis il compléta son instruction à Upsal. L'élève déclaré incapable par ses premiers maîtres enseignait déjà à Upsal à l'âge de vingt-trois ans, et à vingt-quatre ans publiait un premier essai sur la classification générale des végétaux.

Il parcourut ensuite la Laponie, dont la végétation très spéciale lui parut devoir receler des plantes inconnues. Malgré la mauvaise saison, rien ne le rebuta pour accomplir ce voyage d'exploration. Il faillit d'abord être tué par un morceau de roc en faisant l'ascension du mont Skula ; puis au milieu des privations de toutes sortes, dans une contrée sans chemins, il dut plusieurs fois traverser des fleuves à la nage pour atteindre les Alpes lapones qu'il explora en détail ; il parcourut le Finmark, visita les îles d'Aaland et revint à Upsal au mois de novembre de la même année. Avec un équipement presque nul, peu comparable à ceux de nos explorateurs actuels, Linné avait réussi à examiner tous les végétaux de la contrée et à en rapporter des spécimens nombreux. Malgré la rapidité de son voyage, grâce à la sûreté de son coup d'œil, à son travail régulier et incessant, il put revenir avec la presque totalité des espèces qui

5.

croissent en Laponie. Il publia ainsi son premier ouvrage, *Florula Laponica*, où se révèlent déjà dans leur plénitude les qualités éminentes du grand naturaliste.

Linné parcourut aussi les diverses provinces de la Suède et commença à mettre un ordre parfait dans la dénomination des végétaux en instituant définitivement la nomenclature binaire; chaque sorte de plante était désignée simplement par son nom de genre, suivi du nom d'espèce.

Prenons comme exemple trois Boutons-d'or; Linné les désigne sous les noms de *Ranunculus bulbosus*, *Ranunculus repens*, *Ranunculus arvensis;* il indique par là que ce sont trois espèces différentes appartenant au même genre *Ranunculus* (Renoncule). La première est bulbeuse, la seconde a des tiges rampantes, la troisième croît dans les champs cultivés. D'un seul mot, celui qui désigne l'espèce, Linné les caractérise. Par le premier nom il indique à quel groupe elles appartiennent.

La simplicité de cette nomenclature lui a valu d'être partout adoptée, et c'est cette manière de nommer les plantes ou les animaux qui est encore aujourd'hui d'un usage universel.

Les jalousies que suscitèrent à Linné sa carrière rapide le forcèrent à quitter la Suède. Il alla se réfugier en Hollande, chez l'illustre médecin Bœrhaave qui sut apprécier toute sa valeur.

En 1735, Linné fit paraître plusieurs ouvrages à la fois. Le plus important était le *Systema naturæ*, où l'auteur entreprit de remplir un programme assez vaste. Il ne s'agissait pas moins que de dénommer, de classer tous les êtres et tous les minéraux connus, afin d'en offrir un tableau méthodique et complet.

Après avoir été en Angleterre, Linné revint en
Suède (1738), où il fut nommé professeur à
Upsal et président de l'Académie de Stockholm. Il
publia encore de très nombreux travaux et ouvrages, et son activité ne put se ralentir que
lorsque, affaibli par l'âge, il sentit la mémoire lui
faire défaut. Il mourut à Upsal, où il eut des funé-
railles presque royales. Le roi de Suède fit ériger
son tombeau dans la cathédrale et donna l'ordre
de distribuer au monde savant une médaille frap-
pée en commémoration de Linné.

Auprès de ceux qui se contentaient de recueillir
les plantes pour les collectionner, Linné a été
longtemps célèbre par son système de classement
des végétaux, qu'il ne considérait lui-même que
comme provisoire et artificiel. Ce n'est pas là qu'est
l'œuvre de Linné, et si le grand naturaliste suédois
n'eût publié que ce mode de détermination, il
n'eût rendu à la science qu'un service négatif, faisant oublier par là les efforts successifs de Césalpin, de Bauhin, de Ray et de Tournefort. Mais
Linné lui-même sentait bien qu'il y avait encore à
résoudre un problème capital : relier entre elles
les plantes qui présentent des caractères communs, et, en 1738, il publia sous le nom de *Fragments de la méthode naturelle* un ouvrage où il
établit la composition de soixante-cinq groupes
dont malheureusement il ne donne pas de caractères
précis.

Linné avoue d'ailleurs son impuissance à établir
rationnellement ces groupes. « *Erit mihi magnus
Apollo...* », dit-il. « Il sera pour moi le grand Apol-
lon celui qui parviendra à fonder la méthode naturelle sur des bases inébranlables. »

L'influence considérable qu'eut Linné sur ses contemporains et ses successeurs tient aux lois nettes et positives qu'il sut donner à la nomenclature, et surtout à la précision avec laquelle il délimita les espèces.

Les espèces étaient pour Linné des entités intangibles, et il n'attachait aucune importance à leurs variations qu'il désignait sous le nom de « variétés ». Linné dit : « Les espèces végétales ne sont pas des formes séparées par des différences plus ou moins grandes ; ce sont des plantes différentes. — Les variétés sont dues à une cause accidentelle, telle que le climat, la nature du sol, la chaleur ou le vent. »

Linné précise encore mieux sa doctrine sur la fixité des espèces dans les phrases suivantes :

« Nous comptons autant d'espèces que la nature en a créé à l'origine. — La nature est impuissante à créer de nouvelles espèces. »

Énoncés ainsi, ces principes paraissent trop dogmatiques. Or, bien que cela puisse sembler paradoxal, c'est précisément dans leur application que se révèle le génie de Linné.

C'est qu'en effet, les formes que Linné a distinguées sous le nom d'espèces, et qu'on nomme encore aujourd'hui « espèces linnéennes », sont presque sans exception déterminées avec un sentiment très juste. Les espèces linnéennes sont limitées de telle façon qu'il est actuellement impossible de passer expérimentalement de l'une à l'autre.

C'est-à-dire que par des cultures dans des climats différents, par des modifications directes des conditions physiques extérieures, ou encore par des semis sélectionnés, on ne peut, en général,

transformer une espèce définie par Linné en une
autre espèce linnéenne.

Et l'illustre naturaliste ne s'est presque jamais
laissé tromper par les apparences. Il réunit souvent sous un même nom des plantes qui paraissent fort dissemblables, et qui précisément peuvent
passer d'une forme à l'autre par la culture. Parfois,
il distingue, au contraire, comme espèces différentes des plantes d'aspect très semblable ; or,
aucune culture ne peut transmuer ces plantes de
l'une à l'autre forme.

Si l'on veut employer un langage moderne, on
peut dire que Linné, en nommant et en définissant
les diverses espèces de variétés, avait l'intuition de
la différence qui existe entre les caractères acquis
par une longue adaptation (qui étaient pour lui les
caractères spécifiques), et ceux dus à une adaptation récente, sur lesquels l'expérience peut agir.

A partir de 1750, la nomenclature linnéenne fut
appliquée par tous les auteurs, même par les naturalistes qui n'admettaient pas le système artificiel de Linné suivant lequel pourtant toutes les
flores furent rédigées.

Une réaction se produisit à cette époque contre
l'influence de Tournefort, et en même temps contre ses descriptions si simples, mises à la portée
du plus grand nombre.

Il naquit alors une fausse science, exprimée dans
des livres rédigés en latin, et qui avait pour but
unique la description des plantes suivant les principes de Linné, dont le dogme était la constance
des espèces, et où l'on se proposait de confection-
ner un catalogue universel des plantes par la rédaction de flores locales.

Certainement, ces travaux de Botanique descriptive ne furent pas inutiles, et les collectionneurs amassèrent des matériaux qui devaient servir à des études ultérieures. Mais l'on vit réapparaître, sous une autre forme, l'état d'esprit des savants du Moyen âge. Pour beaucoup de ceux qui se livrèrent à ces études, le but principal semblait être surtout la synonymie, c'est-à-dire l'art de grouper tous les noms des différents auteurs qui désignent une même espèce. Telle plante avait-elle été décrite par Linné sous tel ou tel nom? La description de Linné s'appliquait-elle entièrement à cette espèce ou seulement à l'une de ses formes? Comment tel ou tel auteur avait-il considéré la dénomination linnéenne? Telles étaient les questions discutées par ces floristes.

Cette école existe encore aujourd'hui, quoique beaucoup plus restreinte. Des curieux de la nature discutent indéfiniment sur la synonymie des plantes. Pour eux, l'anatomie, la physiologie végétale et même l'étude si intéressante et si variée des plantes cryptogames non vasculaires, tout cela, ce n'est pas de la Botanique.

Il en est même qui, sans même décrire d'espèces nouvelles, ne s'intéressent qu'au classement et à la dénomination des plantes vasculaires déjà connues, sans se soucier d'ailleurs de leur organisation ni de leurs fonctions.

Ce sont, comme on dit quelquefois, des « botanophiles », et comme ils poussent à l'extrême le goût des mots techniques employés pour désigner les choses les plus simples, ils passent à bon marché, auprès du grand public, pour des savants de haute compétence.

## 5. Les Jussieu et De Candolle. — Idée de la « famille ».

C'est en France, à l'époque même où s'élaborait le système artificiel presque universellement adopté, que devaient se manifester des tendances toutes différentes. Bernard de Jussieu allait réaliser la méthode naturelle, vainement cherchée par Linné.

Bernard de Jussieu, né à Lyon (1699-1777), avait accumulé de nombreux et importants documents. D'un caractère très timide et d'une modestie exagérée, Bernard de Jussieu, qui était simplement sous-démonstrateur de Botanique au Jardin des Plantes de Paris, n'osait mettre en œuvre les matériaux qu'il avait amassés. La seule trace qui resta de la méthode qu'il proposait furent les catalogues manuscrits qu'il avait rédigés en 1759, pour la plantation du Jardin royal de Botanique que Louis XV l'avait chargé d'établir à Trianon. Le principal de ces catalogues fut publié ultérieurement, et l'on put voir ainsi que Bernard de Jussieu est vraiment le créateur d'une méthode dont il avait expliqué le plan et les idées à son neveu Antoine-Laurent de Jussieu. « Il faut, lui disait-il, peser les caractères et non pas les compter ». De plus, les travaux de Jussieu révèlent la définition de groupes supérieurs aux genres et qu'il a nommé *familles*. Son neveu devait donner l'exposé de la méthode, en réaliser lui-même le plan jusque dans tous ses détails et y ajouter la marque de son génie personnel.

Antoine-Laurent de Jussieu né à Lyon (1748-

1816), termina ses études à Paris sous la direction
de son oncle Bernard. A vingt ans, il était chargé
d'un cours de Botanique au Jardin des Plantes, où
il fut nommé professeur en 1777.

A.-L. de Jussieu rédigea le premier la description des *familles naturelles*, en faisant intervenir le
principe de la « subordination des caractères ».
Suivant ainsi les conseils de Bernard, il attribua à
chacun des caractères des plantes une valeur relative très différente. La réunion des caractères communs les plus importants lui servait ainsi à définir une famille, dans laquelle se trouvaient ensuite
classés les genres de cette famille, chacun avec
leurs diverses espèces.

En 1773, il avait publié sous le nom d'*Examen
de la famille des Renoncules*, une monographie
d'une importance capitale. Il y mettait en évidence
les affinités de certains genres en apparence tout
à fait différents, tels que Renoncule, Dauphinelle,
Ellébore, Aconit, Clématite ; ces genres étaient
classés par ses devanciers à des distances très
éloignées les unes des autres. A.-L. de Jussieu sut
démontrer qu'ils sont en réalité très unis et constituent ensemble une même famille, à laquelle il
donna le nom de Renonculacées. Ce beau travail
lui valut d'être nommé à vingt-cinq ans membre
de l'Académie des Sciences.

Plus de cent familles naturelles furent ainsi décrites par lui, puis il les groupa ensuite en quinze
classes. Pour définir ces classes, Jussieu appliqua
la remarque de John Ray sur le nombre des cotylédons, et tout le règne végétal fut divisé par lui
en Acotylédones (plantes sans cotylédons, c'est-à-
dire les Cryptogames), Monocotylédones et Dicotylédones. Dans ces deux dernières divisions générales,

l'auteur établit les caractères des classes surtout
d'après la manière dont les étamines sont disposées relativement aux autres parties de la fleur.

Mais ce groupement d'ensemble, qui sur certains
points est inférieur à celui de John Ray, n'est pas
l'œuvre importante de Jussieu. Actuellement, aucune des classes de cette méthode n'a subsisté. Il
n'en est pas de même des familles, dont la définition s'est trouvée presque toujours confirmée par
les études plus récentes. Prenons un exemple :
Jussieu ne s'était pas préoccupé des caractères
anatomiques. Or, presque toujours ceux-ci, étudiés depuis avec soin, sont venus confirmer les
groupements établis par lui. C'est ainsi que la disposition des tissus, et des vaisseaux conducteurs
de la sève en particulier, est tout à fait spéciale
chez les plantes que Jussieu a réunies dans la famille des Renonculacées ; rien que par l'anatomie on pourrait caractériser cette famille ; et on
associerait ainsi très exactement les mêmes genres, que Jussieu avait groupés ensemble d'après
des caractères tout autres. La coïncidence de ces
deux méthodes absolument différentes fait voir la
véritable valeur de ces associations.

Ce qu'il faut donc retenir de l'œuvre des Jussieu,
c'est la création des familles naturelles établies
d'après le principe de la subordination des caractères.

Un autre élève de Bernard de Jussieu était Michel
Adanson[1], né à Aix-en-Provence (1727 - 1806).
Adanson était un grand voyageur et un naturaliste

1. On a dédié à Adanson, sous le nom d'*Adansonia*, le
Baobab ; cet arbre géant d'Afrique a été étudié par lui dans
son voyage au Sénégal.

plein d'originalité. Adversaire acharné de Linné et
grand admirateur de Tournefort, il tenta d'établir
une classification générale des plantes en adoptant
un principe diamétralement opposé à celui de son
maître. Il tenait compte *également* des divers caractères. Choisissant 65 caractères des végétaux,
et les tenant ainsi pour égaux entre eux, il dressa
65 tableaux de classification fondés chacun sur
un de ces caractères seulement; puis il essaya de
combiner ces tableaux entre eux pour établir les
classes de sa méthode. Il n'est pas difficile de comprendre que, par ce procédé, Adanson ne pouvait
aboutir à aucun résultat qui pût indiquer les
affinités des plantes. Cette classification fut jugée
trop vaste et irréalisable par ses collègues de
l'Académie. Adanson en ressentit un violent cha-
grin et, devenu misanthrope, ayant employé la
plus grande partie de sa fortune aux frais de ses
voyages, ruiné par la Révolution, il s'enferma dans
un modeste logis, en un isolement presque complet.
Après la réorganisation de l'Institut en 1798,
lorsqu'on lui écrivit de venir prendre place parmi
ses collègues, il répondit qu'il ne pouvait pas se
rendre à cette invitation parce qu'il n'avait pas de
souliers. Le ministre Benezech lui fit alors accorder une pension de 6.000 francs, qui fut ensuite
doublée par Napoléon.

Adanson n'avait pas trouvé la Méthode naturelle
qu'il cherchait, mais dans son ouvrage : *Familles
des plantes*, on rencontre au milieu d'expressions
barbares, écrites avec une orthographe de son
invention, le germe de bien des idées intelligentes
qui ont été présentées après lui comme nouvelles.
On y trouve aussi l'exposé d'une multitude de faits
d'un grand intérêt, observés directement par lui,

et une sagace critique des préjugés régnant alors
dans la science.

La dernière feuille du *Genera plantarum*, d'Antoine-Laurent de Jussieu, a été imprimée à la veille
de la prise de la Bastille. L'ouvrage du grand naturaliste parut donc au moment où éclatait la
Révolution, et par là même fut jugée à l'étranger
comme révolutionnaire. Aussi, la méthode de
Jussieu fut-elle d'abord mal accueillie. De même
que pour Linné, on confondit l'œuvre réelle de
Jussieu avec la manière de trouver les noms des
plantes, et comme on arrivait plus rapidement à
ceux-ci par le système artificiel de Linné, la plupart des ouvrages descriptifs furent encore rédigés suivant ce dernier système.

Avec Linné, les groupes naturels correspondant
aux familles étaient à peine pressentis ; avec les
Jussieu ils étaient définis ; avec De Candolle leur
définition est approfondie et raisonnée.

Augustin-Pyrame De Candolle (1778-1841) des-
cendait d'une famille provençale qui s'était réfu-
giée à la suite de persécutions religieuses, à Genève.
C'est dans cette ville qu'il naquit et qu'il fit ses
études d'instruction générale. De Candolle se des-
tina d'abord à la littérature. Lorsque les armées
françaises envahirent la Suisse, il se réfugia à
Champagne, près du lac de Neuchâtel ; c'est là
qu'il s'éprit des choses de la Nature. Les plantes
fixèrent bientôt particulièrement son attention,
et les botanistes suisses Vaucher et Senebier,
l'encouragèrent dans ses nouvelles études. Il vint
à Paris suivre les leçons de Jussieu et de Desfontaines, suppléa Cuvier et fut ensuite nommé

professeur de Botanique à Montpellier. Après le retour des Bourbons, De Candolle quitta la France pour revenir à Genève, où il fut accueilli avec enthousiasme et où l'on fonda pour lui une chaire de Botanique et un jardin.

Au début de ses études, De Candolle n'était l'élève d'aucun naturaliste, et c'est certainement à cette circonstance qu'il dut en grande partie l'originalité de son talent. Écoutons-le lui-même raconter comment il fut amené à l'étude de la Nature.

« J'avais subi avec succès mon examen de sortie de belles-lettres, et j'arrivai à Champagne plus occupé d'idées relatives à la littérature qu'à nulle autre étude. Je continuais à faire des vers sur les petits événements de la vie. Je méditais de grands travaux sur les étymologies grecques ; je lisais des livres d'histoire et j'avais le désir de me livrer aux études historiques.

« Cependant, au milieu de ces occupations que je regardais comme un travail, j'entremêlais quelque sentiment de curiosité pour les plantes qui m'entouraient. Je ne connaissais aucune d'elles par son nom ; je connaissais encore moins leur classification et n'avais aucune idée d'aucun système quelconque. Je n'avais auprès de moi aucun livre, aucun ami, aucun maître qui put me guider, et cependant je commençais à observer les plantes avec intérêt...

« Je me rappelle encore la joie que j'éprouvai lorsqu'une dame, qui avait vécu en France, m'apprit que l'arbuste, nommé *frésillon* dans le patois du pays, se nommait le *troëne*.

« C'est dire à quel point allait mon ignorance sur toute la partie conventionnelle de la Botanique ; je suis cependant demeuré convaincu, de-

puis, que rien n'a plus influé sur la direction de
mes travaux subséquents et ne m'a mieux disposé à
l'étude des rapports naturels que cette observation
des végétaux faite sur eux-mêmes, d'après mes seules
idées, dépourvues de toute hypothèse préalable.

« Celui qui, à cette époque, m'aurait dit que je
travaillais à ce qui devait faire l'occupation de ma
vie entière m'aurait bien étonné ; je ne croyais me
livrer qu'à un délassement, et ne me le permettais
même que lorsque je croyais avoir donné assez de
temps à mes travaux littéraires. »

L'illustre Lamarck avait fait une *Flore française*
dans laquelle il avait adopté la « méthode dichoto-
mique ». Une série de doubles questions nécessaires amène le lecteur à déterminer la plante qu'il
tient entre les mains. C'était un procédé pour
rechercher les noms des végétaux qui donnait des
résultats très supérieurs à celui de Linné.

En 1802, Lamarck chargea De Candolle d'une
nouvelle édition de cette *Flore*. De Candolle refit
complètement l'ouvrage d'un bout à l'autre et en
modifia le plan. C'est alors qu'il établit nettement
la distinction qu'il faut faire entre la détermination des plantes et la recherche de leurs affinités naturelles. Ces deux points de vue si différents avaient été confondus par la plupart de ses
devanciers, et cette confusion avait souvent nui
aux progrès de la classification.

A partir de 1818, A.-P. de Candolle commença
la publication d'un ouvrage énorme, intitulé *Pro-
dromus systematis naturalis regni vegetabilis*, où
il entreprit de donner la description des familles,
des genres et des espèces du monde entier. Il
avait plusieurs collaborateurs, mais le plus grand
nombre des familles a été rédigé par lui-même,

6.

par son fils Alphonse de Candolle, et, plus tard, par son petit-fils Casimir de Candolle.

La classification du « Prodrome » était une rectification de celle que De Candolle avait adoptée en rédigeant à nouveau la *Flore française*, qui est un modèle de clarté.

Dans sa méthode générale de classification, De Candolle introduisit une nouveauté par rapport aux précédentes, car il s'adressa, pour établir les premières divisions, aux caractères anatomiques.

Malheureusement l'une de ces distinctions reposait sur une erreur de son maître Desfontaines, qui divisait les végétaux en endogènes et exogènes. Desfontaines, reprenant l'étude des différences déjà signalées par Théophraste entre la tige des arbres tels que le Chêne et celle des arbres tels que les Palmiers, constatait que les premières s'épaississaient de dedans en dehors (exogènes) et admettait à tort que les secondes s'épaississaient de dehors en dedans (endogènes). De plus, De Candolle avait cru que la petite lame verte qui se produit lorsqu'on fait germer une Fougère était le cotylédon de la Fougère, et il avait classé les Fougères parmi les Monocotylédones. Il y avait joint les autres Cryptogames ayant, comme les Fougères, des racines et des vaisseaux pour conduire la sève. Mais, plus tard, il indiqua lui-même la rectification de ces deux erreurs, et il divisa l'ensemble des végétaux de la manière suivante :

| | | | |
|---|---|---|---|
| Végétaux vasculaires | à fleurs | à 2 cotylédons : Dicotylédones. | Phanérogames. |
| | | à 1 cotylédon : Monocotylédones. | |
| | sans fleurs . . . . . . | Cryptogames vasculaires. | Cryptogames. |
| Végétaux non vasculaires | à feuilles . . . . . . . | Foliacés. | |
| | sans feuilles. . . . . . | Aphylles. | |

Au premier abord, et telle que l'auteur l'exposait au début, la méthode de De Candolle pourrait sembler n'être qu'une simple combinaison de celles de Tournefort et des Jussieu. Mais il n'en est rien.

De Candolle est le premier qui divise les Cryptogames en trois groupes rationnels et qui sépare les plantes vasculaires de celles qui n'ont pas de vaisseaux, distinction qui coïncide, comme il le fait remarquer lui-même, avec la présence ou l'absence de racines : « Qui dit racine, c'est-à-dire organe spécial pour absorber la sève, dit vaisseaux, éléments spéciaux destinés à transporter la sève des racines jusqu'aux feuilles. »

En somme, Augustin-Pyrame de Candolle, avec ses Phanérogames, Cryptogames vasculaires, Foliacés, Aphylles, indiquait déjà les quatre embranchements du Règne végétal tels qu'ils sont admis par la classification actuelle et tels qu'ils ont été établis ultérieurement par l'étude embryogénique, c'est-à-dire par une méthode toute différente. C'est donc avec de Candolle que sont vraiment constitués les grands groupes de végétaux, dont chacun contient un nombre considérable de familles, de genres et d'espèces.


## 6. Robert Brown et la classification actuelle.

Parmi les grandes divisions de l'embranchement des plantes à fleurs ou Phanérogames, il est un groupe naturel d'une importance capitale, qui n'avait été reconnu ni par De Candolle, ni par ses prédécesseurs ; c'est celui qui comprend nos arbres résineux, Pin, Sapin, etc.

Le célèbre botaniste écossais Robert Brown (1786-1858) devait apporter sur ce point un très grand perfectionnement dans le classement général des plantes.

Robert Brown était le fils d'un pasteur de Montrose (comté de Forfar). Après avoir fait ses études de médecine à Aberdeen, puis à Édimbourg, il fut appelé en Irlande comme médecin militaire et se vit bientôt adjoint, en qualité de naturaliste, à l'expédition scientifique de l'Australie, organisée en 1801 par l'Amirauté anglaise et dirigée par le capitaine Flinders. John Franklin se trouvait comme enseigne de vaisseau sur le même bâtiment.

Or, à peine débarqué en Australie, le capitaine Flinders se rendit compte que tout était mal organisé dans son expédition et n'hésita pas à retourner en Angleterre pour en repartir avec un équipement plus complet, en vue de l'exploration de ce nouveau Continent. Mais, pendant ce retour, il fit naufrage non loin de l'île Maurice et fut fait prisonnier par les Français qui le retinrent à Port-Louis jusqu'en 1810.

Les naturalistes de l'expédition, qui avaient été laissés en Australie, ne perdirent cependant pas leur temps, et pendant quatre années Robert Brown parcourut les diverses contrées australiennes pour en étudier la végétation. On conçoit aisément la joie que dut éprouver le jeune botaniste de vingt-deux ans dans la découverte de ce monde inconnu où, presque sans exception, les végétaux étaient formés d'espèces ne se trouvant nulle part ailleurs. Et non seulement des espèces nouvelles étaient à trouver et à décrire à chaque pas, mais des genres, des familles, des groupes entiers dont on n'avait

aucune idée : les forêts d'Eucályptus géants avec
leurs feuilles à limbe vertical et leur singulière
écorce déchiquetée, le vaste groupe de ces bizarres
plantes, de la famille des Protéacées, réunies par
Robert Brown sous le nom de Banksiées, en l'honneur de son protecteur, sir Joseph Banks, qui
l'avait fait désigner comme naturaliste de l'expédition; les Xanthorréas, ces arbres en forme de ba-
lais qui sont le seul ornement des déserts austra-
liens; l'Arbre-bouteille, les Fougères grimpantes,
autant de merveilles inattendues.

A un certain point de vue, la végétation d'Australie offre un intérêt plus grand encore que celle
d'Amérique. Il en est de même de la faune dont
les Mammifères, par exemple, diversement adaptés,
sont tous du groupe des Kanguroos, c'est-à-dire
sont des Marsupiaux, caractérisés comme on sait
par l'absence de placenta et par la poche centrale
les petits où restent longtemps logés après leur
naissance. Parmi eux, il suffit de rappeler ces
vertébrés paradoxaux tels que l'Ornithorynque et
l'Échidné, intermédiaires vivants entre les Oiseaux,
les Reptiles et les Mammifères.

D'ailleurs, l'apparence étrange de cette flore et
de cette faune australiennes est facile à comprendre. On sait aujourd'hui que le continent aus-
tralien s'est vu isolé du reste du monde pendant
la période crétacée. Depuis cette lointaine époque
géologique, l'évolution des groupes s'y est manifestée d'une manière très lente ; toutes ces faunes
vivantes sont analogues aux empreintes fossiles
(Eucalyptus, Protéacées, Marsupiaux, etc.), laissées
dans les roches crétacées des autres continents,
en Asie ou en Europe par exemple. C'est ainsi

qu'on a pu dire, sans grande exagération, que les végétaux et les animaux d'Australie sont des espèces crétacées qui sont restées à l'état vivant, comme les témoins actuels des anciens êtres partout ailleurs disparus.

Robert Brown revint à Londres en 1805; il rapportait d'Australie environ 4.000 espèces nouvelles. Il devint alors bibliothécaire et conservateur des collections de sir Joseph Banks. Après la mort de ce dernier, il hérita de ses collections dont il fit don au *British Museum*, où il fut nommé conservateur.

Humboldt correspondait avec Robert Brown et avait reconnu sa haute valeur. Il l'appelait *Botanicorum facile princeps*, le reconnaissant sans conteste comme le plus remarquable botaniste de cette époque. Sur la recommandation de Humboldt, le ministère de Peel accorda à Robert Brown une pension de 200 livres sterling.

En apparence, Robert Brown semble surtout un auteur de « monographies », c'est-à-dire de descriptions complètes des espèces d'un même genre ou d'une même famille. Mais chacune de ces monographies est accompagnée incidemment de remarques et d'observations de Biologie générale. Et c'est dans ces remarques que se révèle la profondeur des vues de l'auteur; c'est là qu'on trouve de temps à autre des découvertes de l'ordre le plus élevé, des aperçus dévoilant une intelligence supérieure, des hypothèses hardies qui se sont trouvées vérifiées ensuite, soit par Richard Brown lui-même, soit par les naturalistes qui lui ont succédé.

Revenons, à ce propos, vers le point de vue qui nous intéresse en ce moment. L'attention de Ri-

chard Brown, dans son étude de la Flore austra-
lienne, fut attirée vers les Cycas, les Zamias, qu'on
avait souvent confondus avec les Palmiers, et
aussi vers d'autres arbres du même groupe, les
Dammaras, les Araucarias, ressemblant plus par
leur port aux arbres résineux de nos pays.

En 1827, Robert Brown montra clairement que
les ovules de ces végétaux ne sont pas renfermés
dans un ovaire clos, comme le sont ceux de toutes
les autres plantes à fleurs ; il fit voir que le pollen
des étamines se rend directement sur les ovules.
D'où le nom de *Gymnospermes* sous lequel elles
furent désignées, par opposition aux autres Phanérogames dénommées *Angiospermes*.

Ainsi donc, les Conifères (Pin, Sapin, If, Arau-
caria, Dammara, etc.) et les Cycadées (Cycas, Zamia, etc.) que les Jussieu et De Candolle avaient
rangées dans les Dicotylédones, devaient en être
extraites et constituer un groupe supérieur, un
sous-embranchement analogue à celui qui comprend à la fois les Monocotylédones et les Dicotylédones. D'après Robert Brown, les Phanérogames
devaient donc être ainsi divisées :

$$\text{PHANÉROGAMES.} \left\{ \begin{array}{l} \textit{Angiospermes.} \left\{ \begin{array}{l} \text{Dicotylédones.} \\ \text{Monocotylédones.} \end{array} \right. \\ \textit{Gymnospermes.} \end{array} \right.$$

Les Dicotylédones et les Monocotylédones qui
étaient dans la méthode de Jussieu les premières
divisions du Règne végétal, devenaient ainsi des
classes du sous-embranchement des Angiospermes
formant elles-mêmes une division de l'embranchement des Phanérogames.

Les études microscopiques de Robert Brown et
les innombrables recherches faites depuis sur cette

question ont fait voir, de plus en plus, la grande différence qui existe entre les Angiospermes et les Gymnospermes.

Et cependant la routine est si grande, en science comme ailleurs, que pour la plupart, les naturalistes qui suivirent Robert Brown, ne voulurent pas admettre ce changement.

Lindley en Angleterre (1789-1865), Endlicher en Autriche (1801-1849), Adolphe Brongniart en France (1801-1876), se refusèrent à introduire cette importante modification, et continuèrent à placer les Gymnospermes parmi les Dicotylédones, bien que le nombre des cotylédons soit des plus variables chez les Gymnospermes, où il peut osciller entre 1 et 15 !

Bien plus, les Botanistes descripteurs, les auteurs de Flores, ne voulurent jamais admettre la gymnospermie, et plaçaient les pins, sapins, etc., dans le même groupe que les chênes, les hêtres et les noisetiers. On peut encore trouver cette erreur grossière dans des ouvrages qui ont paru récemment ou dont on vient de réimprimer de nouvelles éditions.

Une semblable aberration paraîtrait inexplicable, sans la présence de ces botanophiles descripteurs qui ne veulent connaître, dans la Science des végétaux, que l'art de nommer les plantes, dédaignant d'étudier leur organisation, ne fût-ce que dans ses traits essentiels.

Heureusement qu'à côté de ces naturalistes aveugles ou de ces collectionneurs ignorants, se développa dans sa plénitude, dans son ampleur magistrale, le génie de Hofmeister.

Grâce à l'œuvre de ce grand Maître, dont l'es-

prit est le plus élevé qui se soit jamais montré
dans la Science des plantes, le mystère qui pla-
nait encore sur le développement des êtres fut
tout à coup éclairci ; mais ce n'est pas encore le
lieu de rendre compte de ces recherches capitales.
Il suffit de savoir pour le moment que les travaux
de Hofmeister, publiés de 1849 à 1851, ont établi,
par l'étude de l'évolution de chaque type de végétal, les grands groupes de végétaux, tels qu'ils sont
admis actuellement.

La classification adoptée par Sachs, professeur à
Wurtzbourg, et à peine modifiée depuis sur un
point peu important, exprime ces résultats. Van
Tieghem l'a résumée très simplement de la manière
suivante :

Embranchements :

Tiges, feuilles, racines, fleurs. . . . .   I.   PHANÉROGAMES
(Gymnospermes
et Angiospermes).

Tiges, feuilles, racines, pas de fleurs. .   II.   CRYPTOGAMES
VASCULAIRES
(Fougères, Lyco-
podes, Prêles, etc.).

Tiges, feuilles, ni racines, ni fleurs. . .   III.   MUSCINÉES
. (Mousses, Hépa-
tiques).

Ni tiges, ni feuilles, ni racines, ni fleurs,   IV.   THALLOPHYTES
(Algues, Champi-
gnons, Lichens).

On répartit ainsi tous les végétaux dans quatre
embranchements, dont le plus élevé, celui des
Phanérogames, se subdivise comme il a été indiqué
plus haut, d'après Robert Brown.

Telle est la classification actuellement adoptée.

Plusieurs critiques peuvent y être faites, notamment au sujet des caractères très simples qui
viennent d'être indiqués pour définir les quatre

embranchements. De plus, les subdivisions principales sont très difficiles à établir dans certains de
ces embranchements.

Quoi qu'il en soit, les travaux qui ont été faits
depuis les découvertes de Hofmeister, l'étude histologique détaillée des phénomènes de la reproduction, tout confirme la cohérence de ces quatre
grands groupes.

Quant à la critique de leur définition et de leurs
sous-divisions, nous ne pourrons la faire utilement qu'après avoir étudié l'histoire des Cryptogames.

Tout ce qui précède nous a fait assister aux
orientations différentes régressives ou progressives
qui se sont succédé dans l'établissement de la
classification végétale.

Après Césalpin et Bauhin, on croyait que le but
était atteint. Il en fut de même après Tournefort
et Linné, après Jussieu et De Candolle. Il en est
encore de même aujourd'hui pour beaucoup de naturalistes, après la classification actuelle.

Mais n'oublions pas que nous sommes dans une
phase de cette histoire des idées. L'avenir chan-
gera, sans nul doute, le groupement aujourd'hui
adopté; la classification présente sera transformée
comme celle-ci a modifié les précédentes, et nul
ne peut prévoir maintenant quelles seront, à ce
sujet, les vues futures de la Science.

# III

# LES DÉCOUVERTES ET LES PROGRÈS
# DANS L'ÉTUDE DES CRYPTOGAMES

---

## 1. Premières recherches sur les Cryptogames.

Les plantes cryptogames ou plantes sans fleurs,
telles que les Fougères, les Mousses ou les Champignons, avaient été distinguées des autres, comme
on l'a vu plus haut, par Phanias, un des disciples
d'Aristote.

Mêlées sans ordre au milieu des descriptions des
Phanérogames, ces plantes n'avaient été séparées
que par Césalpin, puis par John Ray qui le premier
les opposait à l'ensemble de toutes les plantes à
fleurs.

On peut se rendre compte de l'importance [de
plus en plus grande attribuée aux Cryptogames
dans l'ensemble du règne végétal, depuis Linné
jusqu'à l'époque actuelle, par le nombre relatif de
classes ou d'embranchements qui leur a été accordé
dans les classifications successives.

Linné fait de l'ensemble des Cryptogames l'une
de ses vingt-quatre classes, Jussieu l'une de ses
quinze classes, De Candolle trois de ses huit classes,

et dans la classification actuelle on range les Cryptogames dans trois des quatre embranchements du
Règne végétal. C'est ce qu'indique la figure 17.

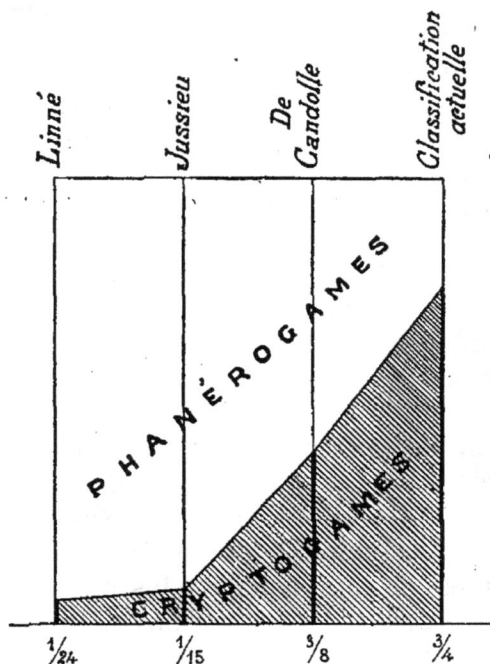

F<small>IG</small>. 17. — Figure représentant l'importance de plus en plus grande attribuée
aux Cryptogames dans les classifications successives.

A quoi tient cette méconnaissance des plantes
cryptogames jusqu'à une époque récente?

Le nom même qu'on a donné à ces végétaux sans
fleurs l'indique. Leurs organes de reproduction
sont longtemps restés cachés, insaisissables par
leur petitesse extrême, aux investigations des naturalistes.

Pour comprendre l'organisation et le développement de ces plantes, le microscope était nécessaire.

Et ce n'est pas tout; cet instrument n'était pas suffisant pour donner la clef de l'évolution organique chez toutes ces plantes appartenant à des groupes si variés, plus différents entre eux que ne diffèrent entre elles les familles de plantes à fleurs les plus dissemblables. Il fallait encore pouvoir suivre l'évolution de chaque plante cryptogame.

Avant qu'on ait découvert le microscope, l'étude des Cryptogames n'existe pour ainsi dire pas. Des formes sont décrites; on constate que ces plantes n'ont pas de fleurs ; on ne sait ni comment elles se reproduisent ni comment elles se développent.

Depuis la date de l'invention du microscope jusqu'au milieu du xix$^e$ siècle, c'est un autre genre de chaos. On fait çà et là des découvertes de premier ordre; mais ces découvertes sont incomplètes, non reliées entre elles. Des confusions se produisent, des contradictions se présentent. Sauf dans certains groupes restreints, malgré les recherches multiples de divers savants, les nombreux faits nouveaux mis en évidence n'ont guère pour résultat que d'augmenter l'incompréhension générale du développement des Cryptogames.

C'est le naturaliste italien Antonio Micheli, né à Florence, qui a le premier donné la preuve d'une reproduction possible chez les Cryptogames. En 1729 Micheli avait recueilli la poudre blanche ou colorée que produisent différentes espèces de Champignons. On savait déjà que cette fine poudre est formée de petites cellules.

En faisant germer ces cellules sur un sol riche en débris organiques, Micheli vit que chacune d'elles peut donner naissance à des filaments (fig. 18) qui se ramifient dans le sol, et sur lesquels naissent les appareils divers produisant à nouveau cette masse de petites cellules qui s'en détachent en formant une poudre. On a nommé *spores* ces cellules reproductrices simples, qui, sans formation d'un œuf, peuvent chacune donner naissance à un végétal nouveau.

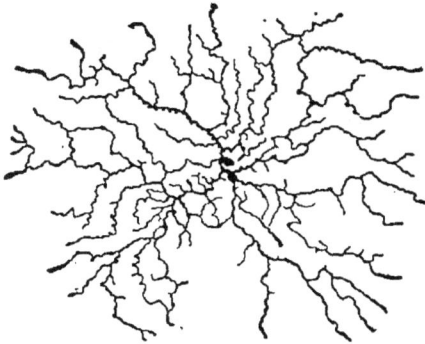

Fig. 18. — Figure ancienne, représentant la germination d'une spore de champignon.

Peu de temps après, en 1750, Schmiedel, professeur à Erlangen, découvrait pour la première fois la formation de cellules reproductrices doubles, mâles et femelles, chez des plantes sans fleurs. Schmiedel avait porté son attention sur les Hépatiques, petits végétaux verts d'une structure plus simple que celle des Mousses, et qu'on rencontre en abondance dans les endroits frais ou dans les fossés humides.

En étudiant à la loupe et au microscope les organes des Hépatiques, le naturaliste allemand y découvrit, d'une part de petits corps en forme de bouteille (qu'on nomme aujourd'hui *archégones*); d'autre part d'autres petits corps saillants en forme de boîte allongée (qu'on nomme aujourd'hui *anthéridies*); ces derniers s'ouvrent au sommet pour laisser échapper une masse de très petits corpuscules. Ces corpuscules pouvaient être à peine entrevus avec les microscopes dont on disposait à cette époque.

Toutefois, Schmiedel vit dans ces deux sortes de petits organes, les appareils de la reproduction sexuée des Hépatiques.

Il comprit que l'élément femelle qui se trouve au fond de la bouteille, ne pouvait se développer pour donner la fructification de l'Hépatique, qu'après avoir reçu le contact d'une partie de cette masse granuleuse (élément mâle), mise en liberté par les anthéridies de la même plante.

Ainsi donc, dès 1750, on possédait déjà des exemples démonstratifs des deux modes de reproduction des Cryptogames : la reproduction par spores et la reproduction par œufs. Mais ces découvertes restaient des faits isolés, peu connus ou contestés. En 1818, Link et Rudolphi niaient encore la germination des spores de Champignons. En 1842, Adrien de Jussieu n'admettait pas la sexualité des Muscinées et décrivait les anthéridies au même titre que les sporanges.

Et cependant, durant deux siècles, au sujet de la reproduction et du développement des plantes sans fleurs, les découvertes allaient se succéder : les unes de premier ordre ; d'autres moins importantes, d'autres encore, fragmentaires, toutes incomprises ou méconnues.

C'est d'abord l'œuvre d'Hedwig[1] qui fit paraître, en 1782, son magnifique ouvrage intitulé : *Fundamentum Historiæ Muscorum*, accompagné de belles planches sur cuivre où les figures représentant les organes les plus délicats des Mousses et leur anatomie détaillée, sont exécutées avec une précision parfaite. En examinant ces illustrations, on se

1. Johannes Hedwig, naturaliste autrichien, est né en 1730 à Kronstadt (Transylvanie). Il enseigna la botanique à Leipzig, où il mourut en 1799.

rend compte qu'Hedwig avait à sa disposition un excellent microscope dont ;l'objectif donnait des images très nettes.

Hedwig retrouve chez les Mousses les anthéridies et les archégones (fig. 19 et 20) découverts par Schmiedel chez les Hépatiques ; mais il en donne une description beaucoup plus complète, et les organes de la sexualité des Mousses sont

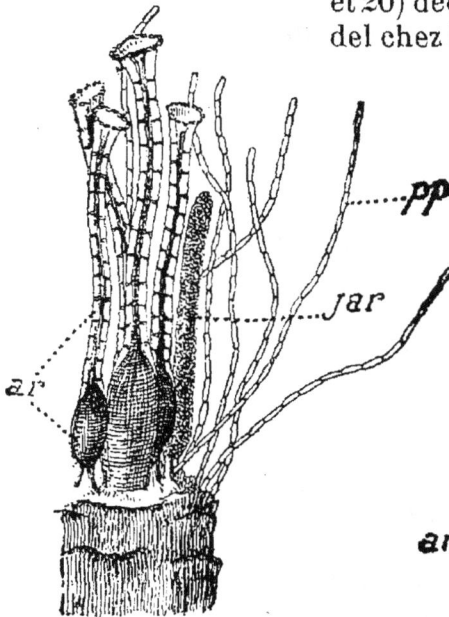

FIG. 19. — Figure d'Hedwig, montrant le sommet d'une tige feuillée de Mousse, où l'on voit des archégones, organes femelles des Mousses *ar*, *jar*, entremêlés de poils *pp* (grossi 60 fois).

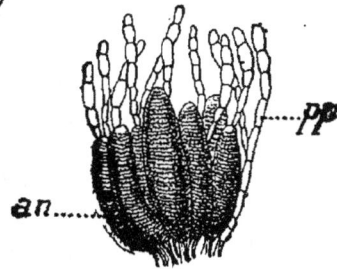

FIG. 20. — Figure d'Hedwig, représentant un groupe d'anthéridies ou organes mâles des Mousses, au sommet d'une tige feuillée, et entremêlés de poils *pp* (grossi 60 fois).

décrits par lui presque aussi bien qu'on pourrait le faire à l'heure actuelle. Il figure les anthéridies à divers états, observe la manière dont elles s'ouvrent et dont elles mettent en liberté une quantité de très petits corpuscules destinés à arriver jusqu'à l'ouverture du col de l'archégone. Hedwig reconnaît

aussi les filaments constitués par de simples files
de cellules et d'où proviennent les tiges feuillées
des Mousses. L'anatomie de la tige, de la feuille,
de la capsule issue de l'œuf et où se produisent
les spores de ces végétaux, rien n'échappe à ses
recherches.

Cette belle étude des Mousses, la description si
nette de leurs organes reproducteurs aurait dû,
semble-t-il, ouvrir la voie à d'autres chercheurs
dans l'examen de la reproduction et du développement des Cryptogames. Mais il n'en fut rien, et
la confusion la plus grande se manifestait dans tous
les ouvrages de Botanique dès qu'il y était question
de plantes sans fleurs.

Les successeurs d'Hedwig, partisans par principe
de cette manière de voir, émettent les suppositions
les plus étranges, voulant à toute force trouver la
sexualité chez les Cryptogames, et croient l'apercevoir toujours là où elle n'est pas.

Il semble que, par analogie, on aurait dû chercher
chez les Fougères, les Champignons, les Algues,
des organes plus ou moins semblables à ceux
découverts par Schmiedel et Hedwig dans les Muscinées. Point du tout; poursuivant l'idée préconçue
et inexacte de Linné, les auteurs de cette époque
voulaient que les Cryptogames se reproduisissent
comme les Phanérogames; il fallait à tout prix y
reconnaître des étamines et des carpelles renfermant
des ovules.

Linné avait décrété que toutes les plantes cryptogames devaient avoir des organes des deux
sexes, mais il n'en fournit la démonstration pour
aucune d'elles. Son erreur était de vouloir y chercher des ovules et des pistils, et toutes les fois
qu'il croit découvrir des organes mâles ou fe-

melles chez les Cryptogames, il se trompe complètement.

Déjà le baron de Gleichen-Russworm, en faisant des études anatomiques qu'il publia de 1764 à 1781, avait observé les stomates des feuilles de Fougères. Les stomates sont formés, comme on sait, de deux petites cellules en forme de haricot, entre lesquelles se trouve une ouverture qui fait communiquer l'atmosphère extérieure avec l'intérieur de la feuille. Or, que crut-il voir dans ces stomates? des anthères d'étamines! Et il pensa que les grains verts de chlorophylle renfermés dans ces cellules stomatiques (comme dans toutes les autres cellules voisines) étaient les grains de pollen.

Kœlreuter, naturaliste très distingué d'ailleurs, voit des organes mâles dans l'enveloppe qui entoure le pied des Champignons, des anthères dans les poils glanduleux des feuilles de certaines Fougères, des carpelles dans les indusies, ces membranes minces qui protègent comme de petits boucliers les groupes de sporanges au-dessous des feuilles de Fougères.

D'autres naturalistes, au contraire, niaient a priori l'existence de toute sexualité chez les Cryptogames, même chez les Mousses, malgré les descriptions si bien faites des anthéridies et des archégones de ces végétaux.

Tout cela semble absurde et montre simplement jusqu'à quel point d'aberration les idées préconçues peuvent entraîner les esprits les plus distingués.

D'ailleurs, aucune de ces opinions contradictoires émises sur la reproduction des Cryptogames depuis Linné jusqu'à la moitié du xixe siècle, n'était accompagnée de preuves quelconques. C'étaient des vues de l'esprit, de vagues considérations : aucune bonne observation, aucune expérience, aucune culture de ces végétaux.

## 2. Progrès variés, mais sans coordination.

Au milieu de ce chaos, les botanistes descripteurs, armés cette fois du microscope, firent cependant leur œuvre, et se mirent à décrire les Mousses, les Algues, les Champignons, les Lichens, comme on décrivait les plantes à fleurs au XVIe et au XVIIe siècle.

Les nombreux collectionneurs nouveaux entreprirent de constituer des herbiers de Cryptogames.

De l'organisation, du développement, de la physiologie spéciale de ces plantes, de leur reproduction, la plupart de ces botanistes n'avaient nulle cure. Beaucoup d'entre eux collectionnaient ces végétaux comme ils auraient réuni n'importe quels objets similaires dans une collection quelconque.

Et cependant des Linnés de la cryptogamie se révélèrent dans l'exécution de ce travail. Des naturalistes, dépourvus de tout document sur le développement et la reproduction des groupes principaux des Cryptogames, surent souvent deviner des affinités par l'aspect seul des formes comparées de ces plantes si diverses, si variables, si difficiles à définir.

Il suffit de citer pour les Algues : le Suédois Agardh, l'Anglais Harvey, l'Allemand Kützing; pour les Champignons : l'Autrichien Corda, le Suédois Elias Fries, l'Allemand Nees von Esenbeck, le Français Léveillé; l'Anglais Berkeley; pour les Lichens : le Suédois Acharius.

A leur tour, après les phanérogamistes, ces naturalistes eurent la grande joie de faire connaissance avec les formes multiples de tout un monde nouveau de végétaux, de nommer les espèces par milliers, de les grouper en genres et en familles, comme les autres plantes.

Pendant cette période qui dura environ un siècle, quelques esprits remarquables, particulièrement intéressants à signaler, viennent trancher nettement sur le tableau général de confusion que présentait alors l'étude de l'organisation des Cryptogames. On doit surtout citer les naturalistes Vaucher en Suisse, Ehrenberg en Allemagne et Dutrochet en France.

Vaucher (1763-1841), était un précepteur de

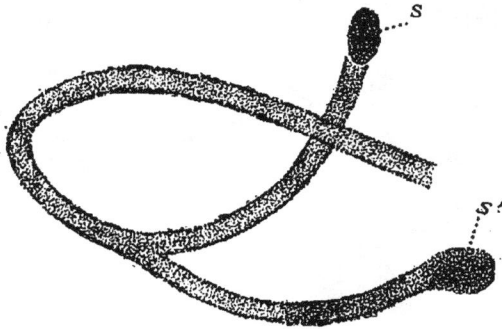

Fig. 21. — Figure de Vaucher, montrant un fragment de *Vaucheria* dont les extrémités des ramifications forment des spores *s*, *s'* (grossi 15 fois).

Genève qui eut parmi ses élèves le prince Charles-Albert de Savoie. Tout en instruisant la jeunesse, Vaucher se livrait à l'étude de la Botanique et, plus particulièrement à celle des Cryptogames. Son ouvrage le plus remarquable est intitulé : *Histoire des Conferves d'eau douce*, et parut en 1803.

En étudiant une algue qui vit sur la terre humide, Vaucher y découvrit des organes très divers. C'était d'abord une grosse spore (*s* ou *s'*, fig. 21), visible à l'œil nu, qui est mise en liberté à l'extrémité de certaines ramifications.

Cette grande cellule, sans membrane de cellulose, en s'isolant de l'algue, peut se fixer sur le sol, germer (fig. 22 à 26) et donner directement une nouvelle plante semblable à celle qui l'a produite. Peu de temps après, en 1807, Trentepohl montra que cette spore est mobile par elle-même et se déplace avec rapi-

Fig. 22 à 26. — Figures de Vaucher, montrant divers états de germination des spores de *Vaucheria* (grossi 15 fois).

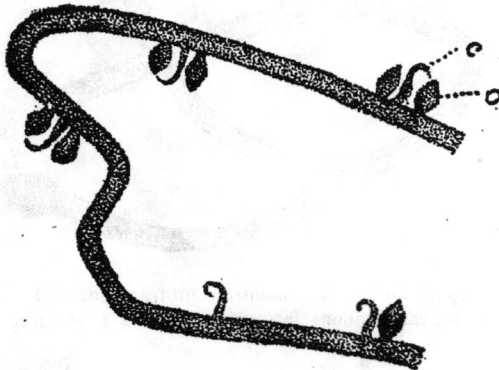

Fig. 27. — Figure de Vaucher, montrant un filament de *Vaucheria* avec des cornicules *c* (organes mâles) et des oogones *o* (organes femelles) [grossi 15 fois].

dité dans l'eau comme un infusoire. Vaucher avait donc découvert les *zoospores* des Algues.

D'autre part, sur ce même végétal qui, comme

8

nous allons le voir, lui a été dédié sous le nom de
*Vaucheria*, Vaucher remarqua deux sortes d'organes
se produisant latéralement sur l'Algue, les uns
arrondis (*o*, fig. 27) les autres en forme de cornicules (*c*, fig. 27). Il supposa que ce pouvaient être
les organes mâles et femelles. On sait aujourd'hui,
en effet, que les cornicules sont les anthéridies
renfermant de petites cellules mâles mobiles

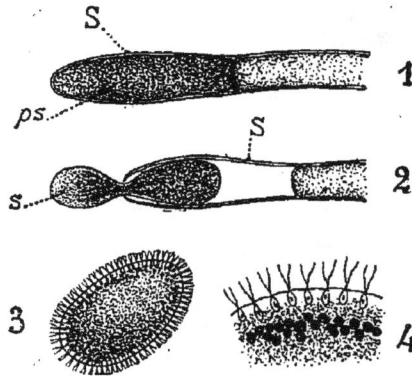

Fig. 28 à 31. — Formation des zoospores de *Vaucheria* : **1**, l'extrémité du
filament se cloisonne et le protoplasma granuleux *ps* se condense dans le
sporange S ; **2**, la zoospore *s* sort du sporange S ; **3**, zoospore isolée, garnie
tout autour de cils vibratiles ; **4**, fragment de la zoospore vu à un plus fort
grossissement (1, 2, 3, grossi 40 fois ; 4, grossi 200 fois).

(anthérozoïdes), et les oogones arrondis les organes
renfermant une cellule femelle immobile (oosphère).
Les figures 28 à 34 font voir avec détail les forma-
tions des spores et des œufs dans les *Vaucheria*.

Parmi les Algues, étudiées par Vaucher, il faut
citer encore les *Spirogyra*, curieuses petites algues
d'eau douce chez lesquelles chaque cellule renferme un élégant ruban vert en spirale, teinté par
la chlorophylle (*chl,* fig. 36).

Le botaniste suisse, en examinant des Spirogyres, découvrit la formation de l'œuf chez les Cryptogames. Il vit en effet que deux filaments, appartenant à deux exemplaires différents de la même espèce de

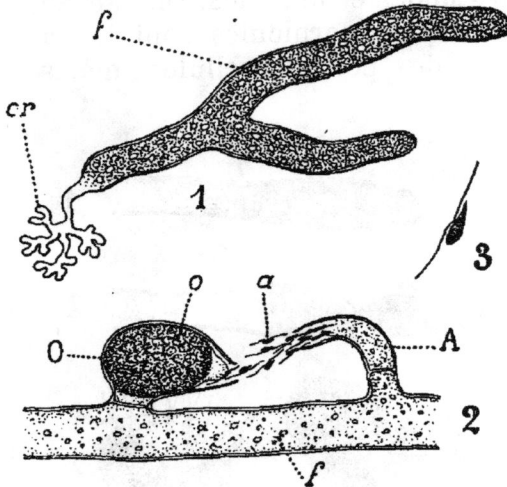

Fig. 32 à 34. — Développement et formation de l'œuf chez un *Vaucheria* : 1, jeune *Vaucheria*, ayant produit des crampons *cr* et les premiers filaments *f*; 2, formation de l'œuf sur un filament *f* par la conjugaison d'un anthérozoïde *a* produit par l'anthéridie·A avec l'oosphère *o* renfermée dans l'oogone O; 3, un anthérozoïde plus grossi (1 et 2, grossi 150 fois; 3, grossi 400 fois).

Spirogyre, se rapprochent l'un de l'autre en se disposant presque sur deux lignes parallèles.

C'est alors que Vaucher put assister à un phénomène des plus remarquables (fig. 35 et fig. 37).

Lorsque les deux filaments A et B d'algue sont ainsi côte à côte (fig. 37), on voit se modifier deux cellules situées l'une en face de l'autre, l'une appartenant au filament A, l'autre au filament B. Le contenu vivant, c'est-à-dire le protoplasma de la cellule du filament A, se contracte, abandonne

la paroi de la cellule, en même temps que celle-ci
émet un prolongement qui se dirige vers la cellule
du filament B. Cette dernière cellule, comme influen-

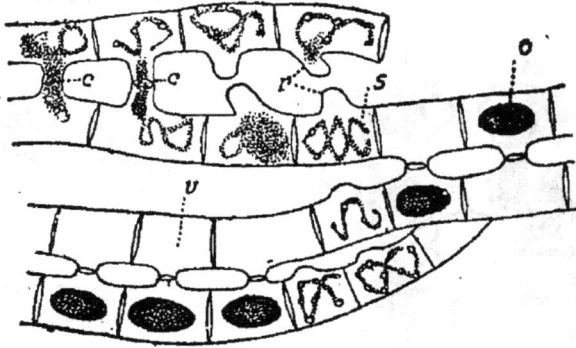

FIG. 35. — Figure de Vaucher représentant des filaments de Spirogyres, au
moment de la formation des œufs : *r*, deux renflements allant l'un vers
l'autre ; *c, c,* jonctions entre les cellules opposées ; *v.* cellule vide dont le
contenu est allé se combiner avec celui de la cellule opposée ; *o,* œuf formé
par la conjugaison du contenu de la cellule qui le renferme avec le contenu
de la cellule opposée qui est venu s'y réunir (grossi 300 fois).

cée par ce changement qui s'opère chez sa voisine, contracte à son tour le protoplasma qu'elle
contient, et émet un autre prolongement qui va

FIG. 36. — Fragment de Spirogyre : *chl,* corps chlorophyllien rubanné
en spirale ; *n,* noyau d'une cellule (grossi 350 fois).

à la rencontre de celui produit par la cellule du
filament A (1, 1' et 2, 2', fig. 37).

Bientôt, les deux prolongements se sont rejoints,
la membrane qui les séparait se résorbe, et une
communication tubulaire se trouve ainsi établie

entre le filament A de Spirogyre et le filament B d'une autre Spirogyre de la même espèce (en 3 et 3′, fig. 37).

Alors, la masse vivante contractée dans la cellule

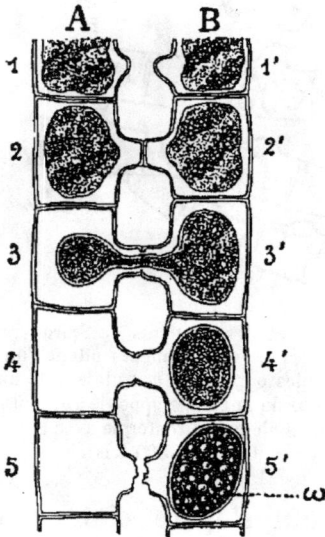

FIG. 37. — Détail de la formation de l'œuf de Spirogyre : A et B, deux filaments de Spirogyres, côte à côte ; en 1, 1′; en 2, 2′; en 3, 3′; en 4, 4′; en 5, 5′, états successifs de la conjugaison ; en 5′, l'œuf ω est formé (grossi 400 fois).

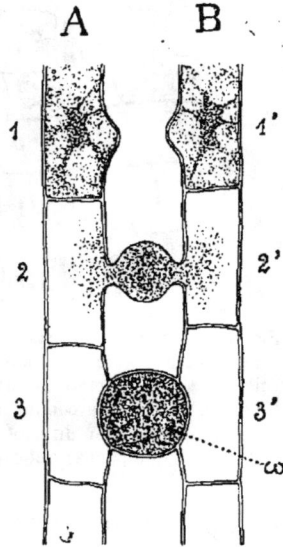

FIG. 38. — Formation de l'œuf chez un *Mesocarpus* : en 1, 1′, les deux cellules opposées émettent des prolongements ; en 2, 2′, les prolongements se sont réunis ; en 3, 3′, l'œuf est formé (grossi 400 fois).

de A, la première qui a manifesté un changement, se meut en entrant dans la communication tubulaire et arrive au contact de la masse vivante de B, qui est restée dans sa cellule. Il en résulte que la cellule A reste vide ainsi que le tube de communication, tandis que les deux contenus cellulaires se trouvent réunis dans la paroi de la cellule B (en

8.

4 et 4', fig 37). Là, ils se [conjuguent, se con-
tractent encore et ne forment plus qu'une seule
masse.

Cette masse ovale s'entoure immédiatement d'une
nouvelle membrane de cellulose et passe à l'état
de vie ralentie (en 5', ω, fig. 37) : c'est un *œuf*.
Lorsque le filament sera détruit, cet œuf, qui était
resté d'abord englobé dans la paroi de la cellule
du filament B, tombera au fond de l'eau, germera
au printemps suivant et donnera une nouvelle
Spirogyre.

Où est la cellule mâle, où est la cellule femelle,
dans la formation de cet œuf si bien observée par
Vaucher ?

Les deux cellules reproductrices sont exactement
pareilles ; seul le chemin parcouru diffère. Mais
cet espace parcouru dans le tube de jonction par
le contenu d'une première cellule allant rejoindre
la seconde, est déterminé par le temps. C'est, en
effet, la première des deux cellules situées face à
face dont le contenu se contracte, qui va à la
rencontre de l'autre. Si c'est une cellule du filament B qui se contracte la première, ce sera celle-là
qui ira à la rencontre de celle qui lui correspond
dans le filament A. Autrement dit, les œufs peuvent
se produire de A en B aussi bien que de B en A
(voyez fig. 35). Il est donc difficile d'appeler ici
cellule mâle celle qui se déplace et cellule femelle
celle qui reste immobile. D'ailleurs, dans une
Algue voisine, le *Mesocarpus*, l'œuf se forme exactement entre les deux cellules de deux filaments,
dans le tube même qui les a réunis (fig. 38). Dès
lors, il y a égalité complète dans la forme, le trajet et le rôle des deux cellules reproductrices dont
la combinaison forme l'œuf. Il est absolument

impossible d'appeler l'une mâle et l'autre femelle.

En somme, cette conjugaison de deux cellules égales avait été fort bien vue par Vaucher qui, le premier, a observé véritablement dans ces algues la formation de l'œuf chez les végétaux.

A cette époque, des mémoires de Girod-Chantrans, de Besançon, relatifs aux Conferves, furent envoyés par leur auteur à la *Société Philomatique*, et des amis complaisants, sans même les avoir lus, les prônèrent comme des ouvrages de premier ordre. Vaucher envoya son *Histoire des Conferves d'eau douce* à la même Société.

De Candolle fut chargé de faire un rapport comparé sur ces deux séries de recherches. Il eut peu de peine à s'apercevoir que les observations de Chantrans formaient une suite non interrompue d'erreurs grossières. Cela tenait à ce que l'auteur laissait macérer les algues dans de l'eau avant de les étudier; il s'y développait dans cette eau un grand nombre d'infusoires et autres animalcules, que Chantrans croyait produits par les Conferves. Tous ces organismes étaient embrouillés et confondus dans les descriptions de Chantrans.

D'autre part, en comparaison de ces mémoires incertains et obscurs, où l'auteur changeait à chaque instant de manière de voir, les recherches de Vaucher apparaissaient comme exécutées avec rigueur et sagacité.

« Je fis l'analyse de ces deux ouvrages, dit De Candolle, avec une rigoureuse exactitude; je fis ressortir le peu de faits tolérablement vrais qui se trouvaient dans Chantrans; j'établis, d'après les lumineuses observations de Vaucher, une classification des Conferves en genres, et je donnai à l'un d'eux le nom de *Chantransia* et à un autre celui de *Vaucheria*. Par la première de ces dédicaces, j'espérais prévenir la colère d'un homme dont je venais de renverser les illusions; par la seconde, qui était mieux méritée, je rendais hommage au génie de l'observation et au sentiment de l'amitié. »

Sans ce rapport, la Société Philomatique allait donc conclure en faveur d'un travail absurde !

En 1820, le célèbre naturaliste Ehrenberg, bien connu par ses travaux sur les infusoires, publia un remarquable ouvrage sur la reproduction des Champignons.

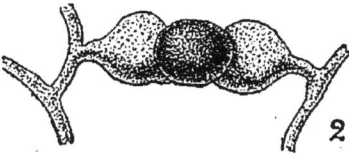

Indépendamment de ses recherches sur les spores et leur germination, Ehrenberg décrit la formation de l'œuf chez les Mucorinées qui forment un groupe important parmi les Champignons filamenteux et microscopiques désignés vulgairement sous le nom de moisissures. C'est encore une production d'œuf par deux cellules reproductrices parfaitement égales. Deux filaments de cette moisissure vont à la rencontre l'un de l'autre, se renflent et se fusionnent ensemble pour former l'œuf (fig. 39 à 41).

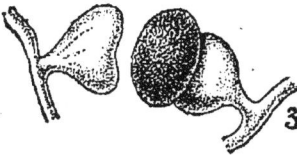

Fig. 39 à 41. — Figures d'Ehrenberg, montrant la formation de l'œuf chez une Mucorinée : en 1, les deux prolongements arrivent en contact; en 2, l'œuf se forme; en 3, l'œuf est formé (grossi 150 fois).

Le naturaliste français Dutrochet fit, en 1834, une découverte d'un autre ordre, mais de la plus haute importance au point de vue du développement et de l'évolution des Champignons.

Pour comprendre quelle est la question traitée par Dutrochet, il est nécessaire de rappeler en

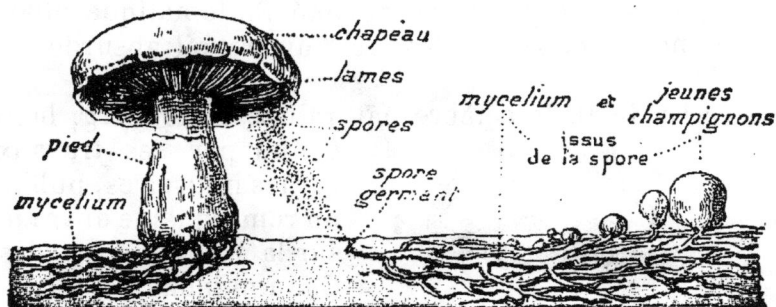

Fig. 42. — Schéma du développement du Champignon de couche.

quelques mots ce que sont les « ronds de sorcières », et comment la disposition plus ou moins circulaire de ce qu'on appelle ordinairement *les champignons* est en relation avec le développement *d'un seul champignon* issu d'une seule spore initiale.

Prenons, comme exemple, le Champignon de couche dont on se sert comme aliment, qu'on cultive dans les carrières des environs de Paris et qui, d'ailleurs, se trouve à l'état naturel dans les prés.

On sait qu'il suffit de placer une feuille de papier blanc sous le chapeau mûr d'un de ces champignons, pour voir au bout de peu de temps la surface du papier se colorer en violet par la poudre impalpable qui tombe des lames, et qui est formée de **spores**.

Or, chacune de ces spores microscopiques, si elle rencontre les conditions qui lui sont nécessaires, peut, en se développant, produire un réseau de filaments blancs et ténus qui sont l'origine d'un nouveau végétal tout entier, capable de former, plus tard et pendant des années, un grand nombre de fructifications semblables à celle qui a produit cette spore. L'ensemble de ces filaments constitue ce qu'on appelle le *mycélium*, ou vulgairement le « blanc de champignon »; c'est, à proprement parler, la partie végétative de l'être, qui se ramifie indéfiniment dans le sol, en absorbe les substances nutritives, et s'agrandit en cercle. Ensuite, lorsque l'organisme est devenu assez puissant, les filaments du mycélium s'agglomèrent entre eux de façon à former de petites boules blanchâtres qui grossissent rapidement sur toute la circonférence de ce cercle et s'épanouissent à la surface du sol, pour y produire autant de chapeaux sporifères supportés chacun

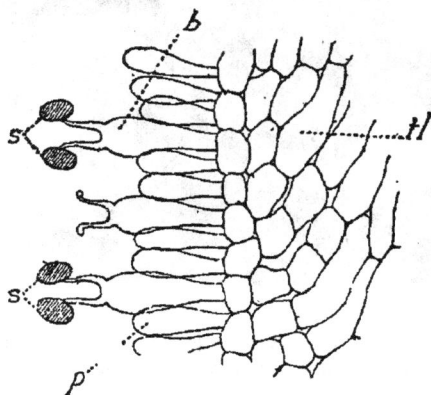

FIG. 43. — Fragment d'une coupe faite perpendiculairement à la surface d'une lame de Champignon de couche : *ll*, tissu de la lame ; *b*, cellules produisant les spores *s, s ; p*, cellules stériles (grossi 120 fois).

par un pied dressé. La figure 42 représente le schéma de ce développement. La figure 43 fait voir les spores *s, s*, sur un fragment d'une des lames situées en dessous du chapeau, examinée au microscope.

C'est dans les prairies où le champignon de couche se trouve à l'état naturel qu'on saisit le mieux ce mode particulier de développement. En automne, on voit fréquemment dans les prés ce que les paysans désignent sous le nom de « ronds de sorcières » (fig. 44).

Ces cercles formés par la plupart des espèces

Fig. 44. — Ronds de sorcières, formés chacun par les appareils sporifères d'un même champignon, disposés en cercle.

de champignons, ainsi que les caractères qui les accompagnent, ont été décrits depuis longtemps. Écoutons à ce sujet Prospero, dans *la Tempête*, de Shakespeare :

« Vous, menu peuple d'esprits nains qui, sur les prairies, tracez au clair de la lune ces ronds enchantés plus verts que le gazon, et dont la brebis refuse l'herbe amère ; vous, folâtres farfadets, dont la joie s'éveille le soir au son solennel du couvre-feu, et dont le passe-temps est de faire éclore à minuit les cercles de mousserons..... »

Allons contempler l'un de ces ronds de sorcières que les Anglais appellent plus poétiquement des « cercles de fées ». Au centre, il semble que la prairie soit dévastée, et le sol stérile ne produit plus ni mousse ni brin d'herbe ; sur les bords, l'herbe est drue et haute, d'un vert foncé ; les pâquerettes et les boutons-d'or qui y sont mêlés ont pris une taille géante, et c'est au milieu de ce gazon foncé que l'on aperçoit, disposés en cercles, les nombreux champignons qui ne sont autre chose, nous l'avons dit, que les fructifications produites par l'unique mycélium circulaire.

Comment peut-on s'expliquer ce singulier phénomène ?

Lorsqu'une spore du champignon a germé sur un point de la prairie, elle produit un mycélium qui s'étend sous le sol et se nourrit au détriment de tout ce qu'il rencontre. Le cercle formé par les filaments s'agrandit peu à peu sans que rien du champignon soit visible au dehors ; mais à mesure que l'être évolue, sa nutrition devient plus active, et la première trace de son existence secrète se manifeste par l'appauvrissement de l'herbe qui croît en ce point. Plus tard, toute végétation disparaît au centre, là où était la spore primitive ; le gazon n'y pousse plus, et le champignon lui-même y a disparu. L'organisme est alors, non plus un cercle, mais un anneau, et toute son activité, de plus en plus intense, s'est reportée sur les bords : c'est là qu'il pourra fructifier, et l'apparition des jeunes chapeaux du champignon indique à l'extérieur la formation du rond de sorcières.

Cailletet, le chimiste bien connu, a étudié avec soin les transformations profondes qui se produisent alors dans le sol. Le mycélium a non seulement détruit les plantes de la prairie ; mais, partout où il a passé, il a profondément et pour longtemps stérilisé le sol : on ne trouve plus, dans le sol, aucune trace de potasse ni d'acide phosphorique. Au contraire, le mycélium a pour ainsi dire transporté avec lui, sur la conférence du cercle, ces principes nutritifs ; c'est comme si l'on avait répandu des engrais chimiques sur tout le pourtour du cercle. Ainsi s'explique pourquoi l'herbe est plus drue, plus verte sur les bords du rond de sorcières.

Or, c'est précisément en observant ces « ronds de sorcières » que Dutrochet découvrit le vrai développement des champignons. C'est lui qui, le premier, fit voir que ce qu'on nommait *un champignon* n'est en réalité que la fructification ou, pour mieux dire, l'un des appareils sporifères du champignon. C'est lui qui montra la continuité qui existe entre le mycélium, issu de la spore, partie végétative du champignon, avec ces appareils sporifères qu'il produit directement.

Or, avant Dutrochet, on croyait que les mycéliums étaient des organismes distincts. On les réunissait dans un genre, le genre *Byssus*.

Dutrochet a montré que les soi-disant espèces de ce soi-disant genre ne sont que les états jeunes de Champignons déterminés, déjà décrits ailleurs et placés dans différents genres. Le genre *Byssus* fut alors supprimé. L'établissement de ce faux genre constituait une des nombreuses erreurs des

9

botanistes descripteurs cryptogamistes, qui n'observaient jamais le développement des végétaux, et décrivaient un peu au hasard toutes les formes qui se présentaient devant eux, sans s'apercevoir qu'en bien des cas, plusieurs de ces formes n'étaient que les états successifs de l'évolution d'une seule et même plante.

Pendant que se produisaient ces travaux sérieux de Vaucher, d'Ehrenberg, de Dutrochet, les idées les plus étranges étaient émises par la plupart des naturalistes de cette époque au sujet des Cryptogames.

Telles furent, entre autres, les théories soutenues par Hornschuch (1821), par Meyen (1827), par Kützing (1833).

D'après ces naturalistes, les Algues inférieures pouvaient prendre naissance spontanément dans l'eau. Pour les uns, les Champignons n'étaient que des excroissances formées par le tissu des plantes sur lesquelles on les trouve ; pour les autres, ils se développaient par génération spontanée, sans qu'aucun de ces auteurs tînt compte des spores et de leur germination.

Kützing imaginait qu'il existait au fond des eaux une « matière priestleyenne », ainsi nommée parce que Prietsley avait découvert le dégagement d'oxygène par la substance verte des plantes. Or, d'après cette doctrine, les Algues les plus simples ayant été formées aux dépens de cette matière verte priestleyenne inerte, ces végétaux peu compliqués pouvaient donner naissance ensuite aux Algues les plus variées, et même à des Lichens et à des Mousses.

Une autre question, qui a toujours préoccupé

les savants et les naturalistes, se trouvait posée de
nouveau à cette époque, par suite des études
faites en grand nombre sur les organismes inférieurs. Cette question est la suivante : quelle est
la limite qui sépare les animaux des végétaux ?

La distinction alors admise était bien simple et
portait sur un seul caractère.

Les organismes qui se meuvent par eux-mêmes
étaient considérés comme des animaux, et les
autres comme des végétaux.

Aussi, lorsque Trentepohl vit sortir d'une vraie
algue, du *Vaucheria*, cette spore couverte de cils
vibratiles (voyez plus haut : 3, fig. 28) et qui, à
peine libre, se mit à nager dans l'eau comme un
animal, on crut, jusqu'en 1830, qu'on assistait à la
transmutation d'une plante en animal! C'est de la
même façon qu'on avait décrit les champignons
rameux qui peuvent se développer sur le corps des
chenilles. La chenille mourait et se transformait en
un champignon. C'était la transmutation d'un animal en un végétal !

D'ailleurs il n'y a pas si longtemps que ces
idées, absolument inexactes, étaient admises par
divers savants. Trécul, par exemple, adversaire de
Pasteur, admettait qu'un champignon quelconque
pouvait se transformer suivant les circonstances
en d'autres espèces de champignons. Je reviendrai
plus loin sur cette question du polymorphisme des
êtres inférieurs.

### 3. La découverte des anthérozoïdes.

De 1844 à 1849, de très importantes découvertes
furent faites au sujet de la sexualité des Cryptogames.

Déjà, en 1822, Nees von Esenbeck avait reconnu nettement les anthérozoïdes de certaines Muscinées (*Sphagnum*) ; en 1828, Bischoff avait décrit ceux des *Chara*, plantes aquatiques d'eau douce voisines des Algues (fig. 45), mais ces auteurs n'en avaient pas bien compris le rôle. Au contraire, Unger décrivait avec une réelle précision, en 1836, les anthérozoïdes produits par les anthéridies des Mousses et les considérait avec raison comme des éléments mâles doués de mobilité.

C'est peu après que vient se placer une découverte importante. Le célèbre naturaliste allemand Nægeli examina au microscope cette petite lame (appelée *prothalle*), que l'on voit se produire lorsque germe une spore de Fougère (fig. 46) et qu'on avait prise pour un cotylédon. Il y décela l'existence des anthérozoïdes. Cette lame verte n'était donc pas un cotylédon ? Mais s'il y a

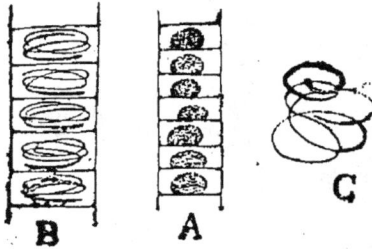

Fig. 45. — Figures de Bischoff, montrant des anthérozoïdes de *Chara* : en A, anthérozoïdes en voie de formation dans les cellules qui les produisent ; en B, anthérozoïdes formés ; en C, un anthérozoïde isolé (grossi 250 fois).

des anthérozoïdes analogues à ceux des Mousses, il doit s'y trouver des oosphères, des organes femelles. Nægeli les chercha en vain.

La solution du problème, et par suite la découverte de la sexualité chez les Cryptogames vasculaires, fut trouvée peu après, lorsque parut, en 1848, le travail du comte Lesczyc-Suminsky.

Le botaniste polonais, étudiant avec le plus grand soin les prothalles des Fougères, y décou-

vrit des anthéridies et des archégones. Les premiers de ces organes sont situés en grand [nombre
à la face inférieure de la lame verte qui constitue

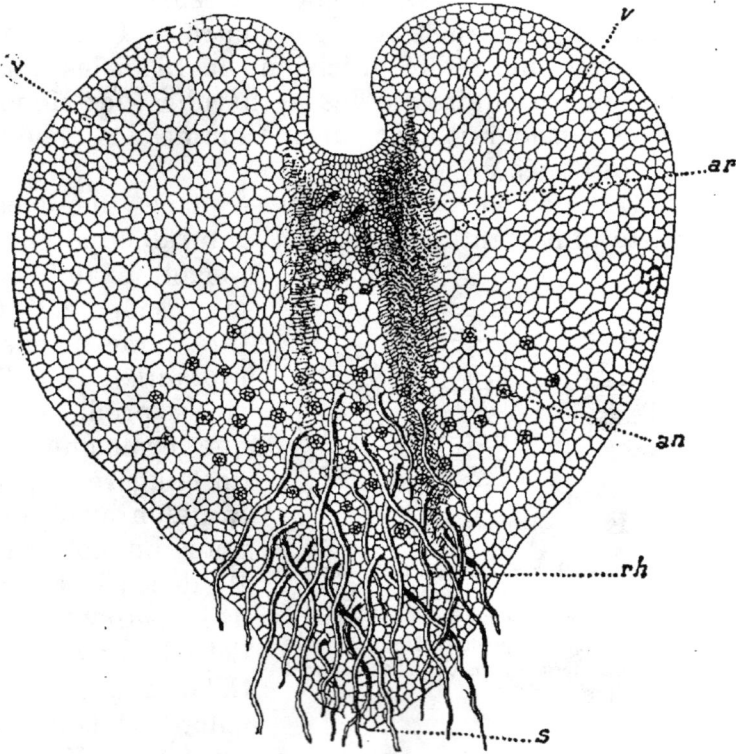

FIG. 46. — Prothalle de Fougère, vu par sa face inférieure : *ar*, orifices des
archégones ; *an*, orifices des anthérozoïdes ; *v*, *v*, lame végétative verte ;
*rh*, poils absorbants ; *s*, région où a germé la spore pour donner le
prothalle (grossi 10 fois).

le prothalle (*an*, fig. 46) ; les seconds se trouvent
du même côté, en beaucoup plus petit nombre
(*ar*, fig. 46), près de l'échancrure que présente
ordinairement le prothalle.

9.

Lesczyc-Suminsky vit que chaque anthéridie est
une petite protubérance constituant une singulière
boîte dont les parois latérales sont formées par une
cellule en forme de tube, ou si l'on veut de rond
de serviette, close au sommet par un couvercle
bombé en forme de verre de montre, parfois de

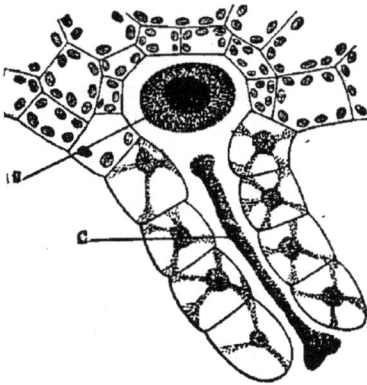

FIG. 47. — Archégone d'un prothalle de Fougère, coupé en long :
*o*, oosphère; *c*, mucilage qui se
trouve dans le col de l'archégone
et par lequel un anthérozoïde
atteindra l'oosphère pour former
l'œuf (grossi 100 fois).

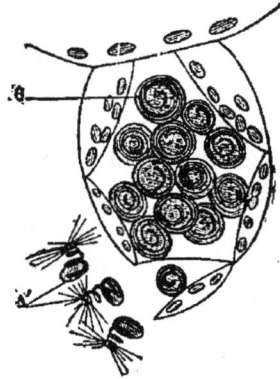

FIG. 48. — Anthéridie d'une Fougère,
coupée en long, et s'ouvrant par un
couvercle au contact de l'eau : *c*,
anthérozoïdes non encore complètement formés ; *a'*, anthérozoïdes
sortant de l'anthéridie et nageant
dans l'eau à l'aide de leurs cils
vibratiles (grossi 200 fois).

deux cellules de même forme et superposées
(fig. 48). A l'intérieur prennent naissance les anthérozoïdes, lesquels ont une forme spiralée et peuvent se mouvoir dans l'eau à l'aide de nombreux
cils vibratiles (*a'*, fig. 48).

Le même auteur découvrit aussi les archégones
de ces prothalles; ce sont des bouteilles renver-
sées (fig. 47), plongeant dans le tissu du prothalle.
Chacune renferme son oosphère immobile (*o*, fig. 47),
cellule arrondie sans membrane de cellulose.

Lorsqu'il a plu, le prothalle se trouve baigné dans l'eau. C'est alors que s'ouvrent en dessous les petits couvercles des anthéridies ; des centaines d'anthérozoïdes spiralés nagent de tout côté dans le liquide et il suffit que l'un d'eux rencontre le col d'une bouteille pour qu'il s'y enfonce comme un tire-bouchon afin d'atteindre l'oosphère. Alors la cellule mâle (anthérozoïde), et la cellule femelle (oosphère), se fondent et se combinent en une seule ; l'œuf est formé. Cet œuf, en se développant, sera le point de départ de la tige feuillée et enracinée de la Fougère.

A la vérité, le comte Lesczyc-Suminsky n'avait pas aperçu les détails de la formation de l'œuf et s'était trompé sur certaines interprétations ; il n'en est pas moins vrai que c'est à lui que revient l'honneur de la découverte de la sexualité chez les Cryptogames vasculaires. L'année d'après, en 1849, cette découverte était déjà généralisée et étendue à d'autres plantes que les Fougères.

C'est vers la même époque que le naturaliste français Gustave Thuret, portant ses études sur les organes de reproduction des Cryptogames, décrivait avec soin les anthérozoïdes et leurs cils vibratiles ; il en observa chez plusieurs espèces d'Algues.

Tel était l'état de la science en 1849. Que pouvait-on conclure de ces découvertes? Un fait très important, il est vrai, à savoir que la plupart des plantes Cryptogames se reproduisent comme les animaux.

Mais en dehors de ce fait général, et malgré les études intéressantes de Bischoff sur l'évolution de certaines Cryptogames vasculaires ou Muscinées, aucun lien n'apparaissait entre les divers groupes de plantes sans fleurs, et leur ensemble paraissait de plus en plus opposé à l'ensemble des Phanérogames.

Les anthéridies et les archégones se trouvent sur la tige feuillée des Mousses, tandis que la tige feuillée des Fougères ne produit que des spores. Le premier état de développement d'une Fougère (prothalle) forme des anthéridies et des archégones, tandis que le premier état de développement d'une Mousse (protonéma), ne produit pas directement d'organes sexuels et donne directement les tiges feuillées des Mousses sans formation de spores ni d'œufs. Tous ces faits, qui étaient exacts et bien observés, paraissaient encore contradictoires.

En somme, malgré l'importance des progrès réalisés dans cette courte période, comprise entre 1844 et 1849, l'absence de recherches embryogéniques, l'insuffisance des notions acquises sur le développement des Phanérogames, ne permettaient pas de relier ensemble, ni même de comparer utilement les divers groupes du règne végétal.

## 4. L'œuvre de Hofmeister.

Subitement tout s'éclaircit dans l'étude des Cryptogames et, par là même, du Monde végétal tout entier, lorsque parurent les *Vergleichende Untersuchungen*, de Hofmeister. Un court résumé de ces investigations fut d'abord publié en 1849, puis l'ouvrage fondamental parut en 1851, avec tous les développements que comporte l'exposé de cette doctrine ; un dernier supplément, consacré à ce même ordre d'idées, date de 1861.

Non seulement le génie de Hofmeister sut coordonner les découvertes qui venaient d'être faites, utiliser en les généralisant les importantes remarques de Robert Brown ; mais il ajouta lui-même, par ses recherches personnelles, une somme de résultats nouveaux plus considérable que tout ce qui avait été observé avant lui.

Il est difficile de montrer ici, en peu de mots, en quoi consiste l'importance capitale de ces travaux ; de nombreux exemples devraient être pris parmi les végétaux Angiospermes, Gymnospermes, Cryptogames vasculaires les plus divers, Mousses et Hépatiques, pour faire saisir la clarté que répand cet ouvrage sur le monde végétal tout entier. C'est ce que nous ferons dans les chapitres suivants.

Il suffit de dire, dès maintenant, que le trait principal de l'œuvre de Hofmeister est la notion d' « alternance des générations ».

De semblables phénomènes venaient d'être découverts chez certains animaux ; on connaît, par exemple, le groupe des hydro-méduses dans lequel la forme polype qui se multiplie par bourgeonnement alterne régulièrement avec la forme méduse qui se reproduit par œuf. Mais, chez les animaux, ces alternances de formes sont assez exceptionnelles et n'ont pas d'ailleurs tout à fait la même signification que chez les végétaux.

Hofmeister montre que, dans le Monde végétal, l'alternance des formes est générale ; on la retrouve chez toutes les plantes, à l'exception d'un certain nombre de Thallophytes.

C'est l'embryogénie des végétaux qui révéla les rapports inattendus, découverts par Hofmeister entre les groupes les plus divers du Règne végétal.

Le développement complet d'une Fougère, par exemple, comparé à celui d'une Mousse, lui révèle à la fois un parallélisme et une opposition entre ces deux types.

Une spore de Mousse germe, et produit des fila-

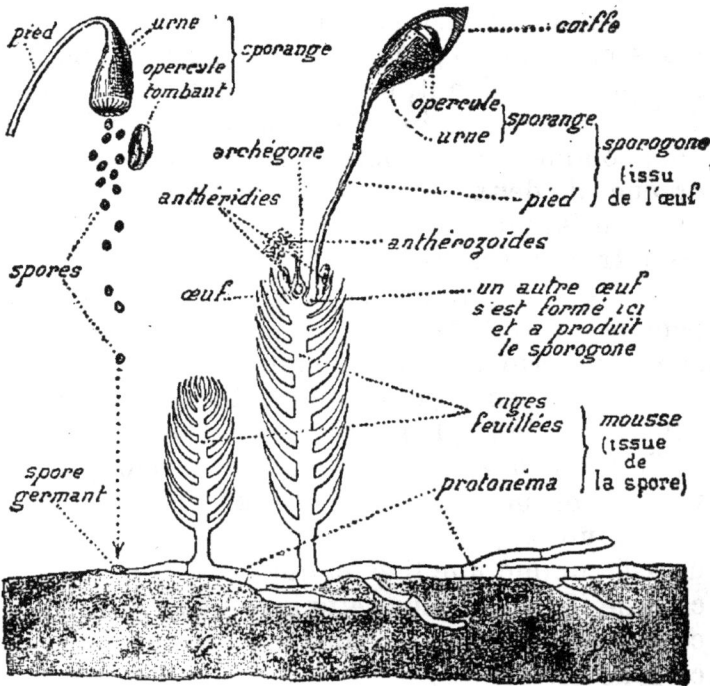

FIG. 49. — Schéma du développement complet d'une Mousse. La génération sexuée (de la spore à l'œuf) est figurée en blanc. La génération asexuée (de l'œuf à la spore) est figurée en gris.

ments formés de simples cellules placées bout à bout (fig. 49); on croirait voir sortir une Thallophyte de cette spore de Mousse. L'ensemble de ces filaments avait été, en effet, décrit comme Algue par les anciens botanistes descripteurs qui en ignoraient l'origine. Cette première phase du développement de la plante rappelle la forme de végétaux plus inférieurs, comme les premières phases du développement d'un animal rappellent la forme d'animaux moins élevés en organisation.

Mais poursuivons l'examen de cet exemple : cet ensemble de filaments, appelé « protonéma » de la Mousse, donne un peu plus tard des bourgeons massifs qui, en évoluant, constituent les tiges feuillées de la Mousse (fig. 49). C'est sur ces tiges feuillées que, comme l'avait montré Hedwig, se trouvent des organes de deux sortes, anthéridies et archégones, formant les uns les cellules reproductrices mâles, les autres les cellules reproductrices femelles. C'est là que se produit l'œuf. Cette partie du développement de la Mousse, qui a pour point de départ la spore germant et qui aboutit à la formation de l'œuf, représente pour Hofmeister une première génération de la plante (figurée en blanc, fig. 49).

C'est qu'en effet, l'œuf, en se développant, ne produit ni protonéma ni tiges feuillées. L'œuf donne un appareil allongé (appelé sporogone), dressé comme une tige, et qui se termine par une capsule (fig. 49). Dans cette capsule se forment des cellules reproductrices simples, sans fécondation; ce sont des spores. Cette seconde partie du développement de la Mousse, qui a pour point de départ l'œuf germant et qui aboutit à la formation de la spore, représente pour Hofmeister la seconde génération de la plante (figurée en gris, fig. 49).

Or, une de ces spores germant, sur le sol, produit protonéma et tiges feuillées. Jamais la spore ne donne naissance au sporogone, jamais l'œuf ne produit de tige feuillée. Autrement dit, dans ces générations successives le fils ne ressemble pas au père, mais au grand-père. Il y a alternance morphologique et régulière de générations.

Suivons maintenant, avec Hofmeister, l'évolution d'une Fougère.

Une spore de Fougère germe ; elle ne produit pas en germant une plante semblable à celle qui l'a formée. Cette spore donne d'abord un court filament de simples cellules, analogue à un protonéma de Mousse très réduit, puis les cellules se divisent dans

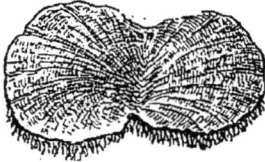

Fig. 50. — Prothalle de Fougère (grossi 2 fois).

un plan et il se produit une petite lame verte, un peu en forme de cœur, qui s'étale à la surface du sol (fig. 50). C'est là tout ce qui provient de la spore : une forme embryonnaire thallophytique. Sur cette lame verte, ou prothalle, on trouve les organes découverts par Lesczyc-Suminsky, les anthéridies et les archégones. C'est donc sur le prothalle que se forme l'œuf, par conjugaison d'un anthérozoïde et d'une oosphère. Cette partie

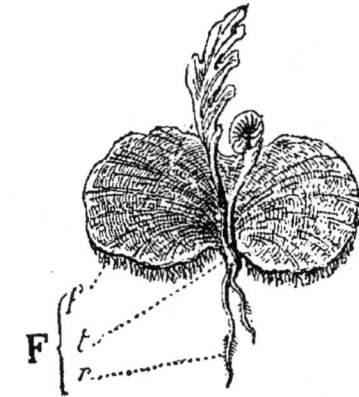

Fig. 51. — Le même prothalle de Fougère que fig. 50, après la formation de l'œuf qui s'est développé pour donner la jeune Fougère F, avec feuilles, tige et racines (grossi 2 fois).

du développement de la Fougère, qui a pour point de départ la spore et qui aboutit à l'œuf, représente pour Hofmeister, la première génération de la plante (figurée en blanc, fig. 52).

En effet, l'œuf, en se développant, ne produira ni filament protonémique ni prothalle; il sera l'origine de la presque totalité du végétal, donnant

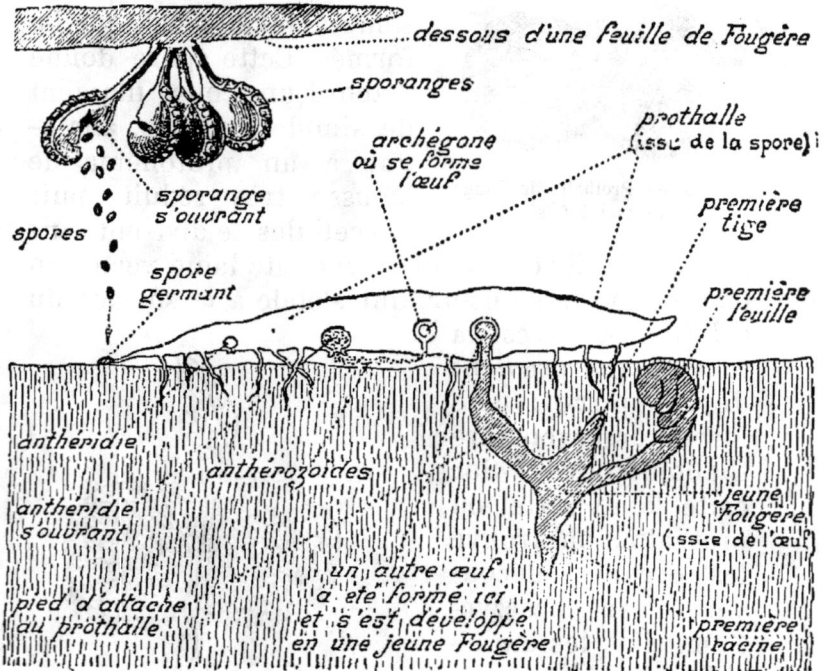

....dessous d'une feuille de Fougère

sporanges

sporange s'ouvrant

spores

spore germant

archégone où se forme l'œuf

prothalle (issu de la spore)

première tige

première feuille

anthéridie

anthérozoïdes

anthéridie s'ouvrant

jeune Fougère (issue de l'œuf)

pied d'attache au prothalle

un autre œuf a été formé ici et s'est développé en une jeune Fougère

première racine

FIG. 52. — Schéma du développement complet d'une Fougère. La génération sexuée (de la spore à l'œuf) est figurée en blanc. La génération asexuée (de l'œuf à la spore) est figurée en gris.

naissance à une tige feuillée, munie de racines (fig. 52). On sait qu'à la face inférieure des feuilles de cette Fougère, on voit se développer des groupes de sporanges bruns (fig. 52). Chacun de ces sporanges forme des cellules reproductrices simples, sans fécondation, qui sont des spores. Cette seconde

partie du développement représente pour Hofmeister la seconde génération de la Fougère (figurée en gris, fig. 52).

Jamais la spore ne donne naissance à la tige
feuillée de Fougère, jamais l'œuf ne produit de
prothalle. Il y a encore alternance morphologique
et régulière de générations.

Le développement des Fougères est donc iden-

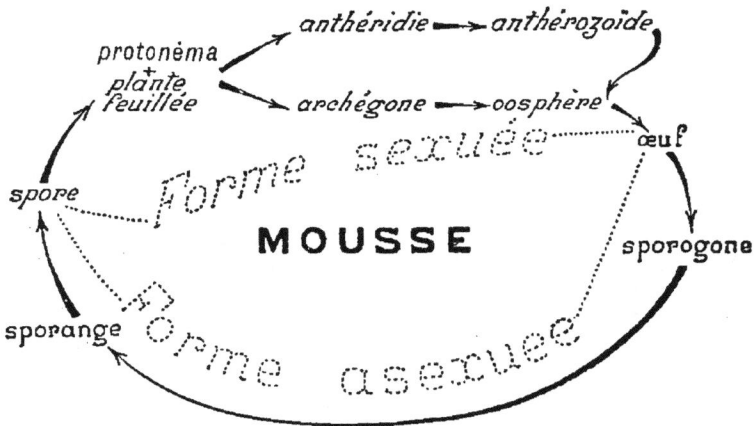

Fig. 53. — Cycle du développement d'une Mousse. La forme
ou génération sexuée donne la plante feuillée.

tique à celui des Mousses? Oui, au point de vue de
l'alternance de formes; mais remarquons que ce
qu'on appelle la *Mousse*, la tige feuillée des Mousses, la presque totalité du végétal Mousse, est issue
de la spore et produit l'œuf, tandis que ce qu'on
appelle la *Fougère*, la tige feuillée et enracinée de
la Fougère, la presque totalité du végétal Fougère,
est issue de l'œuf et produit les spores (comparez
les figures 53 et 54).

C'est ce qui a fait dire à un professeur de Bota-

nique dans une leçon sur ce sujet : « Les Mousses
se développent exactement comme les Fougères
— sauf que c'est tout le contraire. »

Hofmeister, après avoir mis en évidence cette
alternance de générations, qu'il retrouva dans tous
les autres groupes de Cryptogames vasculaires et
de Muscinées, étendit la même notion à toutes les

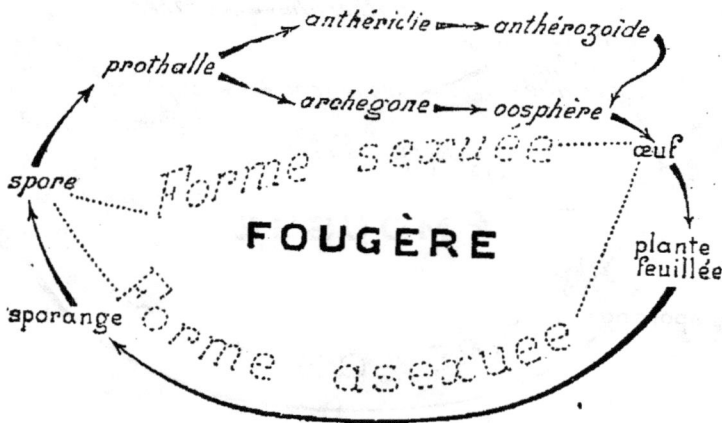

FIG. 54. — Cycle du développement d'une Fougère. La forme ou génération
asexuée donne la plante feuillée.

plantes Phanérogames. C'est ainsi que fut changée
du tout au tout la conception de l'évolution des
plantes supérieures.

Robert Brown avait découvert dans l'ovule des
Gymnospermes (dans le Pin, par exemple), les
organes où l'embryon, et par conséquent l'œuf,
prend naissance et les avait nommés des « corpuscules ». Hofmeister reconnut dans ces corpuscules
la constitution et le rôle des archégones des Cryptogames.

Le même naturaliste anglais avait comparé les étamines aux feuilles sporifères de certaines Cryptogames vasculaires, et montré que les grains de pollen se forment exactement comme des spores. Hofmeister groupe les découvertes éparses, les complète, les généralise et démontre que l'alternance des formes existe toujours chez les Phanérogames Gymnospermes, avec une réduction plus grande encore de la génération qui correspond au prothalle des Cryptogames vasculaires.

Enfin, poursuivant ses investigations minutieuses, il étend cette notion générale aux Phanérogames Angiospermes, et met en évidence chez les plantes supérieures la présence de cette génération issue de la spore, bien qu'elle y soit réduite à quelques cellules.

Dans presque tous les cas, le végétal apparaît comme doué d'une double individualité, l'individu asexué restant greffé, au moins au début, sur l'individu sexué. Nous étudierons plus loin, en détail, cette question capitale de Biologie générale.

Des lacunes importantes se montraient encore dans l'œuvre gigantesque entreprise par Hofmeister. Il chercha lui-même à les combler par de nouvelles études. Grâce à ces travaux, ainsi qu'à ceux de Milde, de Mettenius et d'autres naturalistes encore, Hofmeister parvint à élucider d'une manière presque complète cette embryogénie comparée des végétaux, à justifier les assimilations proposées par lui, à prévoir même les découvertes qui ont été réalisées tout récemment par ses successeurs.

L'opposition entre les Phanérogames ou plantes à fleurs et les Cryptogames ou plantes sans fleurs,

avait marqué un progrès dans l'étude de la classification végétale. Leur rapprochement réalisé par
Hofmeister dans ses études embryogéniques était
un progrès nouveau, plus important encore.

Ces deux dernières phrases semblent se contre-
dire; mais ce que nous avons étudié déjà nous
permet de comprendre qu'il n'y a rien de paradoxal
dans leur rapprochement.

## 5. La sexualité et l'évolution des Algues.

Avec l'œuvre de Hofmeister, la vision nette de
l'évolution des végétaux et des relations entre les
groupes se dégageait du chaos où se trouvait
l'étude des Cryptogames.

Et cependant l'embranchement inférieur des
végétaux, le vaste groupe des Thallophytes, restait
à élucider. Les végétaux qui s'y trouvent réunis
n'ont guère comme traits communs que des caractères négatifs. Leur organisation et leur développement étaient, il est vrai, peu connus à cette époque;
mais, même à l'heure actuelle, après les travaux
nombreux qui ont été effectués à leur sujet, une
grande indécision règne dans leur classification.

Deux botanistes français, Decaisne et Thuret,
avaient déjà signalé, dès 1845, chez les *Fucus* ou
Varechs, deux sortes d'organes qui semblaient déceler l'existence de la sexualité chez les Thallophytes.
De son côté, en 1846, Nægeli avait décrit des
organes particuliers chez les Algues rouges ou
Floridées, comme devant représenter les organes
sexuels.

Toutefois, ces observations ne comportaient que

10.

des hypothèses relatives à la possibilité de la formation de l'œuf chez ces plantes. Or, quelques années après, de nouvelles recherches approfondies et décisives devaient être faites, en France, sur ces mêmes plantes.

C'est d'abord le mémoire capital de Thuret sur les *Fucus*, publié en 1854. Si l'on examine une de

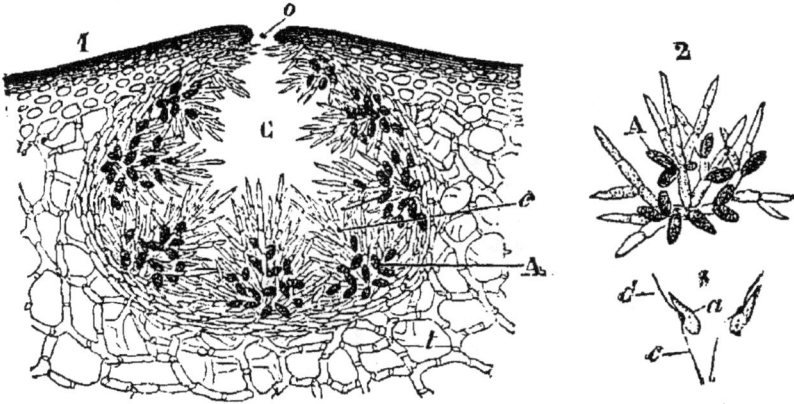

Fig. 55 à 57. — 1, coupe perpendiculaire à la surface d'un Varech (*Fucus*) montrant une crypte C renfermant des arborescences *c* à anthéridies A ; l'orifice de la crypte est en *o* ; *t*, tissu du Varech. — 2, une arborescence à anthéridies A. — 3, deux anthérozoïdes ; *c. c'*, cils vibratiles. — (1, grossi 35 fois ; 2, grossi 100 fois ; 3, grossi 350 fois.)

ces grandes algues brunes que l'on voit en masse à marée basse sur les côtes de l'Océan, un de ces Varechs ou *Fucus*, on voit que les ramifications aplaties et divisées du thalle se terminent au sommet par des extrémités renflées. A la surface de ces renflements, on observe des sortes de ponctuations sur lesquelles on remarque souvent une petite masse de teinte jaune orange ou de teinte olivâtre. C'est là qu'il faut chercher les organes sexuels, comme l'avaient prévu Decaisne et Thuret, et comme Thuret l'a ensuite démontré.

En effet, en pratiquant une section normale à la surface du thalle, en l'une ou l'autre de ces régions, et en examinant cette section au microscope, on reconnaît que le thalle présente des excavations, des cryptes de deux sortes.

Dans les unes (1, fig. 55) se trouvent des poils

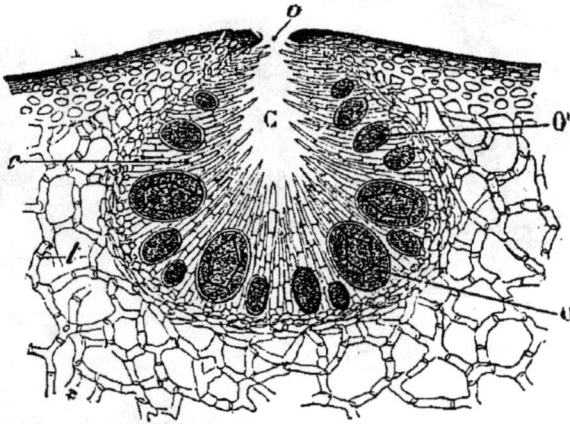

Fig. 58. — Coupe perpendiculaire à la surface d'un Varech (*Fucus*) montrant une crypte C à oogones O entremélées de poils *c*; *o*, une des huit oosphères renfermées dans un oogone; *t*, tissu du Varech (grossi 35 fois).

rameux (2, fig. 55) dont certaines articulations ovales et courtes sont des anthéridies; en effet, Thuret en vit sortir en grand nombre de minimes anthérozoïdes de forme allongée, ayant chacun un cil assez court en avant et un cil plus long en arrière (3, fig. 55). Il existe ainsi dans cette crypte un grand nombre d'anthéridies, et chacune renferme soixante-quatre anthérozoïdes; les anthéridies se détachent et se trouvent réunies en une masse d'un jaune orangé à l'orifice de la crypte;

là les anthéridies s'ouvrent et les anthérozoïdes s'échappent en grand nombre pour aller nager dans l'eau de mer.

Dans d'autres cryptes (fig. 58) on remarque, parmi les poils allongés, des poils au contraire très courts, arrondis, portés chacun sur un pied unicellulaire (O, fig. 59). Thuret a montré que ces organes (nommés oogones) produisent des oosphères; chaque oogone se détache (fig. 60) et donne naissance à huit oosphères (fig. 61). Mais ces oosphères, au lieu de demeurer, comme l'oosphère d'un archégone, dans la cellule qui les a produites, sortent de l'oogone et, bien que non mobiles elles-mêmes, se trouvent entraînées jusqu'à l'entrée de la crypte à oogones, où elles forment une masse d'un jaune olivâtre; de là, elles se détachent ensuite et flottent dans l'eau de mer.

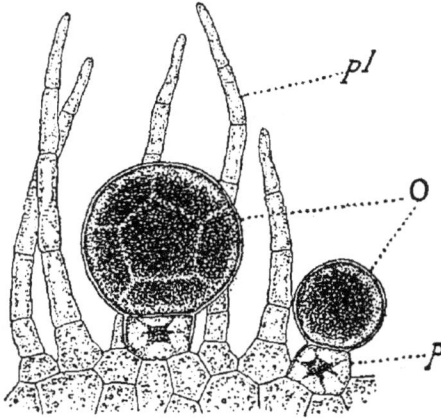

FIG. 59. — Jeunes oogones de Varech en voie de développement : O, oogones; celle de gauche est très jeune, celle de droite, plus âgée, a déjà divisé son protoplasma en huit masses ; p, pied d'une oogone ; pl, poils (grossi 150 fois) [d'après Thuret].

Si une oosphère se trouve rencontrée par un ou plusieurs anthérozoïdes, il suffit que l'un de ces derniers se conjugue avec l'oosphère, pour former l'œuf. Thuret a vu un grand nombre d'anthérozoïdes s'attachant à la périphérie de l'oosphère avant d'avoir perdu leurs cils vibratiles, et la fai-

sant tourner sur elle-même dans l'eau de mer
(fig. 62).

Lorsque l'œuf est formé, il s'entoure d'une
membrane de cellulose et tombe au fond de l'eau

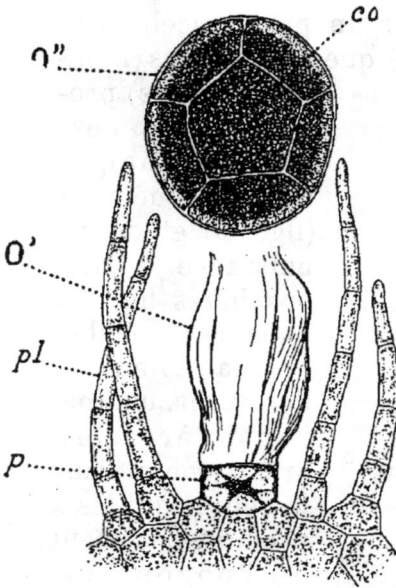

FIG. 60. — Oogone de Varech se détachant de son support. La membrane
externe O′ de l'oogone reste attachée
au pied *p;* la membrane interne O″ enveloppe encore les huit cellules *co* qui
forment les oosphères; *pl*, poils (grossi
150 fois) [d'après Thuret].

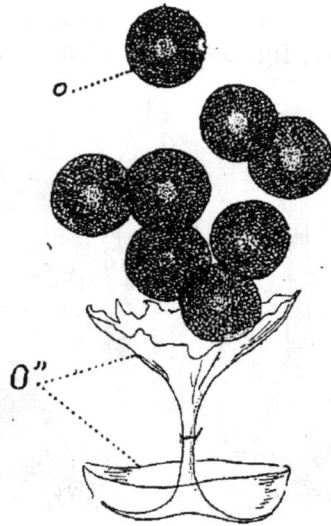

FIG. 61. — Oogone s'ouvrant
pour mettre en liberté dans
l'eau de mer les huit-oosphères
qu'elle contenait. La membrane interne O″ de l'oogone
s'est en partie gélifiée et dé-
chirée: *o*, l'une des huit
oosphères ( grossi 150 fois)
[d'après Thuret].

où il reste attaché à un support quelconque. C'est
alors qu'il pourra germer, se diviser et produire
un nouveau Varech semblable à celui dont il est
issu.

Dans cet exemple, signalé d'abord par Decaisne,

et minutieusement étudié par Thuret, la nature
des plantes thallophytes examinées se prêtait mer-
veilleusement à la démonstration de la sexualité.

En effet, le Varech n'a pas de spores, il ne se
présente aucune complication dans l'évolution du
végétal, les cellules reproductrices doubles, très
différentes les unes des autres, deviennent libres ;
et de plus, certaines espèces de
Varechs sont dioïques, c'est-à-
dire que chez certains exemplaires toutes les cryptes reproductrices sont à anthéridies, tandis que chez d'autres exemplaires
de la même espèce, on ne trouve
que des cryptes à oogones.

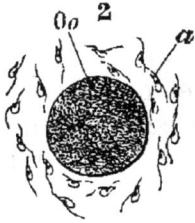

Fig. 62. — Une oosphère
de Varech entourée de
nombreux anthérozoï-
des. Il suffit qu'un
anthérozoïde se con-
jugue avec l'oosphère
pour que l'œuf soit
formé (grossi 170 f.).

Cette dernière circonstance
permit à Thuret de réaliser des
expériences absolument décisives.

Il choisit des Varechs mâles,
c'est-à-dire ne contenant que des
cryptes à anthéridies, au moment où ces algues
sont mûres, et a soin de les laisser quelque
temps dans l'air humide, ce qui favorise la formation des petites masses d'anthéridies agglomérées
devant l'orifice de chaque crypte ; puis il les
agite et les lave dans de l'eau de mer contenue
dans un bocal. Il obtient ainsi un liquide jaune
orange, qui renferme une énorme quantité d'anthérozoïdes vivants. Thuret opère de même avec
des thalles femelles de la même espèce, et obtient
dans un autre bocal un liquide jaune verdâtre de
couleur olive qui renferme une grande quantité
d'oosphères vivantes.

En versant une partie du liquide d'un seul de

ces bocaux dans un aquarium rempli d'eau de mer, on ne voit aucun développement se produire. En versant dans un même aquarium un mélange des liquides de deux couleurs, c'est-à-dire un mélange d'anthérozoïdes et d'oosphères, on voit se produire des œufs qui tombent au fond de l'aquarium, peuvent germer et produire de jeunes Varechs.

Voilà donc la première preuve expérimentale de ce fait général, à savoir que les cellules reproductrices doubles, destinées à former l'œuf, ne peuvent germer par elles-mêmes, et que la combinaison d'une cellule mâle avec une cellule femelle est nécessaire pour qu'il se produise un développement ultérieur de la plante.

Thuret poussa les expériences plus loin, et préparant ainsi des anthérozoïdes d'une espèce de Varech déterminée et des oosphères d'une *autre* espèce voisine, il parvint à produire des œufs. Ceux-ci, en évoluant, donnaient naissance à des Varechs ayant les caractères intermédiaires entre ceux des deux espèces. Il avait obtenu des hybrides de Varechs. C'était là encore une preuve supplémentaire de la sexualité.

En somme, par ces belles recherches du naturaliste français, il ne pouvait plus rester aucun doute sur l'existence de la sexualité chez des plantes thallophytes et, ce qui est plus important encore, la nécessité de la formation de l'œuf était démontrée expérimentalement.

C'est un peu plus tard, de 1850 à 1860, que Thuret et Bornet ont entrepris de remarquables observations sur les Algues marines nommées Floridées, chez lesquelles Nægeli avait signalé l'existence possible de deux sortes d'organes différents, devant concourir à la formation de l'œuf.

Chez la plupart des Floridées ou Algues rouges, la reproduction de la plante est beaucoup plus complexe que dans les Varechs. Il y avait là des difficultés spéciales à vaincre, de nombreuses obscurités à éclaircir. Une même espèce présente souvent des cellules reproductrices, de trois sortes différentes, qui paraissent des spores. Les Algues rouges n'ont ni zoospores ni anthérozoïdes mobiles. Comment se fait la reproduction? Quel est le mode de développement de ces végétaux?

Examinons rapidement l'un des cas les plus simples étudiés par Thuret et Bornet, celui du *Nemalion*. C'est une Algue marine dont le thalle est composé de filaments rameux, chaque filament étant formé d'une file de cellules (1, fig. 63). Certains rameaux latéraux se divisent en ramifications très serrées dont les cellules terminales forment les anthéridies (A, A', A''; en 1, fig. 63). Celles-ci sont très petites et, au lieu de donner un grand nombre d'anthérozoïdes mobiles à l'aide de cils vibratiles, ne produisent qu'un seul anthérozoïde immobile qui sort de la cellule et est entraîné dans l'eau de mer; ces anthérozoïdes (*a*, en 1, fig. 63) sont d'ailleurs revêtus chacun d'une fine membrane de cellulose.

Le mot anthérozoïde se trouve en ce cas fort mal appliqué, puisque l'élément reproducteur mâle n'est pas mobile par lui-même. On avait désigné ces petits corps sous le nom de pollinies; mais ce nom implique une comparaison avec les grains de pollen, et doit être rejeté; car, ainsi que nous allons le voir, un rapprochement avec le pollen serait tout à fait inexact.

Comment ces cellules mâles, immobiles par

elles-mêmes et revêtues d'une membrane rigide,
vont-elles pouvoir se fondre avec l'oosphère? Dans
le but de permettre à ce rôle d'être accompli,
d'autres rameaux de la même algue se terminent

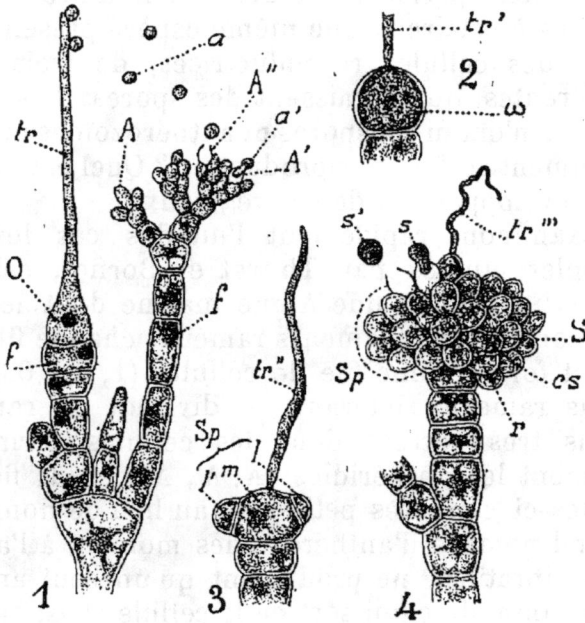

Fig. 63 à 66. — Formation de l'œuf et des spores chez le *Nemalion* (Algue
Floridée). — 1, *f*, *f*, filaments de l'algue terminés : l'un par des rameaux
portant les anthéridies A, A', A'' produisant chacune un anthérozoïde
sans cils tel que *a*, *a'* ; l'autre par une oogone O prolongée par le trichogyne *tr*, sur lequel viennent se souder un ou plusieurs anthérozoïdes. —
2, à la suite de la conjugaison d'un anthérozoïde avec le trichogyne de l'oogone, l'œuf ω se forme et, sans être mis en liberté, va se développer
immédiatement. — 3, le trichogyne *tr''* commence à se flétrir ; l'œuf a produit plusieurs cellules *l'*, *m*, *l* qui forment le début du sporogone. —
4, *Sp*, sporogone (ou génération asexuée qui reste greffée sur le filament de
la génération sexuée) ; il se compose de rameaux *r* qui se terminent chacun
par un sporange S. Chacun de ces sporanges, serrés les uns contre les
autres, forme une spore telle que *s'*, laquelle se détache, peut germer
et donner de nouveaux filaments de la génération sexuée du *Nemalion* ;
*tr'''*, trichogyne flétri (grossi 200 fois) [figure schématisée d'après Thuret et
Bornet].

11

par une singulière oogone, qui se prolonge en un
long filament grêle (*tr*, en 1, fig. 63) enduit d'une
substance gommeuse, et qu'on nomme le *trichogyne*. L'oosphère n'est autre chose que le contenu
vivant de cette oogone, et se prolonge dans le trichogyne.

Thuret et Bornet ont découvert que les petites
cellules immobiles, que nous avons appelées par
extension anthérozoïdes, entraînées par les courants
de l'eau de mer, peuvent rencontrer l'un de ces
longs prolongements ou trichogynes et y adhérer
fortement (1, fig. 63, au-dessus de *tr*). Il suffit
qu'un anthérozoïde soit ainsi en contact avec ce
long filament pour que la formation de l'œuf ait
lieu.

Lorsque l'on voit un *Nemalion* dont le thalle est
mûr, étalant ses ramifications dans la mer, on
comprend très bien la facilité avec laquelle plusieurs de ces nombreux anthérozoïdes, déplacés
par les courants aquatiques, peuvent rencontrer
les trichogynes. Ceux-ci, en effet, allongés au sommet des rameaux, se dressent de tous côtés au
milieu de l'eau, comme des sortes de filaments
pêcheurs; il est presque impossible que les courants d'eau, entraînant des myriades d'anthérozoïdes mis en liberté par tous les rameaux voisins,
n'arrivent pas à en transporter un plus ou moins
grand nombre au contact de ces longs trichogynes revêtus chacun d'un enduit visqueux.

Les savants naturalistes français ont ensuite
étudié ce qui se passe à la suite du contact d'un
anthérozoïde avec le trichogyne. Au point d'adhérence des deux cellules, les membranes de cellulose se résorbent, et le contenu vivant de l'anthérozoïde passe dans le protoplasma du trichogyne.

Là, se produit une combinaison complexe qui a
pour résultat de transformer la partie inférieure
de l'oosphère. L'œuf est formé ($\omega$,, en 2, fig. 63),
comme l'indique l'apparition d'une nouvelle membrane de cellulose, laquelle laisse en dehors d'elle
le trichogyne qui commence à se flétrir ($tr'$, en 2,
fig. 63).

On conçoit que l'apparence de ces phénomènes
ait pu donner l'idée à certains botanistes de les
considérer comme reproduisant en miniature les
phénomènes de la pollinisation chez les Phanérogames. Ils comparaient l'anthérozoïde immobile,
arrondi, revêtu d'une membrane, à un grain de
pollen produit par une étamine; ils assimilaient
le trichogyne à un style, son sommet enduit de
liquide glutineux à un stigmate, la base renflée et
contenant la partie principale de l'oosphère à un
ovaire réduit à une seule cellule.

Mais, à bien examiner les faits, il est facile de
voir que ce sont là de simples apparences ou, si
l'on veut, des ressemblances plus ou moins grandes
dues à la convergence des caractères. En effet, un
grain de pollen est une spore qui forme à son intérieur une anthéridie réduite produisant deux
anthérozoïdes ; rien de semblable dans la pollinie
de l'Algue dont le mode de formation est d'ailleurs
entièrement différent de celui du pollen. La dis-
semblance est encore plus nette pour l'appareil
femelle. Le style et le stigmate sont des parties de
la feuille carpellaire qui enveloppe les ovules, à
l'intérieur desquels se trouve l'oosphère ; ici, le
trichogyne n'est que le prolongement de l'oosphère
elle-même.

N'insistons donc pas sur cette fausse comparaison, et revenons à l'œuf de *Nemalion* qui vient de prendre naissance à la base du trichogyne flétri. Que va devenir cet œuf ?

Il n'est pas libre comme l'œuf de Varech, et il n'est pas mis ultérieurement en liberté comme l'œuf des Spirogyres. L'œuf des Floridées reste au contraire adhérent à la plante mère. Alors, que va former cet œuf en se développant ?

Thuret et Bornet ont fait voir qu'immédiatement après sa formation, l'œuf de *Nemalion* émet de tous les côtés des prolongements qui se cloisonnent (*Sp*, en 3 et 4, fig. 63). Ces filaments agglomérés se ramifient, et leur ensemble constitue une masse globuleuse qui se nourrit aux dépens de l'algue, sur laquelle elle reste greffée. La cellule terminale de chacun des rameaux acquiert un protoplasma granuleux et dense, se séparant ensuite, et ces cellules forment autant de spores (*s'*, en 4, fig. 63) qui sont mises en liberté, et peuvent germer sur un support quelconque, au fond de la mer pour reformer un thalle de *Nemalion* portant des anthéridies et des oogones.

L'ensemble des rameaux et des spores produits par l'œuf était considéré par les anciens algologues comme une sorte de fruit (appelé cystocarpe), dont ils ignoraient l'origine. Après les travaux de Thuret et Bornet, en nous reportant à l'œuvre de Hofmeister, cette production issue de l'œuf nous apparaît clairement comme l'une des deux générations de la plante. La première génération, qui constitue la majeure partie du *Nemalion*, est issue de la spore et produit l'œuf. La seconde génération restant greffée sur la première, comme dans les autres embranchements du Règne végétal, est issu de l'œuf et produit la spore. Cette génération

asexuée ou sporogone (*Sp*, en 4, fig. 63) correspond au cystocarpe des algologues.

L'exemple que nous venons de décrire en détail
est l'une des nombreuses Floridées étudiées avec
tant de soin et de précision par les deux naturalistes français ; dans toutes les Floridées, ceux-ci
ont mis en évidence les anthéridies, les oogones
avec leurs trichogynes, la formation de l'œuf et
son développement en appareil sporifère. L'évolution de l'algue se complique d'ailleurs, dans
beaucoup de cas ; mais ceci nous entraînerait trop
loin.

Je me bornerai à rappeler, ce qui est très important, qu'il existe chez la plupart des Floridées
d'autres spores que celles produites par l'appareil
issu de l'œuf.

Le thalle de l'algue, portant anthéridies et
oogones, peut en outre produire des spores sans
passer par l'œuf. Celles-ci se forment parfois directement et isolément sur les rameaux de l'Algue ;
le plus souvent elles sont produites par quatre
dans une cellule, puis l'enveloppe de cette cellule se déchire, et les quatre spores, qu'on nomme
alors tétraspores, sont mises en liberté.

Chacune de ces tétraspores, comme les spores
issues de l'œuf, est susceptible de redonner une
algue portant des anthéridies et des oogones. Par
leur intermédiaire, la génération sexuée de l'Algue
peut donc se multiplier directement sans passer
par la seconde génération.

Un fait remarquable, intéressant la Biologie générale, se dégage de cette belle étude des Floridées. Lorsqu'on eût découvert les zoospores et les
anthérozoïdes mobiles à l'aide de cils vibratiles,

11.

plusieurs naturalistes pensèrent que cette forme
animale de l'élément reproducteur était due au
milieu aquatique. Les cellules reproductrices devant se disséminer dans l'eau, elles devaient, pen-
saient-ils, être toujours dépourvues de membranes
rigides et se déplacer par elle-même.

Les découvertes faites par Thuret et Bornet sur
les Algues rouges vinrent détruirent cette générali-
sation hâtive. Ici les spores et les cellules représentant les anthérozoïdes, bien que produites dans
l'eau, sont immobiles par elles-mêmes et restent
entourées d'une membrane de cellulose.

C'est que la Nature emploie souvent des moyens
les plus variés pour arriver au même but. Dans
l'évolution générale des Floridées, la motilité des
cellules reproductrices a disparu, ou ne s'est jamais
produite. Tout y est combiné pour que les courants de l'eau suffisent à disséminer les cellules
mâles ou les spores aquatiques.

## 6. Nouveaux progrès dans l'étude des Algues. La parthénogenèse.

Les recherches dont nous venons de parler prou-
vaient non seulement l'existence de la sexualité
chez des Thallophytes, mais aussi la présence dans
un des groupes importants de cet embranchement,
les Floridées, d'une alternance régulière des formes, avec prédominance de la génération sexuée;
Autrement dit, on trouve chez ces algues un développement tout à fait analogue à celui des Muscinées.

D'autres travaux sur les Algues achevèrent de
montrer l'existence générale de la sexualité chez

ces végétaux. On doit surtout citer les belles
recherches du botaniste allemand Pringsheim. En
étudiant, entre autres, des Algues d'eau douce
appelées *Œdogonium* (fig. 67),
Pringsheim put assister le premier à tous les détails de la formation de l'œuf. Il vit l'anthérozoïde (*a'*, en 1, fig. 68) pénétrer
dans la masse de l'oosphère (*o*, en
1, fig. 68) et son protoplasma se
fondre en se combinant avec celui
de la cellule reproductrice femelle.

C'est aussi en soumettant ce
même genre d'algues à de minutieuses investigations qu'il découvrit un fait qui, pour être très
particulier, n'en est pas moins
intéressant pour la Biologie générale.

Il faut d'abord rappeler que,
chez les *Œdogonium*, il existe
d'une part des zoospores munies
d'une couronne de cils vibratiles
(4, fig. 68), d'autre part des anthérozoïdes mobiles qui ont la même
forme que les zoospores, mais

Fig. 67. — Exemplaire
entier d'*Œdogonium*,
Algue verte (grossi
100 fois).

qui sont plus petits (3, fig. 68), et enfin des oogones O relativement très grandes et contenant chacune une grosse oosphère *o*.

Les zoospores *z*, après être sortis chacune de
leur sporange S (*z*, en 1, fig. 68), se fixent et re-
donnent en germant un nouvel *Œdogonium*, sans
passer par l'œuf. Les anthérozoïdes ne peuvent germer directement et forment avec l'oosphère un

œuf qui passe à l'état de vie ralentie et qui pourra germer ultérieurement.

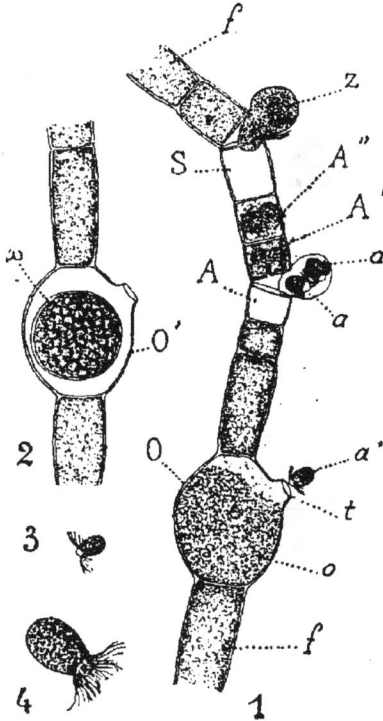

Fig. 68 à 71. — Formation de l'œuf et des zoospores chez un *OEdogonium*. — 1 : *f, f*, filament de l'Algue ; *z*, zoospore sortant du sporange S ; A, A′, A″, anthéridies, les deux anthérozoïdes *a, a* sortent de l'anthéridie A ; O, oogones ; *o*, oosphère ; *t*, ouverture de l'oogone par où pénètre un anthérozoïde *a′* pour former l'œuf. — 2 : O′, paroi de l'oogone dans lequel s'est formé l'œuf ω. — 3 : un anthérozoïde à couronne de cils vibratiles. — 4 : une zoospore à couronne de cils vibratiles (grossi 1 et 2, 250 fois ; 3 et 4, 300 fois) [d'après Pringsheim].

Or, Pringsheim a observé certaines espèces du genre *OEdogonium*, chez lesquelles l'oosphère n'est pas mûre lorsque les anthérozoïdes sont mis en liberté. La formation de l'œuf est-elle donc rendue impossible chez ces espèces ? Pas du tout ; et voici comment la plante va se tirer de cette situation difficile par un ingénieux procédé.

Bien que l'oogone ne soit pas encore mûre et que l'oosphère qu'elle contient se trouve en voie de formation, on peut déjà reconnaître à la surface de l'oogone le point où la membrane se gélifiera plus tard et sera perforée, suivant un petit cercle, pour mettre l'oosphère en communication avec l'extérieur. Les anthérozoïdes, mis trop tôt en liberté, nagent autour de l'oogone. On voit alors ce fait étrange, c'est que l'un au moins des anthérozoïdes se fixe sur l'oogone, au voisinage du point qui devra se perforer plus tard. Là l'*anthérozoïde germe comme une spore*,

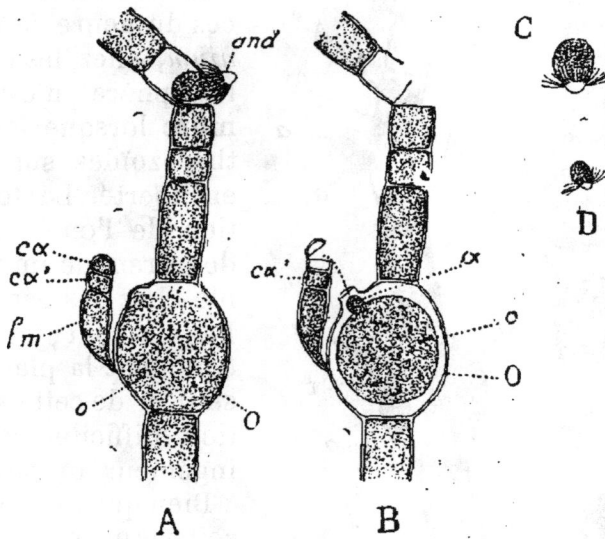

Fig. 72 à 75. — Formation de l'œuf dans une espèce d'*Œdogonium*. — A : *and*, anthérozoïde primaire sortant de la cellule qui l'a formé ; O, oogone ; *o*, oosphère ; un anthérozoïde primaire a germé sur la paroi de l'oogone et a donné naissance au filament *fm* qui se termine par deux petites anthéridies secondaires *cα*, *cα'*. — B : l'anthéridie secondaire *cα* s'est ouverte et l'anthérozoïde secondaire *α* vient se conjuguer avec l'oosphère *o* renfermée dans l'oogone O pour former l'œuf. — C : un anthérozoïde primaire. — D : un anthérozoïde secondaire (grossi A et B, 250 fois ; C et D, 300 fois) [d'après Pringsheim].

mais il ne saurait germer ailleurs que sur l'oogone qui lui sert de support.

Néanmoins, il est particulièrement remarquable de constater qu'une cellule reproductrice mâle peut, en certains cas, germer comme une cellule reproductrice simple. Cela fait comprendre qu'au fond l'anthérozoïde est de la même nature que la zoospore.

Que va-t-il sortir de cette singulière germination de l'anthérozoïde sur l'oogone? Peu de chose : un court filament (*fm*, en A, fig. 72), qui, en se développant, permettra à cette production (qui est, en définitive, une production mâle), d'attendre la maturation de l'oogone et de l'oosphère. En effet, les cellules terminales (*ca*, *ca'*, en A, fig. 72) du filament, issu de l'anthérozoïde normal, condensent eur contenu protoplasmique et donnent naissance à des anthérozoïdes de second ordre. Au moment où ces anthérozoïdes de deuxième génération sont mis en liberté par le filament mâle, l'oogone est déjà mûre, le trou circulaire, qui en perfore la paroi au voisinage, est formé. Alors, l'un de ces anthérozoïdes secondaires se dirige par cette entrée, grâce aux mouvements de ses cils vibratiles, et enfin se conjugue avec l'oosphère pour former l'œuf (*a*, en B, fig. 72).

Ainsi se trouve réparé, par cette germination de l'anthérozoïde de première génération, l'inconvénient du retard que présente l'évolution de l'oogone par rapport à celle des anthéridies.

C'est là un des nombreux exemples des moyens compliqués qu'emploie souvent la Nature pour arriver à ses fins. C'est là aussi une très curieuse liaison qui s'établit entre la spore et une des cellules formatrices de l'œuf.

On pourrait dire qu'on assiste à une parthénogenèse de l'anthérozoïde, puisque celui-ci, au lieu de se conjuguer avec l'oosphère, se développe directement, sur la paroi de l'oogone, en un filament d'algue; on pourrait désigner ce phénomène par l'expression paradoxale de « parthénogenèse mâle ».

D'autres faits ont mis en évidence, vers la même époque, l'existence de la parthénogenèse chez l'autre élément formateur de l'œuf, de la « parthénogenèse femelle ».

En certains cas, l'oosphère, sans s'être combinée avec un anthérozoïde, peut condenser son protoplasma, s'entourer d'une nouvelle membrane et produire en apparence une cellule semblable à un œuf véritable. C'est ce qu'avait signalé Pringsheim pour certaines algues, et les cas de parthénogenèse, on le sait maintenant, sont plus fréquents qu'on ne le supposait. On les a observés chez des Champignons, des Mousses, des Cryptogames vasculaires, et même chez les Phanérogames où des recherches récentes en ont montré de nombreux exemples.

Dans le cas où l'œuf est formé par la conjugaison de deux cellules semblables, sans qu'on puisse dire que l'une est femelle et l'autre mâle, on observe aussi parfois de curieux cas de parthénogenèse. C'est ce qu'ont montré les naturalistes qui, à la suite d'Ehrenberg, ont repris l'étude des Mucorinées et ceux qui, après Vaucher, ont étudié de près les diverses espèces de Spirogyres.

Chez les Mucorinées, nous avons dit que deux filaments égaux viennent à la rencontre l'un de l'autre, et conjuguent leurs extrémités pour former l'œuf (ω, fig. 76). Dans celles du genre *Sporodinia*, par exemple, on voit fréquemment que ces deux prolongements situés face à face n'arrivent pas à s'atteindre l'un l'autre, soit parce que la distance qui les sépare est trop grande, soit parce que la nourriture qu'ils reçoivent est insuffisante pour produire chez l'un et l'autre filament un allongement suffisant.

Les deux prolongements se dirigent cependant l'un vers l'aut e, comme s'ils allaient s'unir ; mais ils s'arrêtent, séparés par une certaine distance. Que se passe-t-il alors ? Chacun d'eux semble en prendre son parti, se cloisonne, condense son protoplasma, l'entoure d'une nouvelle membrane, et il se produit ainsi deux faux-œufs (*fω′* et *fω″*, fig. 76) plus petits, formant chacun comme la moitié d'un vrai œuf; chacun de ces faux-œufs se détache et peut, en germant, donner un nouveau *Sporodinia*.

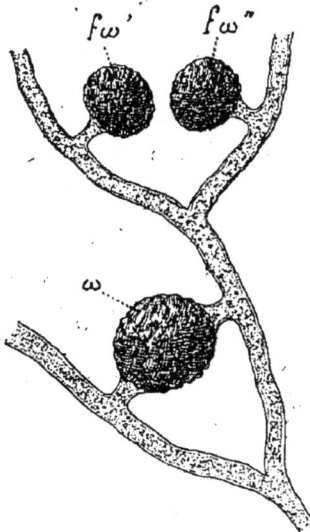

Fig. 76. — Parthénogenèse du *Sporodinia* (Champignon) ; en bas, on voit un œuf normal ω formé par la conjugaison de deux filaments. En haut, les deux filaments opposés ne sont pas arrivés à se rencontrer et ont formé chacun un faux-œuf *fω′ fω″* (grossi 65 fois).

Dans le *Spirogyra mirabilis*, la simplification parthénogénésique se présente d'une manière différente. Tandis que, comme nous l'avons vu, dans la plupart des autres Spirogyres, l'œuf se produit par la conjugaison de deux cellules identiques appartenant à deux algues différentes placées côte à côte, rien de semblable ne s'observe dans le *Spirogyra mirabilis*.

Chez cette algue, à un moment donné, une cellule contracte son protoplasma et se divise en trois, mais sans que le noyau de la cellule prenne part à la division ; il se produit, de la sorte, une cellule médiane avec un noyau, encadrée par deux cellules latérales incomplètes. La cellule médiane, qui est la plus grande, sans s'unir à aucun autre élément, s'entoure d'une nouvelle membrane et prend l'aspect d'un véritable œuf de Spirogyre. Ce faux-œuf se détache et peut germer en produisant un nouvel individu de *Spirogyra mirabilis*.

De tels exemples de parthénogenèse, où le faux-œuf produit n'est, en réalité, qu'une spore qui a la forme d'un œuf, montrent encore des cas intermédiaires entre les cellules reproductrices doubles, destinées à s'unir pour former un œuf, et les cellules reproductrices simples.

## 7. Le polymorphisme des Champignons.

Pendant que se multipliaient les découvertes sur la sexualité et le développement des Algues, de très importants travaux étaient exécutés sur les Champignons.

Il faut d'abord citer les recherches de premier ordre qui ont été faites par deux naturalistes français, les frères Tulasne, et qui ont été publiées pour la plupart, de 1850 à 1865.

Avant même 1850, les frères Tulasne avaient décrit le développement du champignon, qui produit sur le Blé la maladie de la Rouille. Les mycologues descripteurs reconnaissaient sur les feuilles du Blé deux sortes de Champignons, appelés l'un *Uredo linearis* et l'autre *Puccinia graminis*. Le premier (1, fig. 77) a des spores unicellulaires d'un jaune orangé, le second (2, fig. 77) est caractérisé

12

par des spores bicellulaires de couleur très foncée.
Les frères Tulasne firent voir que ces deux espèces,
rangées dans des genres différents, n'étaient que
les deux formes d'un seul et même Champignon ;
la première forme (forme *Uredo*) produit des
spores qui se développent pendant que le Blé
achève de grandir, et propage la maladie d'un pied
à l'autre. Ces *urédospores*, ou spores de propagation ($u$, en 1, fig. 77), sont incapables de passer
l'hiver et de conserver le Champignon d'une année
à la suivante. Au contraire, les autres spores fon-
cées, qui n'apparaissent que plus tard ($t$, en 2,
fig. 77) et qui sont nommées *téleutospores* [1], ne
germent pas dans la même saison ; elles tombent
sur le sol, passent l'hiver et germent au printemps
suivant (3, fig. 77) en donnant naissance à des
spores secondaires $s_1$, $s_2$, $s_3$, $s_4$, qui peuvent se développer ultérieurement.

Cette découverte importante a été complétée
peu après par le savant botaniste allemand
De Bary, auquel on doit beaucoup au sujet des
progrès de nos connaissances dans la Cryptogamie.

De Bary a fait voir que les spores secondaires
issues des téleutospores de Rouille, germant au
printemps, *ne peuvent pas germer sur le Blé*, et de
plus qu'elles ne peuvent germer à la surface d'aucune autre plante, sauf sur les feuilles d'un
arbrisseau épineux, à petites grappes de fleurs
jaunes, à fruits comestibles, connu sous le nom
d'Epine-vinette. La spore secondaire ($s$, en 4,
fig. 77) produit à la surface de la feuille d'Épine-
vinette un filament qui s'introduit dans la feuille

---

[1] De τελος, fin, achèvement ; spores finales

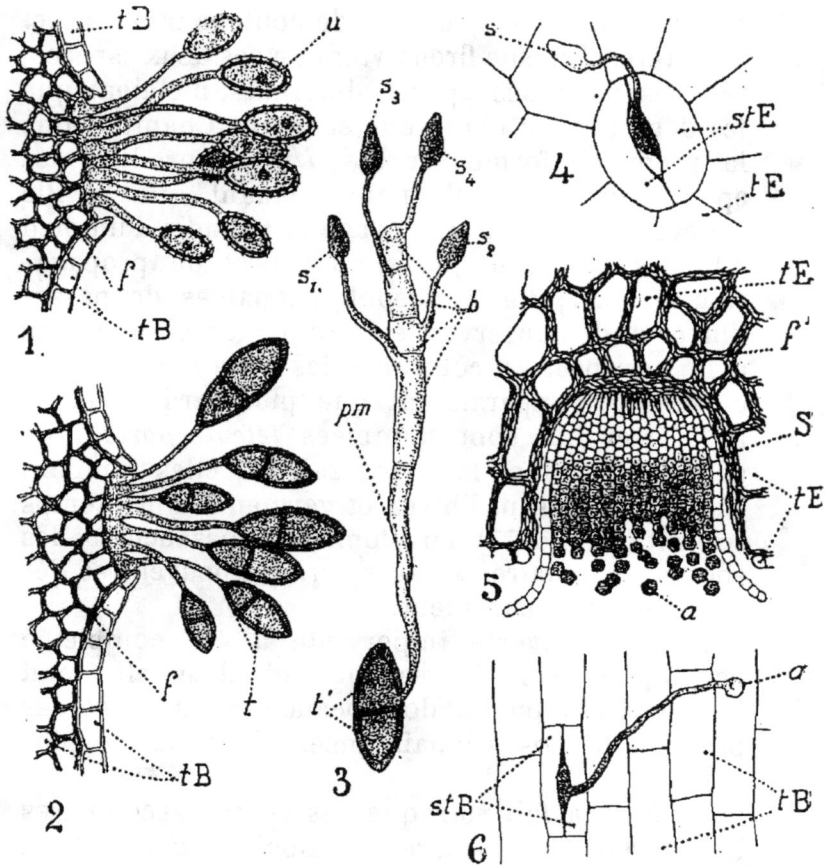

Fig. 77 à 82. — Évolution de la Rouille du Blé. — 1 : formation sur la feuille de Blé *t*B, des urédospores *u* qui propagent la rouille ; *f*, filaments du champignon. — 2: formation plus tardive, sur le Blé, des téleuto-spores qui passeront l'hiver. — 3 germination, au printemps, d'une téleuto-spore *t'* qui produit un filament *pm* et quatre spores secondaires $s_1$, $s_2$, $s_3$, $s_4$, lesquelles ne peuvent germer que sur les feuilles d'Épine-vinette. 4 : germination d'une de ces spores *s* sur une feuille d'Épine-vinette *t*E, où le filament qu'elle produit pénètre par l'orifice d'un stomate *st*E. — 5 : les filaments *f'* du champignon parasite dans la feuille d'pine-vinette, produisent des sporanges tels que S, d'où s'échappent des æcidio-spores *a*, lesquelles ne peuvent germer que sur les feuilles de Blé. — 6 : germination d'une de ces æcidiospores *a*, sur une feuille de Blé *t*B ; le filament qu'elle produit pénètre dans la feuille par un stomate *st*B et reproduit la Rouille, et ainsi de suite (1. 2, 3, 4, grossi 200 fois ; 5, 6, (grossi 100 fois) [d'après Tulasne et De Bary].

en profitant de l'ouverture d'un stomate (*st*E, en 4, fig. 77).

Bien plus, ces spores, provenant de la Rouille du Blé, en germant ainsi sur les feuilles d'Epine-vinette, produisent un mycélium qui s'insinue entre les cellules de la feuille de cet arbuste (*f'*, en 5, fig. 77), puis viennent fructifier à la surface, en produisant des appareils sporifères (S, en 5, fig. 77) tout autres que ceux de la Rouille. Or, ces productions avaient été décrites par les mycologues sous le nom de *Æcidium Berberidis* ou *Æcidium* de l'Épine-vinette (*Berberis*).

Ainsi donc, les trois espèces réparties par les mycologues descripteurs dans trois genres diffé-rents : *Uredo linearis*, *Puccinia graminis* et *Æci-dium Berberidis*, ne constituent que trois formes d'un seul et unique Champignon, la première de ces formes fructifie pendant que le Blé se développe, la seconde quand il est développé, donnant des spores qui, germant sur l'Épine-vinette, y produisent les appareils sporifères de la troisième forme.

Mais ce n'est pas fini. De Bary a prouvé que les spores (*a*, en 5, fig. 77) de la forme *Æcidium*, ou *æcidiospores*, formées sur les feuilles d'Épine-vinette, *ne peuvent pas germer sur l'Épine-vinette*. Elles ne peuvent germer sur aucune autre plante, à l'exception du Blé.

Une æcidiospore, transportée par le vent à la surface d'une feuille de Blé, germe au voisinage d'un stomate (*a*, en 6, fig, 77), forme un mycélium qui envahit les tissus de la feuille, et bientôt vient produire à la surface de nombreuses uré-dospores d'un jaune orangé, dessinant sur la feuille de Blé ces lignes colorées, caractéristiques de la Rouille.

Voilà, tout à coup, dans l'étude des Champignons des complications inattendues, qui ont été révélées pour la première fois par les frères Tulasne, non seulement dans leur première étude incomplète de la Rouille, mais aussi dans un grand nombre d'autres exemples étudiés par eux.

C'est le polymorphisme des champignons, mais non pas à la manière dont l'enseignaient les naturalistes vers le commencement du XIXe siècle. Il n'est pas question d'admettre qu'un champignon quelconque puisse se transformer en un autre champignon quelconque. Non, le polymorphisme déterminé, étudié par les frères Tulasne et les naturalistes qui leur ont succédé, fait voir que l'évolution de certaines espèces de champignons est très compliquée et sous la dépendance des êtres qui sont attaqués par eux. Ce fut, en bien des cas, une simplification de la classification admise, tout en marquant un progrès important dans la connaissance de l'évolution de ces Thallophytes.

Pour en revenir à la Rouille, il résultait donc des recherches des Tulasne et de De Bary que les genres *Uredo* et *Æcidium* devaient être supprimés, et que la Puccinie de la Rouille donne d'abord sur le blé une forme *Uredo*, puis une forme Puccinie produisant des spores qui passent l'hiver et donnent en germant, à la saison suivante, des spores secondaires qui ne peuvent évoluer que sur l'Épine-vinette, où se produit la forme *Æcidium* dont les spores germent sur le Blé, et ainsi de suite.

On avait conclu de là que, puisque ce Champignon exige, pour continuer son développement, d'habiter successivement deux hôtes différents, il

12.

suffirait de supprimer l'un de ces hôtes, pour
détruire à jamais la terrible maladie de la Rouille
du Blé.

Dans beaucoup de pays, on procéda, par suite,
à l'arrachage systématique des buissons d'Épine-
vinette. En France, depuis longtemps, des arrêtés
préfectoraux enjoignent de supprimer partout cet
arbuste.

La Compagnie du chemin de fer du Nord avait
eu l'idée malheureuse de cultiver en haie l'Épine-
vinette, comme arbuste défensif, des deux côtés
de la voie, sur une longueur considérable. Les
propriétaires voisins, dont les champs de Blé étaient
atteints de la Rouille, s'appuyèrent sur les expériences de De Bary, et intentèrent un procès col-
lectif à la Compagnie, prétendant que le voisinage
des haies d'Épine-vinette causaient le développement de la maladie. La Compagnie perdit le procès,
et fut condamnée à arracher toutes les haies
d'Épine-vinette.

Si ce procès avait eu lieu récemment, il aurait
été probablement gagné, au contraire, par la
Compagnie du chemin de fer du Nord.

C'est qu'en effet, bien que les observations des
Tulasne et les expériences de De Bary soient
parfaitement exactes et vérifiées, il existe encore
pour la Rouille un autre moyen de pérenner d'une
saison à l'autre. Elle peut se passer de l'Épine-
vinette, comme le démontrent les expériences
récentes d'Eriksson, professeur à Stockholm.

Il faut dire que les agriculteurs (à l'exception
des propriétaires voisins de la ligne du Nord,
bien entendu) s'étaient montrés assez sceptiques
sur la nécessité de la présence d'Épine-vinette en
voisinage des champs de Blé pour entretenir la

maladie de la Rouille. On leur avait dit d'arracher les Épines-vinettes ; ils les avaient arrachées, mais la statistique de la Rouille n'enregistrait pas pour cela une diminution appréciable de la maladie. D'autre part, en certaines contrées, parfois immenses, dans l'Inde par exemple, la Rouille exerce tous les ans des ravages énormes, et il n'y pas la moindre Épine-vinette dans la région.

Que se passe-t-il donc ?

C'est que la Puccinie de la Rouille ne se contente pas de se propager par ses urédospores, de persister grâce aux téleutospores, et de passer sur l'Epine-vinette où se forment les æcidiosphores revenant germer sur le Blé. Le champignon de la Rouille prend encore la précaution de se maintenir d'une saison à l'autre en s'enfermant dans le grain de Blé, en passant avec lui à l'état de vie ralentie, en germant avec lui au printemps, dans l'intérieur du grain, puis en développant son mycélium dans le jeune Blé germé, et enfin dans toutes les parties de la céréale grandissante. M. Eriksson a découvert la présence de kystes microscopiques, issus du mycélium de la Rouille et restant tout l'hiver immobilisés dans les cellules du petit embryon que contient le grain de Blé. Le naturaliste suédois en a suivi la formation, la germination et le développement. Des expériences en grand ont été faites à ce sujet sur des milliers d'hectares, non seulement en Suède mais en Allemagne, en Amérique et ailleurs. Toutes ont confirmé ce résultat.

Par conséquent, le moyen en apparence si simple de parer à la maladie de la Rouille ne suffit pas ; le problème agricole est orienté maintenant dans une autre direction. Eriksson a en effet découvert des races de Blé chez lesquelles cet enkystement du mycélium de la Rouille dans les grains est très faible et même nul. Il s'agirait de chercher parmi ces races, celles qui conviennent à l'agriculture et aux divers climats sous lesquels on cultive le Blé.

Mais, au point de vue qui nous occupe, et qui n'est nullement agricole, la découverte du polymorphisme réel des Champignons avait une importance considérable et avait ouvert un nouveau champ de recherches aux mycologues. On s'est alors aperçu que beaucoup d'espèces occupent ainsi successivement plusieurs hôtes. Certains Champignons alternent entre le Genévrier et le Poirier, d'autres entre les Euphorbes et les Pois, entre l'Avoine et la Bourrache, etc., etc. D'où des changements considérables dans la nomenclature mycologique.

Le grand ouvrage des frères Tulasne intitulé : *Selecta Fungorum Carpologia*, comporte trois grands et beaux volumes qui parurent de 1861 à 1865. C'est une œuvre à la fois très singulière et très remarquable. Les magnifiques illustrations qu'elle contient ne ressemblent à aucune autre. En les feuilletant, le lecteur profane croirait y voir, çà et là, des monstres gigantesques à pattes multiples, des paysages avec des arbres inconnus et des volcans en éruption. Sa première gravure, sur le faux-titre, représente l'un de ces paysages entouré d'une couronne de fleurs sauvages qui porte, vers la base, une plume, un crayon et un chapelet de prières.

Et cependant, bien que la fantaisie artistique de celui des frères Tulasne qui exécutait les dessins de l'ouvrage, l'ait entraîné à représenter les Champignons microscopiques sous ces apparences bizarres, tous ces dessins sont d'une rigoureuse exactitude. D'autre part, quoique les procédés des cultures pures fussent inconnus à cette époque, quoique les frères Tulasne étudiassent le plus souvent les espèces qu'ils décrivaient sur des fragments de bois mort ou de feuilles ramassées dans les bois, on ne trouve presque aucune erreur dans leur œuvre. Et cependant, comment n'étaient-ils pas exposés à confondre souvent les appareils sporifères et multiples de toutes ces espèces, à prendre pour un même végétal deux Champignons parasites l'un sur l'autre? Bien souvent, en effet, ces espèces microscopiques ne se contentent pas d'attaquer les plantes supérieures : elles se dévorent entre elles ! Il faut certainement admirer la sagacité, le talent hors ligne avec lesquels ces naturalistes ont su mettre la lumière dans cet obscur enchevêtrement de formes innombrables. Ils décrivirent avec précision, par exemple, les Ustilaginées et entre autres la « Carie » du Seigle, les *Cystopus* (maladie des choux), les Péronosporées (maladie de la Pomme de terre) et la formation des diverses spores dans tant d'autres espèces intéressantes au point de vue de la science pure.

De Bary, comme nous l'avons vu pour la Rouille, devait compléter sur bien des points l'œuvre des Tulasne. Il y ajouta ce qui manquait : le côté expérimental, des cultures faites avec les plus grandes précautions.

C'est lui, le premier, qui montra clairement comment les Champignons parasites s'introduisent dans le corps des animaux ou des plantes ; comment

un organisme, en apparence absolument sain,
peut contenir dans ses tissus le mycélium du
Champignon qui le ronge; comment celui-ci ne
forme en général à la surface que ses appareils
sporifères, la seule partie du parasite qui ait été
décrite auparavant par les mycologues.

Mais là ne se borne pas l'œuvre du grand
botaniste allemand, si connu d'ailleurs pour ses
belles recherches anatomiques sur les plantes vasculaires. C'est encore à De Bary que l'on doit des
découvertes de premier ordre sur les Cryptogames,
découvertes intéressant la Biologie tout entière.
Citons l'une des plus curieuses.

Ceux qui ont été voir les célèbres carpes de
Fontainebleau, n'ont pas manqué de remarquer
que les plus âgées sont toutes blanches à la surface;
ce sont les nombreux filaments blancs de Champignons aquatiques qui se développent sur les
écailles et leur donnent cette apparence. Le même
fait s'observe aussi très souvent chez les Cyprins
ou poissons rouges, qu'on a laissés longtemps dans
un bocal ou sur les mouches qui sont tombées
dans l'eau (1, fig. 85).

Ces Champignons aquatiques appartiennent au
groupe des Saprolégniées, et ce groupe est très
voisin de celui des Péronosporées, lequel comprend non seulement la maladie de la Pomme de
terre, comme je l'ai dit plus haut; mais bien
d'autres maladies importantes telle que le « Mil-
diou » de la Vigne; le « Meunier » des Laitues, etc.

Les Saprolégniées, déjà examinées par Pringsheim, furent décrites à nouveau par De Bary, et
celui-ci publia de très belles recherches sur les
Péronosporées.

Il résultait de ces études plusieurs faits du plus

haut intérêt, en ce qui concerne la formation de
l'œuf ou encore la formation des spores.

L'œuf de ces Champignons se constitue par la conjugaison de l'oosphère ou des oosphères contenues
dans l'oogone avec une cellule plus petite et plus
allongée (A, fig. 83), produite
par un filament latéral $p$. Au
moment où l'œuf va se produire, ce filament, nommé filament anthéridique, s'applique
sur la paroi de l'oogone ; la
double membrane de sépara-
tion se résorbe en ce point de
contact, l'anthéridie A forme
des prolongements $fa$ qui se
dirigent vers les oosphères $o$,
et le contenu de la cellule anthéridique se vide ainsi dans
l'oogone O pour y produire un
ou plusieurs œufs.

Si cette cellule anthéridique
correspond morphologique-
ment à une anthéridie, on a
chez les Péronosporées et les
Saprolégniées, un exemple remarquable d'intermédiaire entre la formation d'un œuf par anthérozoïde et celle qui se produit sans anthérozoïde
(Mucorinées, Spirogyres, par exemple).

On doit alors, en effet, considérer la masse des
anthérozoïdes renfermés dans une anthéridie
comme correspondant tout entière au contenu du
filament anthéridique. Les anthérozoïdes ne seraient que la monnaie du contenu anthéridique
qui, chez les Saprolégniées, passe tout entier dans
l'oogone pour produire de petites cellules mâles.

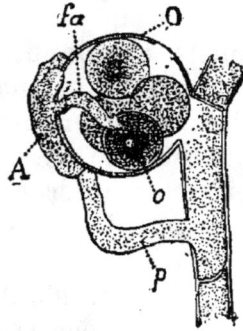

FIG. 83. — Formation des
œufs chez une Saprolé-
gniée (Champignon aqua-
tique) : $p$, rameau portant
l'anthéridie A, dont les
prolongements tels que $fa$
se conjugent avec les
oosphères $o$ renfermées
dans l'oogone O (grossi
250 fois).

Cette manière de voir a été confirmée d'abord par les recherches du botaniste français Maxime Cornu, qui a découvert chez les Monoblépharidées (groupe de Champignons aquatiques, voisins des Saprolégniées), de véritables anthéridies (A. fig. 84) produisant des anthérozoïdes *a*, comme les Algues ; ensuite, par plusieurs recherches récentes de naturalistes américains qui ont reconnu parfois dans la masse protoplasmique de la cellule anthéridique des Saprolégniées, l'existence de nombreux petits noyaux ; un seul de ces noyaux, avec le protoplasma qui l'entoure, suffirait pour former l'œuf avec une oosphère. Chacune de ces petites masses indifférenciées et restant cohérentes entre elles, correspondrait donc en puissance à un anthérozoïde.

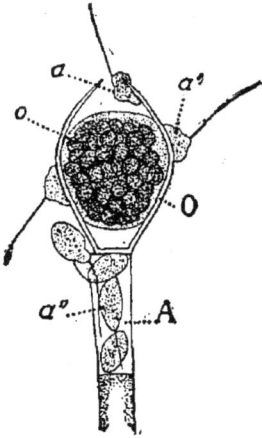

Fig. 84. — Formation de l'œuf chez une Monoblépharidée (Champignon aquatique). L'anthéridie A produit des anthérozoïdes mobiles par un cil vibratile ; *a''*, anthérozoïde non encore sorti de l'anthéridie ; *a'* anthérozoïde rampant à la surface de l'oogone O ; *a*, anthérozoïde pénétrant dans l'oogone pour s'unir à l'oosphère *o* dont le protoplasma est granuleux ; le tout formera un œuf (grossi 450 fois) [d'après Maxime Cornu].

Les spores des Saprolégniées et des Péronosporées sont remarquables encore par les rapports qu'elles établissent entre les deux groupes principaux de Thallophytes, les Algues et les Champignons. Les spores des Champignons rangés dans le groupe des Saprolégniées sont, en effet, des zoospores munies de cils vibratiles (*z*, en 3, fig. 85). Chez les Péronosporées, la transition est plus frappante, car une même spore de certains de ces champignons peut ou bien germer dans l'air humide, comme une spore de champignon ordinaire, ou bien, si elle se trouve dans une goutte d'eau, grossir, s'ouvrir et produire un certain nombre de spores secondaires qui sont des zoospores à deux cils, analogues à celles des Saprolégniées et à celles des Algues.

Par là se trouvent reliés entre eux les Algues et les Champignons.

## 8. Les Lichens, associations amicales d'algue et de champignon.

Un groupe important de Thallophytes prêtait à l'ambiguïté ; je veux parler des Lichens (fig. 88), ces végétaux qui croissent sur les arbres ou les rochers, ou même sur le sol.

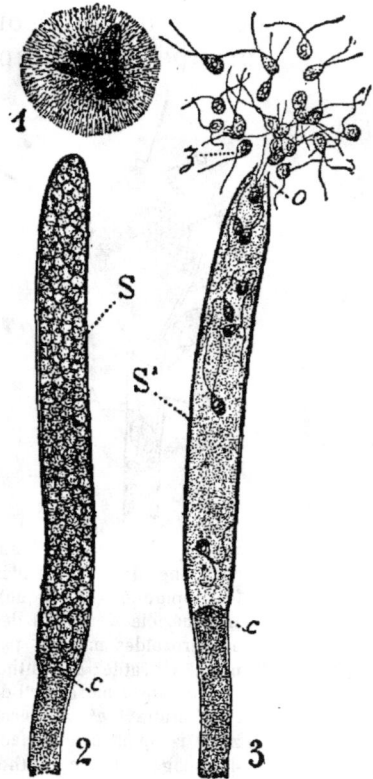

Fig. 85 à 87. — Saprolégniées et leurs sporanges. — 1 : cadavre d'une mouche tombée dans l'eau sur lequel s'est développée une Saprolégniée. — 2 : S, sporange non encore mûr ; $c$, cloison qui le sépare à la base ; S', sporange mûr d'où s'échappent un grand nombre de zoospores $z$ à deux cils vibratiles (grossi 250 fois [d'après Thuret].

Le botaniste allemand Wallroth avait constaté, en 1825, que les tissus des Lichens se composent

de filaments incolores et de cellules vertes. On a
appelé *hyphes* ces filaments et *gonidies* les cellules
vertes (*h* et *g*, fig. 89).

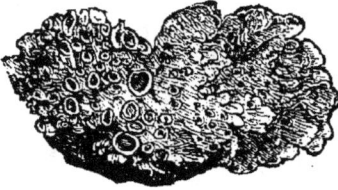

Fig. 88. — Exemple de Lichen : Parmélie des murailles (grandeur naturelle).

En 1867, Schwendener a remarqué que
ces gonidies des diverses espèces de Lichens
ressemblent à des algues qui vivent dans
l'air humide; et comme,
d'autre part, les appareils sporifères des Lichens ressemblent à ceux des Champignons, le
savant allemand a émis l'hypothèse qu'un Lichen
est un être double, formé par l'association d'une
Algue avec un
Champignon.

Les lichénologues descripteurs
protestèrent contre cette idée et
soutinrent que ces
végétaux sont parfaitement autonomes.

Alors furent entrepris, au sujet
des Lichens, des
travaux d'analyse
et de synthèse.

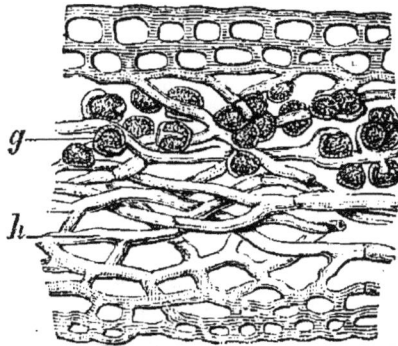

Fig. 89. — Coupe transversale d'un Lichen :
*h*, hyphes (ou filaments du champignon);
*g*, gonidies (ou cellules de l'algue) [grossi
180 fois].

L'analyse consistait à rompre l'association. Les
botanistes russes Famintzine et Baranetzki réussirent à séparer les gonidies et à les faire vivre isolément : ce sont des algues. Plus tard, le naturaliste allemand Mõller parvenait à faire croître les

hyphes seuls et obtenait, dans un milieu approprié, un champignon qui se développait.

La synthèse consistait à faire germer les spores du champignon au milieu d'algues de forme analogue à celle des gonidies. Des essais furent tentés,

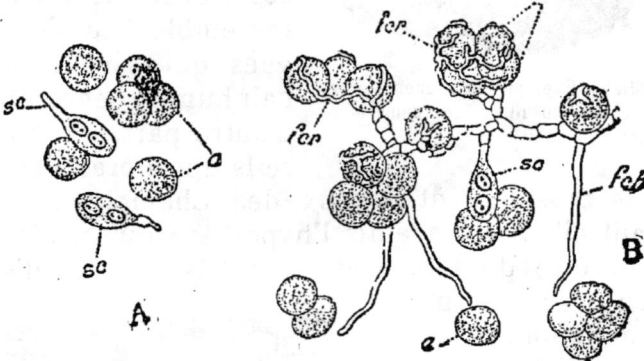

FIG. 90. — Synthèse des Lichens : début de la germination des spores du champignon *sc sc*, au voisinage des cellules de l'algue *a* (grossi 250 fois) [d'après G. Bonnier].

FIG. 91. — Synthèse des Lichens : commencement de l'association de l'algue *a* et du champignon issu de la spore *sc* ; *fch*, filaments chercheurs; *fcr*, filaments crampons (grossi 250 fois) [d'après G. Bonnier].

en 1873, par Bornet, en France, et par Treub, en Hollande; mais les ébauches de Lichens obtenus étaient promptement envahis par les moisissures, et le développement était arrêté. En 1877, Stahl obtint la formation de quelques espèces spéciales de Lichens où les gonidies sont mises en liberté avec les spores. De 1882 à 1885, j'ai pu réussir, par des cultures pures, à réaliser complètement la synthèse des espèces de Lichens les plus répandus, obtenant leur développement complet et leurs appareils sporifères (fig. 90, 91 et 92).

De ces expériences d'analyse et de synthèse résulte la démonstration complète de l'hypothèse de Schwendener.

Tandis qu'en général, tout s'entre-dévore dans la Nature, nous trouvons chez les Lichens une exception reposante. Des associations amicales s'établissent entre certaines espèces d'Algues et certaines espèces de Champignons pour produire cet être complexe qui est un lichen. Grâce à la chlorophylle qu'elle renferme, l'algue assimile pour le champignon. Par réciprocité le champignon fournit à l'algue les substances qu'il puise dans le sol ou sur l'écorce des arbres et de plus la protège contre la dessiccation.

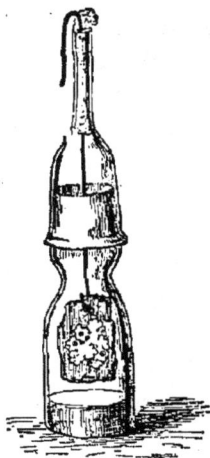

Fig. 92. — Synthèse d'un Lichen obtenue en culture pure par l'association d'une algue et d'un champignon (réduit 3 fois) [d'après G. Bonnier].

Le végétal composite se nourrit aux dépens de l'air, de l'eau, de son substratum, et résiste aux intempéries, par suite de cet échange de bons procédés entre les deux êtres qui se sont réunis pour le constituer.

## 9. La méthode des cultures pures.

Les méthodes de recherches relatives au développement des Thallophytes devaient changer complètement avec les découvertes de Pasteur.

A partir de 1865, on savait déjà, grâce à l'illustre savant, que la stérilisation des milieux de culture était indispensable pour donner la sécurité dans l'étude d'un organisme inférieur.

Une *culture pure*, comme on dit, est nécessaire pour étudier d'une manière certaine, le développement isolé d'une plante thallophyte quelconque.

En même temps, Pasteur révélait tout un monde nouveau d'organismes, dont plusieurs avaient été décrits, il est vrai, avant lui; mais dont l'importance, dans la nature, dans les fermentations, dans les maladies contagieuses, n'apparut qu'à la suite des recherches de Pasteur.

On a adopté assez malheureusement le mot de « microbe » pour désigner les organismes en question, car sous ce nom sont compris des Champignons ou des Algues parfaitement classables dans les genres ou les groupes connus. Le groupe nouveau, celui qui est le plus remarquable, au point de vue morphologique, c'est le groupe des Bactéries.

Les Bactéries sont, comme on sait, constituées par des cellules beaucoup plus petites en général que celles qui forment les autres êtres, remarquables encore par l'absence d'un noyau comparable à celui des autres cellules, par leurs spores qui se produisent intérieurement, avec formation d'une nouvelle membrane et en laissant dans la cellule, à côté de la spore, une partie non employée du protoplasma de la cellule sporifère.

Les procédés de culture pure, inaugurés par les travaux de Pasteur, n'étaient pas appliqués par lui à l'étude morphologique des organismes.

Des modifications importantes y furent apportées par les naturalistes qui se proposaient de suivre avec cette méthode rigoureuse l'évolution des Thallophytes.

13.

Van Tieghem et Le Monnier imaginèrent de petits
récipients en verre qu'on pouvait stériliser préalablement, et dans lesquels quelques spores étaient
placées et mises à germer dans une goutte d'un
liquide approprié ; et ce liquide était lui-même
privé de germes. Le développement de l'organisme pouvait ensuite être suivi au microscope à
travers la lamelle recouvrant ce petit appareil très
simple.

Ces auteurs purent ainsi reprendre avec une grande
précision l'étude des Mucorinées. Van Tieghem
continua ensuite des recherches sur le même groupe,
et appliqua cette méthode à la connaissance approfondie de champignons appartenant aux familles
les plus diverses. La méthode générale des cultures
en milieu stérilisé permit à Van Tieghem de réaliser des cultures tout autres et d'un grand intérêt.
Traitant les grains de pollen comme des spores de
Champignons, il fit voir que leur germination et leur
développement peuvent être obtenus sur de la gé-
lose, des sucres ou diverses substances organiques
propres au développement des Champignons. Les
filaments (ou tubes polliniques) se produisaient et
se développaient sans que la présence du stigmate
d'un pistil placé à leur voisinage fût nécessaire.

C'était prouver expérimentalement l'analogie
entre un grain de pollen, pris dans l'étamine d'une
fleur, et une spore, telle qu'une spore de champignon.

La méthode des cultures fut employée aussi
avec succès par le mycologue allemand Brefeld, qui
fit des découvertes sur le polymorphisme déterminé
de beaucoup d'espèces de Champignons, et qui le
premier put suivre, depuis la germination de la
spore jusqu'à la production de nouvelles spores, le

développement complet d'un champignon ordinaire, à chapeau garni de lames (*Coprinus*).

Les procédés de culture pure furent ensuite perfectionnés, surtout par Koch en Allemagne, et on arriva à cultiver les Champignons dans un espace privé de germes, sur des milieux solides tels que des fragments stérilisés de carotte ou de pomme de terre. Dès lors, cette technique se perfectionna de plus en plus, et l'on put obtenir des cultures pures de presque tous les organismes, même celles plus difficiles des Algues, ou encore des plantes supérieures.

Ce sont ces méthodes qui seules ont permis d'entreprendre des investigations sur ce monde nouveau des Bactéries, lequel se présente actuellement comme les Cryptogames au xviiie siècle, comme les Phanérogames au xvie siècle, c'est-à-dire apparaît comme un chaos d'organismes dont la classification est aujourd'hui à peine ébauchée. Le perfectionnement des procédés de culture, l'invention de nouveaux microscopes qui permettant d'apprécier le millionième de millimètre contribuera sans doute à élucider l'évolution et le classement de ces êtres microscopiques ; mais, à cet égard, il faut avouer que presque tout est encore à faire.

Déjà, cependant, quelques-unes de ces Bactéries avaient fait l'objet de travaux approfondis ; leur évolution, leurs changements de forme, la production de leurs spores, leur germination, leurs fonctions physiologiques ont été étudiés avec le plus grand détail. J'en citerai seulement quelques exemples.

En 1878 et 1879, Van Tieghem entreprit de belles

recherches sur l'*Amylobacter*. Cette Bactérie n'est autre que ce que Pasteur appelait le « ferment butyrique ». Elle est, comme on dit, *anaérobie*, c'est-à-dire vivant à l'abri de l'air dans les milieux dépourvus d'oxygène. Au lieu de respirer, cet organisme fermente, c'est-à-dire entretient son énergie aux dépens des substances dans lesquelles il se développe. Le résultat de cette fermentation est la production d'acide butyrique qui se décompose ensuite; en définitive, il se forme de l'eau, et il se dégage de l'hydrogène et du gaz carbonique.

En dehors de l'intérêt que présente ce microorganisme comme type bien net d'être anaérobie, l'Amylobacter est encore très important à considérer par son rôle dans la Nature. C'est en effet l'agent principal de la décomposition des débris de végétaux qui s'enfouissent dans l'eau ou dans le sol, à l'abri de l'air. Un grand nombre de substances, et en particulier la cellulose, c'est-à-dire la substance des membranes des cellules, sont détruites par l'Amylobacter. Les matières organiques les plus compliquées sont ainsi ramenées à des corps relativement très simples sous l'action des Bactéries.

On peut se rendre compte bien facilement de l'énergie destructive de l'Amylobacter; il suffit de mettre un certain nombre de haricots, par exemple, au fond d'un verre d'eau. Au bout de deux jours, l'eau du verre, qui ne contient plus d'oxygène, est remplie d'Amylobacters. A la fin, il ne reste presque plus rien des grains de haricot. La presque totalité de leur substance a été détruite par l'Amylobacter; tout a été transformé en eau, en gaz carbonique et en hydrogène.

Si on examine au microscope une goutte de l'eau de ce verre, on y reconnaît d'innombrables petits

bâtonnets, parfois renflés en massue, et dont
beaucoup colorent en bleu violet leurs parois si
on les traite par l'iode. Van Tieghem a montré que
la spore germant (1, 2, 3, 4, 5, fig. 93) forme un
filament qui se cloisonne et dont la cellule la plus
jeune est à l'extrémité. Cette cellule jeune est
mobile par elle-même et entraîne derrière elle la
file de cellules plus
âgées, comme une
locomotive qui en-
traîne des wagons
(6, fig. 93). Par
bipartition, une
nouvelle cellule
plus jeune et mo-
bile remplace la
cellule terminale,
et la cellule la plus
âgée de la file se
détache; ainsi se
reconstitue le train

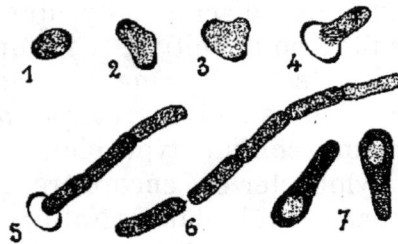

Fig. 93 à 100. — Développement d'une Bactérie
(Amylobacter) : 1. 2, 3, 4, 5. germination de
la spore ; 6, individu pluricellulaire : la cellule
postérieure se détache, la cellule antérieure
va se diviser ; 7, cellules isolées formant des
spores à l'intérieur (grossi 4000 fois).

microscopique avec le même nombre de wagons et
une nouvelle machine motrice. A leur âge moyen,
les cellules de l'Amylobacter transforment en amidon une partie de leur membrane cellulosique;
c'est alors que, traitées par l'iode, ces membranes
bleuissent. A un âge plus avancé, la cellule se
renfle, une partie de son protoplasma se condense pour former une spore qui s'entoure d'une
membrane nouvelle à l'intérieur de la cellule (7,
fig. 93); celle-ci disparaît avec sa membrane et le
reste du protoplasma non employé; la spore est
mise en liberté. Les spores ainsi produites peuvent
résister au contact de l'air, à la sécheresse, au
froid, et à une température de plus de 100°.

Au moment où Van Tieghem faisait ces études,
le paléontologiste Renault lui montra un certain
nombre de coupes pratiquées à la meule dans des
fossiles silicifiés de l'époque primaire. Dans ces
préparations, Van Tieghem reconnut, admirablement conservées par la fossilisation, des Bactéries
tout à fait semblables à l'Amylobacter.

C'était là une découverte capitale, montrant que
le procédé de destruction des tissus végétaux, et
vraisemblablement tous les phénomènes de la vie
à cette époque si ancienne de l'histoire du globe,
se faisait identiquement de la même manière qu'actuellement.

Quant Renault apprit que Van Tieghem avait
trouvé l'Amylobacter dans ses préparations, il
crut à une aberration. Il se dit que Van Tieghem
venait de regarder tellement d'Amylobacters au
microscope qu'il croyait en voir partout. Renault
ne pensait pas à ce moment que, plusieurs années
après, lui-même, plus que converti, découvrirait
dans les dépôts houillers de très nombreuses
espèces appartenant aux Bactéries.

Autre exemple : Matruchot et Molliard ont fait,
en 1901 et 1902, une étude très complète d'une
Algue verte inférieure, unicellulaire appelée *Stichococcus bacillaris* et qui vit normalement dans
l'air humide, sur l'écorce des arbres.

Or, cet organisme si simple en apparence, si
semblable à lui-même dans les conditions ordinaires de son existence, présente toute une gamme
de variations lorsqu'on le cultive dans des condition diverses.

Sur de l'amidon, cette algue devient bleuâtre,
sur le glucose elle prend une teinte jaune, sur la

peptone elle acquiert une teinte olive caractéristique.
Ces auteurs ont fait voir aussi que, suivant les
milieux de culture, le *Stichococcus* acquiert des
formes parallélipipédiques, cylindriques, arrondies,
ovales, bifurquées, divisées, et que sa constitution
interne ou la forme de son noyau subissent de
profonds changements.

En fait, ces diverses formes issues d'un même
individu initial, présentent souvent plus de différences entre elles que n'en offrent deux espèces de
*Stichococcus* observées dans la nature.

Ces exemples suffisent pour faire comprendre que
l'étude d'une seule espèce, soit d'Algue ou de
Champignon inférieur, soit de Bactérie, exige de
nombreuses cultures pures, des expériences variées,
et toute une série de recherches.

A ces difficultés viennent s'ajouter la petitesse
de certains de ces organismes dont un grand
nombre, comme on le sait maintenant, ne sont
même pas visibles sous l'objectif des microscopes
les plus puissants.

D'ailleurs ce n'est pas seulement l'étude des
Thallophytes les plus simples et les plus petits qui
donne lieu à des problèmes nouveaux.

C'est ainsi que la sexualité n'est pas encore mise
en évidence d'une façon nette chez les groupes les
plus importants des Champignons, ceux qui comprennent toutes les grandes espèces : les Basidiomycètes, tels que le Champignon de couche, l'Oronge,
le Mousseron, le Cèpe, etc., ou encore dans le
groupe des Ascomycètes, qui comprend : la Morille,
la Truffe, l'Helvelle, etc.

A propos de ce dernier groupe, les uns, avec
Harper, voient la sexualité dans la conjugaison de

deux filaments précédant la formation de l'appareil sporifère; les autres, avec Dangeard, nomment fécondation la conjugaison de deux noyaux contenus dans une même cellule, précédant la formation d'un sporange. Mais tout cela n'est pas clair.

Un autre problème complexe et qui donne lieu actuellement à des recherches importantes, est celui des *mycorhizes* et, en général, de la symbiose ou vie en commun de Champignons filamenteux microscopiques avec des plantes plus élevées en organisation. Les Champignons désignés sous le nom de mycorhizes s'installent dans les tissus des racines ou parfois d'autres organes souterrains ; ils ne fructifient presque jamais et sont à peu près indéterminables. Frank les croyait nécessaires à la vie de toutes les Phanérogames. Gallaud a montré récemment que cette opinion est plus qu'exagérée.

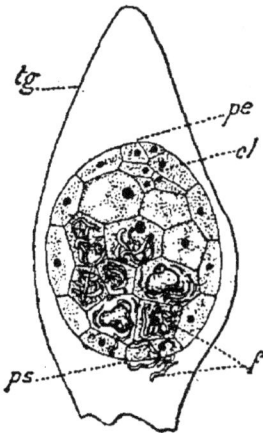

Fig. 101. — Début de la germination d'une graine d'Orchidée, en symbiose avec un champignon filamenteux : *tg*, enveloppe de la graine ; *pe*, *cl*, *ps*, tissu du jeune embryon qui est en partie envahi par les filaments *f* du champignon (grossi 100 fois) [d'après Noël Bernard].

Toutefois, dans certains cas, le développement d'une plante supérieure est *impossible* sans son association constante avec un Champignon filamenteux. C'est ce qu'a prouvé Noël Bernard dans ses belles recherches sur les Orchidées. Cet auteur a montré par des expériences précises et des cultures

pures qu'aucune Orchidée ne peut se développer que si elle est associée à un champignon
filamenteux microscopique. Aussi bien les su-
perbes Orchidées cultivées dans les serres que
nos modestes Orchidées indigènes exigent, pour
évoluer, la présence de ce champignon dans leurs
organes souterrains. Dès le début de la germination de la graine, l'envahissement des tissus par
cette mycorhize (fig. 101) est nécessaire pour que
la graine se développe.

Je pourrais citer encore bien des questions qui
se posent; mais ce que je viens de dire suffit à
montrer quel vaste champ d'investigations se trouve
actuellement ouvert aux chercheurs dans l'étude
des plantes cryptogames.

## IV

# ENTRE LES PLANTES SANS FLEURS
# ET LES PLANTES A FLEURS

---

### 1. Les Phanérogames opposées
### aux Cryptogames.

Un fossé infranchissable, analogue à celui qui, parmi les animaux, séparait les Vertébrés des Invertébrés, semblait séparer les Phanérogames ou plantes à fleurs des Cryptogames ou plantes sans fleurs.

D'autre part, le Monde végétal, considéré dans son évolution totale à la surface du globe, pendant les périodes géologiques successives, depuis les dépôts les plus anciens où se rencontrent des fossiles, jusqu'à ceux qui correspondent aux terrains succédant à l'époque primaire, faisait voir le grand développement des Plantes sans fleurs : on a dit que l'époque primaire était le règne des Cryptogames.

Au contraire, les terrains moins anciens et jusqu'à ceux de l'époque actuelle, présentent des fossiles végétaux qui se rapportent pour la plupart à des Plantes à fleurs : on a dit qu'à l'ensemble des périodes se succédant depuis le Crétacé jusqu'à

l'époque actuelle, correspond le règne des Phanérogames.

Nous avons vu que, dès 1849, le génie de Hofmeister avait déjà diminué en grande partie la
profondeur du fossé qui séparait les Cryptogames
des Plantes à fleurs ; les découvertes toutes récentes
faites à la fois sur les plantes vivantes et sur les
végétaux fossiles sont venues le combler, on peut
dire, complètement.

Je parlerai d'abord des plantes vivantes. La
question est un peu compliquée. Pour la rendre
plus claire, je vais rappeler d'abord les principales
différences signalées entre les deux grands groupes
du règne végétal.

En quoi les Plantes à fleurs diffèrent-elles des
Cryptogames ? Ce ne sont pas, bien entendu, les
organes colorés et brillants de la fleur, c'est-à-dire
la corolle ou le calice, qui caractérisent les premières ; car beaucoup de fleurs n'ont ni pétales ni
sépales. Les caractéristiques des fleurs, nous l'avons
vu, sont l'étamine et l'ovule. La partie essentielle
de l'étamine est le tissu spécial qui forme ce qu'on
appelle un *sac pollinique* dans lequel se différen-
cient quatre par quatre, et s'isolent les unes des
autres, des cellules destinées à devenir libres et à
être rejetées au dehors. Ces cellules sont les *grains
de pollen*. La partie essentielle de l'ovule est le
*nucelle*, tissu dans lequel se produisent une ou plusieurs cellules spéciales (*oosphères*), restant fixes,
et où se formera l'œuf, point de départ d'une
plante nouvelle ou plantule.

Rappelons ce que nous avons observé. Le grain
de pollen, mis en liberté par l'étamine, germe,
comme on sait, soit sur la feuille modifiée ou

carpelle qui porte l'ovule, soit directement sur l'ovule. Ce grain de pollen (cellule devenue libre), lorsqu'il germe ainsi en parasite sur la plante elle-même, produit un filament plus ou moins allongé, parfois rameux, analogue à celui d'un Champignon qui attaque une plante supérieure. Ce filament, qui se nourrit aux dépens des tissus du carpelle ou de l'ovule, a reçu le nom de *tube pollinique*, et son extrémité vient s'appliquer sur une oosphère contenue dans le nucelle de l'ovule. C'est alors que se produit l'œuf chez les Plantes à fleurs.

L'œuf se développe aussitôt et forme la jeune plantule ou embryon; l'ensemble de l'embryon (nouvelle plante), et des tissus appartenant à la plante mère (ancienne plante), qui lui servent d'enveloppe, forme la *graine;* celle-ci se détache à un certain moment, lorsqu'elle est mûre, et passe à l'état de vie ralentie, presque à l'état de vie latente, suivant l'expression de Claude Bernard, et peut aller germer, c'est-à-dire, *continuer son développement* à distance dans le temps et dans l'espace. Ainsi, la graine, entraînée par les circonstances extérieures loin du végétal qui l'a produite et conservant son pouvoir germinatif, attend pendant un temps plus ou moins long, de se trouver dans les circonstances favorables de température, d'aération et d'humidité pour permettre à la plantule qu'elle renferme de passer de nouveau à l'état de vie active; l'embryon se développe alors en une plante tout entière, semblable à celle sur laquelle l'œuf s'est formé; cette plante donnera ultérieurement naissance à des étamines et à des ovules; de nouveaux œufs se reformeront, et ainsi de suite.

En somme, les Phanérogames seraient particulièrement caractérisés par ces deux faits principaux :

1° Le grain de pollen germe en parasite au voisinage des tissus renfermant l'oosphère, sur la plante même qui l'a formé ou sur une plante de même espèce ; autrement dit, *il y a un tube pollinique*, qui va directement au contact de l'oosphère contenu dans l'ovule pour former l'œuf, point de départ de la plante nouvelle ;

2° Cette plante forme l'embryon, qui s'arrête à un certain moment dans son évolution et passe à l'état de vie très ralentie, ainsi que la partie de la plante mère qui l'entoure et le protège ; autrement dit, *il y a une graine*, qui pourra germer au loin et de laquelle sortira la plantule, ayant repris sa vie active et son développement.

Considérons maintenant une Cryptogame d'une organisation supérieure, par exemple une Sélaginelle, l'une de ces Lycopodiacées qu'on cultive très souvent en bordures dans les serres ou dont on trouve

Fig. 102. — Sélaginelle, plante entière, montrant tiges, racines, feuilles et rameaux sporifères (grossi 2 *fois*).

d'élégantes petites espèces dans la région alpine (fig. 102).

Au sommet d'une tige de Sélaginelle, on voit au premier abord que les feuilles, serrées les unes contre les autres, ont une couleur différente de celle des feuilles ordinaires ; l'aspect général de ces sommités de rameaux ressemble un peu à celui d'une fleur de Pin, et cependant la Sélaginelle n'est

14.

pas une plante à fleurs. Examinons de plus près
ces feuilles spéciales; nous nous apercevrons alors
que chacune d'elles porte, vers sa base, un sac
coloré en jaune. Si l'on étudie ce qui se passe dans
l'un de ces sacs, placés à l'aisselle des feuilles supérieures, on voit que des cellules destinées à deve-

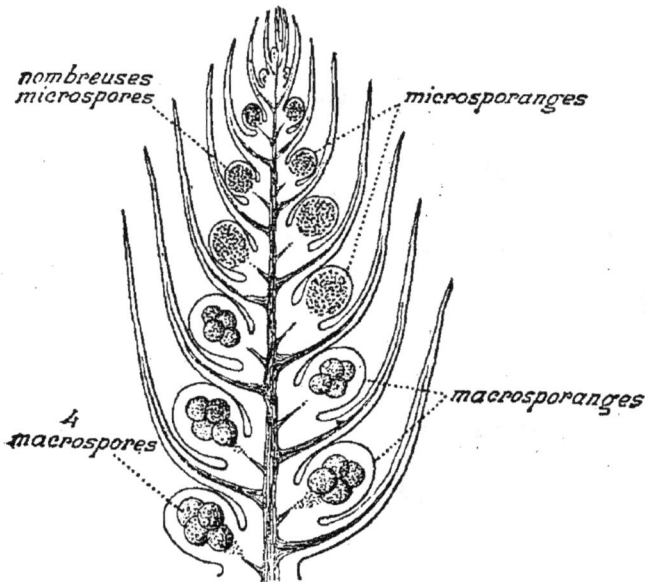

Fig. 103. — Coupe longitudinale schématique d'un rameau sporifère de
Sélaginelle, montrant les microsporanges à nombreuses microspores et
les macrosporanges à quatre macrospores.

nir libres et à être rejetées au dehors s'y diffé-
rencient quatre par quatre, et s'isolent les unes des
autres. Nous reconnaissons là une formation identique à la production du pollen dans les étamines.
Et cependant cette feuille modifiée de la Sélaginelle
ne s'appelle pas une étamine; ces sacs produisant
des cellules devenant libres ne sont pas désignés

sous le nom de sacs polliniques, et ces grains microscopiques ne sont pas nommés grains de pollen.

On dit que les sacs portés par ces feuilles supérieures de la Sélaginelle sont des *microsporanges*
(fig. 103), et on désigne sous le nom de *microspores*
les cellules formant ces petits grains mis en liberté
et emportés par le vent comme les grains de pollen.

Pourquoi ces noms différents pour des objets
aussi parfaitement semblables?

D'abord cela tient à ce fait qu'avant Robert Brown

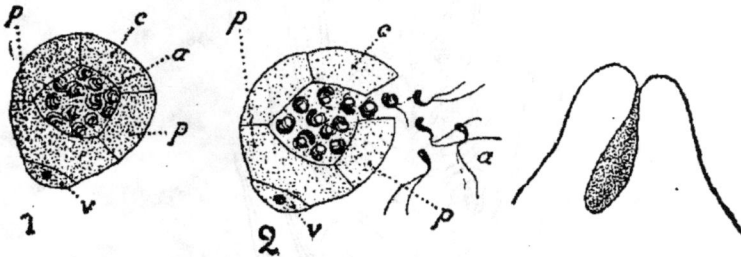

FIG. 104 et 105. — Prothalle mâle de Sélaginelle,
issu de la microspore, réduit à une seule cellule
végétative *v* et à une anthéridie (non ouverte en 1;
ouverte en 2); *p, c*, parois de l'anthéridie; *a*, anthérozoïdes (grossi 50 fois).

FIG. 106. — Un anthé-
rozoïde de Sélagi-
nelle, terminé par
deux cils vibratiles
(grossi 200 fois).

et Hofmeister, on ne s'était pas avisé de comparer
ces deux productions, à peu près identiques chez
les Phanérogames et chez les Cryptogames les plus
élevés en organisation; ensuite, le devenir de ces
spores semble au premier abord très différent de
celui des grains de pollen. En effet, les microspores
ne vont pas germer en parasites sur une Sélaginelle; il n'y a pas de tube pollinique. Les microspores se développent sur le sol humide et produisent un minime prothalle réduit à une seule cellule
(*v*, fig. 104 et 105) et à une anthéridie. Celle-ci
contient un petit nombre de cellules du milieu des-

quelles sortent des anthérozoïdes, cellules sans membrane d'enveloppe, mobiles par elles-mêmes comme des infusoires, et qui nagent dans l'eau grâce à des cils vibratiles (*a*, fig. 104 et 105; et fig. 106). L'un d'eux se combinant à une des oosphères, forme un œuf, point de départ d'une nouvelle plante.

Cherchons maintenant où se forment les oosphères de la Sélaginelle. Pour cela, examinons les sacs analogues aux microsporanges qui sont placés à l'aisselle des feuilles inférieures, parmi celles qui portent des sporanges. Extérieurement, ces sacs ne paraissent pas différer des microsporanges, mais au lieu de renfermer un grand nombre de petites microspores, ceux-ci ne contiennent que quatre spores relativement très grosses. On désigne ces productions sous le nom de *macrosporanges* (fig. 103),

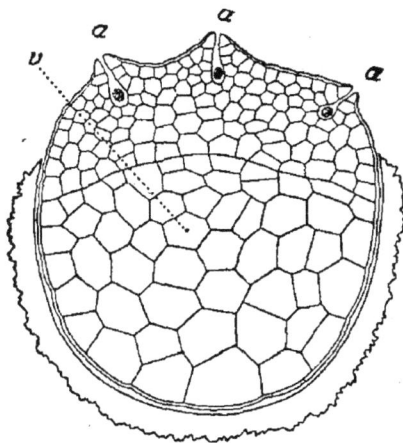

et l'on dit qu'au-dessous des microsporanges contenant chacun un grand nombre de microspores, il y a des macrosporanges contenant chacun quatre *macrospores* (fig. 103).

Une macrospore, mise en liberté, tombe sur le sol humide et peut y germer comme une microspore, mais au lieu de donner naissance à des anthé-rozoïdes, elle forme un tissu (*v*, fig. 107) dans

Fig. 107. — Prothalle femelle de Sélagi-nelle, issu de la macrospore : *a, a, a,* archégones; *v*, tissu végétatif du pro-thalle (grossi 70 fois).

lequel sont creusées comme de petites bouteilles
(*a*, fig. 107); au fond de chacun de ces organes
qui, comme nous le savons, sont nommés *archégones*, se trouve une oosphère ou cellule reproductrice femelle.

Les microspores et les macrospores sont mûres
presque en même temps ; elles tombent mêlées
les unes aux autres et se développent concur-
remment. Dès lors, il suffit que, par un temps de
pluie, un des nombreux anthérozoïdes issus des
microspores nageant dans l'eau rencontre le col
d'un archégone issu de la macrospore, pour qu'il
pénètre dans ce col de la petite bouteille, et
vienne s'unir à l'oosphère. Une combinaison se
forme aussitôt entre les deux cellules reproductrices, *l'une fixe* (*l'oosphère*), *l'autre mobile* (*l'anthérozoïde*), et il se produit un œuf entouré d'une
nouvelle membrane, lequel œuf se développe en
plantule. Mais en ce cas, comme chez toutes les
plantes cryptogames supérieures, il n'y a pas
d'arrêt de développement. A aucun moment,
l'embryon venant de l'œuf, ou jeune plantule, ne
se détache pour passer à l'état de vie ralentie ; il
n'y a pas de graine.

En somme, les Cryptogames supérieures seraient
particulièrement caractérisées par ces deux faits
principaux :

1° La microspore germe directement sur le sol
et produit de petites cellules mobiles appelées
anthérozoïdes. Un anthérozoïde peut se déplacer
dans l'eau et aller s'unir à une oosphère (issue de
la macrospore qui a germé sur le sol), pour
donner l'œuf, point de départ de la plante nouvelle ;
autrement dit, *il n'y a pas de tube pollinique;*

2° Cette plante nouvelle se développe directement, sans passer par l'état de vie ralentie ;
autrement dit, *il n'y a pas de graine.*

Voilà donc les deux principales différences qui
subsistaient entre les Cryptogames et les Phanérogames. Examinons d'abord la première, qui est de
beaucoup la plus importante.

## 2. Exemples de transition.

Comme je l'ai dit plus haut, ce sont deux savants
japonais, Ikeno et Hirase, qui ont découvert,
en 1902, l'existence d'anthérozoïdes mobiles par
eux-mêmes, à l'aide de cils vibratiles, chez certaines plantes Phanérogames, notamment chez le
*Cycas.* Ces auteurs ont aussi étudié, à ce point de
vue, le Ginkgo.

Il est nécessaire de nous arrêter un instant pour
examiner le développement de cet arbuste du Japon
et de la Chine, qu'on cultive souvent dans nos
parcs et nos jardins.

Le Ginkgo est devenu maintenant aussi célèbre
dans le Monde végétal que le fameux *Amphioxus*
parmi les animaux.

De même que cette curieuse petite bête marine,
qui vit dans le sable de nos plages, se présente
comme intermédiaire entre les Invertébrés et les
Vertébrés, nous allons voir que le Ginkgo vient
nous ouvrir un passage merveilleux qui conduit des
Cryptogames aux Plantes à fleurs.

Le sac pollinique d'une étamine de Ginkgo est
identiquement constitué comme le microsporange
d'une Cryptogame supérieure ; je ne reviens pas

sur cette homologie évidente. Le nucelle de l'ovule
est comparable, comme l'avait déjà fait remarquer
Hofmeister, à un macrosporange. Miss Carothers
a démontré, en 1907, que ce macrosporange produit des cellules formées quatre par quatre, dont
toutes les tétrades se résorbent sauf une. Dans
celle-ci (fig. 108) trois cellules se détruisent, et,
en définitive, il ne subsiste qu'une seule cellule, qui
est l'unique macrospore ; celle-ci germe sur place

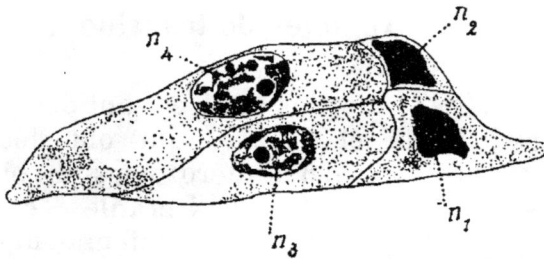

FIG. 108. — Un des groupes de quatre cellules formé s à l'intérieur du
nucelle ou macrosporange de Ginkgo. Tous les autres groupes de quatre
cellules disparaissent, et de ces quatre dernières cellules, correspondant à
quatre macrospores, il n'en subsistera qu'une seule, celle dont le noyau est
indiqué en $n_4$. C'est cette unique macrospore qui formera le prothalle
femelle (endosperme ; voyez *end*, fig. 109), dans lequel se produiront les
archégones (grossi 850 fois) [d'après Miss Carothers].

et produit un tissu peu développé ; dans ce tissu
s'organisent de petites bouteilles ou archégones,
renfermant chacune une oosphère. Tout se passe
donc, dans l'ovule de Ginkgo, comme chez une
macrospore de Cryptogame qui vient de germer :
il n'y a qu'une macrospore produite et elle germe
immédiatement. D'ailleurs, certaines Cryptogames,
comme la Pilulaire, petite plante à tiges rampantes qu'on trouve dans les fossés humides,
présentent sensiblement les mêmes caractères.
En effet, un macrosporange de Pilulaire ne produit

en définitive qu'une seule macrospore, et celle-ci germe dans une gelée qui est encore presque entièrement renfermée dans les replis de la feuille produisant les macrosporanges.

Ceci étant posé, examinons ce que devient la microspore (ou grain de pollen, puisque c'est tout un) dans le Ginkgo et dans la Pilulaire. Chez le Ginkgo, arbre dioïque, la microspore est portée par le vent depuis un arbre à étamines jusqu'à un arbre à ovules, et elle vient se fixer (en $p$, fig. 109) sur le nucelle de l'ovule (ou aux parois du macrosporange, puisque c'est tout un) en s'y accrochant par quelques prolongements en forme de crampons. Bientôt, la cavité $cp$, formée par déchirure dans la paroi du macrosporange, rabat ses bords A, B, devient close, et il s'exsude dans cette cavité un liquide sucré ($ls$, fig. 110).

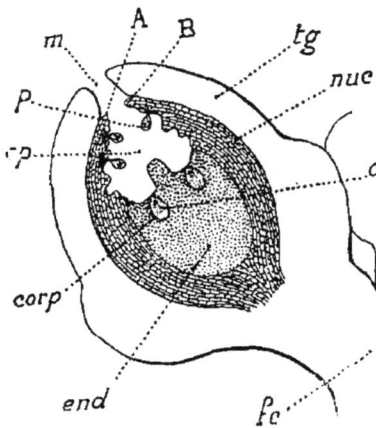

FIG. 109. — Coupe en long d'un ovule de Ginkgo, avant la formation de l'œuf. Les grains de pollen $p$ (microspores) sont venus par le micropyle $m$ dans une cavité $cp$ formée dans le nucelle de l'ovule; les bords A B de cette cavité vont se replier et il s'y produira un liquide sucré ($ls$, fig. 111) : $tg$, tégument de l'ovule; $nuc$, nucelle ou macrosporange; $end$, endosperme ou prothalle femelle, formé par la macrospore, et restant adhérent au macrosporange; $corp$, corpuscules ou archégones; $o$, oosphère; $fc$, sommet de la feuille qui porte les ovules (grossi 60 fois).

La microspore se gonfle alors dans ce liquide, *ne produit pas de tube pollinique*, s'ouvre et met en liberté des *anthérozoïdes*, munis d'une spirale de cils vibratiles (fig. 113), qui tourbillonnent, comme des infusoires, dans la cavité pleine de liquide creusée dans le macrosporange ($a'$, $a''$, fig. 110); cette cavité est située au-dessus des ouvertures des archégones, c'est-à-dire en contact avec l'extrémité des cols de ces petites bouteilles renfermant les oosphères. Il suffit qu'un anthérozoïde arrive près de l'ouverture d'un archégone, pénètre dans le col et vienne se combiner avec l'oosphère ($o$, fig. 110) pour que soit formé l'œuf, point de départ d'une plante nouvelle.

On voit que la formation de l'œuf s'effectue exactement de la même manière que chez les Cryptogames. Chez le Ginkgo, il n'y a pas de tube pollinique, et la microspore donne naissance à des anthérozoïdes mobiles par eux-mêmes.

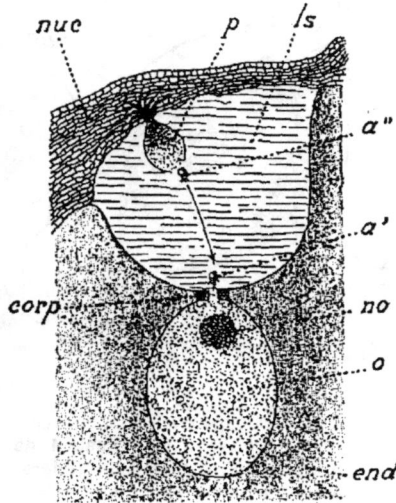

Fig. 110. — Formation de l'œuf chez le Ginkgo : *nuc*, nucelle, rabattu sur la cavité qui s'est remplie de liquide sucré *ls*; *p*, grain de pollen d'où sortent les anthérozoïdes *a''* *a'* qui nagent dans le liquide. L'un d'eux va se conjuguer avec l'oosphère *o*; *no*, noyau de l'oosphère; *corp*, corpuscule; *end*, endosperme.

Dans la Pilulaire (plante Cryptogame), tout se passe de même. Il n'y a entre les deux plantes qu'une différence insignifiante : c'est que la microspore de la Pilulaire n'est pas transportée sur les parois mêmes du macrosporange. Chez cette plante, les microsporanges sont tout à côté des

macrosporanges, et les microspores et macrospores germent à la maturité dans une gelée
liquide (*g*, en 2, fig. 111) encore renfermée dans
les replis de la plante mère. La microspore germant à proximité de la macrospore émet des anthérozoïdes mobiles (*a*, en 2, fig. 111) qui tourbil-

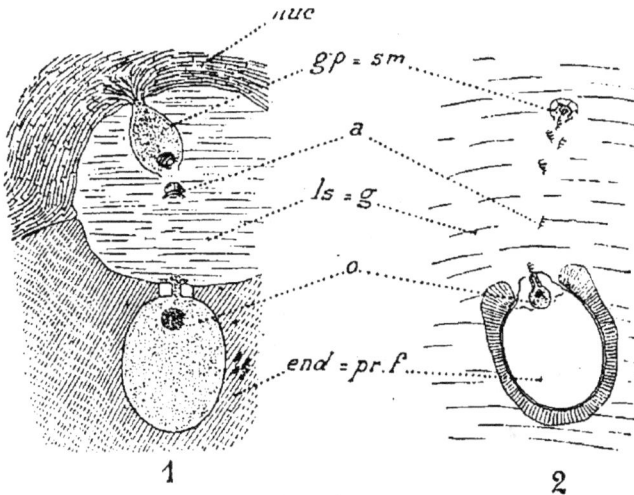

Fig. 111 et 112. — Comparaison schématique de la formation de l'œuf chez
le Ginkgo, Phanérogame (en 1) et chez la Pilulaire, Cryptogame (en 2) :
*nuc*, parois du macrosporange ; *end* = *pr. f*, prothalle femelle ; *o*, oosphère ;
*fs* = *g*, liquide dans lequel peuvent nager les anthérozoïdes *a* : *gp* = *sm*,
microspore ayant germé, et d'où s'échappent les anthérozoïdes.

lonnent dans cette gelée liquide, comme se meuvent
ceux du Ginkgo dans le liquide sucré ; l'un d'eux
pénètre dans le col d'un archégone, formé par le
macrosporange et va y former l'œuf, en se combinant avec l'oosphère (*o*, en 2, fig. 111) qui se trouve
au fond de la petite bouteille.

Mais, il y a plus. Une autre naturaliste américaine, Miss Florence Lyon, a trouvé que chez certaines Sélaginelles des montagnes d'Amérique, la

macrospore peut ne pas être mise en liberté ; elle reste dans le macrosporange qui s'entr'ouvre simplement, et le prothalle femelle se développe *à l'intérieur même* du macrosporange (*pf*, fig. 114), comme le sac embryonnaire (ou prothalle femelle) du Ginkgo (*end*, fig. 109) se développe à l'intérieur même du nucelle (ou macrosporange).

Chez ces espèces, les microspores mises en liberté sont disséminées, et il suffit que l'une d'elles, *sm*, arrive

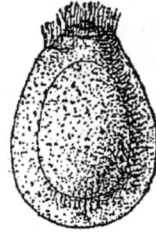

Fig. 113.—Un anthérozoïde de Ginkgo (grossi 300 fo s).

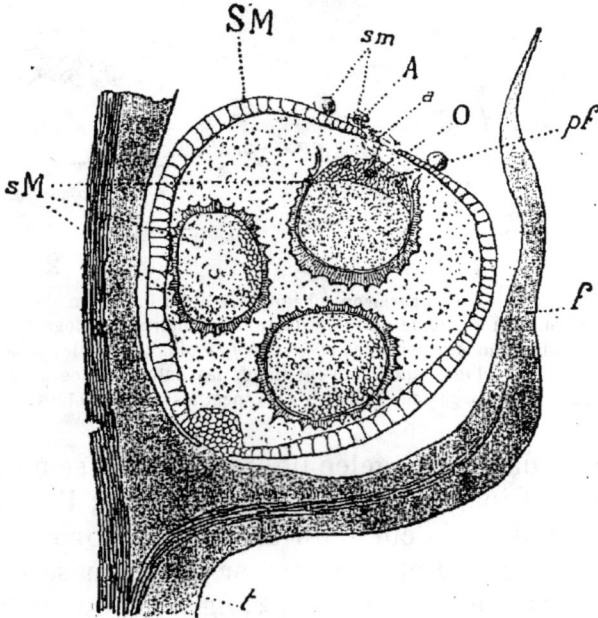

Fig. 114. — Cas particulier de la formation de l'œuf chez le *Selaginella rupestris* : SM, macrosporange ; *sM*, macrospore ; *sm*, microspores accolées au macrosporange ; A, anthéridie d'une microspore germée ; *a*, anthérozoïdes ; O, archégone ; *pf*, prothalle femelle ; *t*, tige ; *f*, feuille sporifère (grossi 25 fois).

près de la fente du macrosporange SM, et y germe
dans l'air humide, pour que l'œuf soit formé. Il
y a même ceci de curieux qu'une sorte de courant s'organise entre la microspore germant et
les archégones O de la macrospore la plus voisine de l'ouverture du macrosporange, dans la
substance gélifiée qui se trouve à la surface des
tissus. Les anthérozoïdes (a, fig. 114) sortant de
l'anthéridie de la microspore sont entraînés par
ce courant, et l'un d'eux pénétrant dans un archégone, l'œuf est formé.

L'œuf va se développer en embryon greffé sur le
prothalle femelle qui est encore enfermé dans le
macrosporange, et par suite, au début, l'embryon
jeune sera lui-même encore
entouré par la paroi du macrosporange, comme l'em-
bryon des Phanérogames
reste d'abord enfermé dans
le nucelle.

A quelques détails près,
tout se passe chez cette Sélaginelle (Cryptogame) comme
chez le Ginkgo (Phanéro-
game).

Miss Lyon a même examiné
des sommets sporifères de
Sélaginelles, couchées dans
la boue humide par le mauvais temps, et d'où l'on voyait
sortir tous les jeunes embryons de Sélaginelles avec
leur première racine, leur

Fig. 115. — Sommité de *Selaginella rupestris* portant des
embryons dont le développement s'est produit dans l'intérieur des macrosporanges
(d'après Miss Lyon) [grossi
3 fois].

première tige et leurs premières feuilles (fig. 115);
cela rappelle tout à fait le blé mûr versé, dont les

grains germent sur le sol plein d'eau, retenus encore dans l'épi.

Nous avons vu, en étudiant l'histoire de la fleur, que ces recherches ont été complétées par celles du savant russe Nawaschine, qui a découvert que lorsque les Phanérogames produisent un tube pollinique, c'est simplement pour conduire jusqu'au voisinage de l'oosphère des anthérozoïdes formés par une anthéridie rudimentaire qui est elle-même issue du grain de pollen (ou microspore).

Reste à examiner l'autre différence entre les Cryptogames et les Phanérogames : les premiers n'ont pas de graines, les seconds ont des graines. Tout d'abord, au point de vue de la morphologie du développement, cette différence n'existe pas ; car, que la jeune plantule passe ou non par un état de vie ralentie au milieu de son développement, c'est là un caractère purement physiologique. Cependant, admettons qu'on attache une grande importance à ce caractère, bien qu'il ne change en rien l'évolution de chaque plante. Alors, il suffit de citer des exemples de Cryptogames, chez lesquels l'œuf ou l'embryon se détache avec une partie de la plante mère pour passer à l'état de vie latente avant de germer. C'est ce qui se produit chez les Charaignes, Cryptogames voisins des Algues et qui croissent dans les mares : l'œuf de Charaigne, entouré d'un certain nombre de cellules protectrices provenant de la plante mère, forme une sorte de graine qui se détache, passe à l'état de vie latente, et germera au loin lorsqu'elle trouvera des conditions favorables. Plusieurs espèces d'Algues présentent des

15.

caractères analogues, l'œuf se détachant avec une partie de la plante mère.

Réciproquement, on peut citer des Phanérogames qui n'ont pas de graine, au point de vue physiologique actuellement en question. Lorsque l'œuf est formé dans l'ovule des Mangliers, par exemple, il se développe en embryon, et l'embryon ne passe pas par l'état de vie ralentie ; il continue à se développer en jeune plante sur le fruit même que portaient les ovules, et la plante déjà évoluée tombe simplement dans la vase humide, où elle achève son évolution, sans cesser un instant d'être à l'état de vie active.

### 3. Les formes fossiles intermédiaires.

L'étude des plantes fossiles confirme, d'après les recherches faites dans ces dernières années, ce qu'avait démontré celle des végétaux vivants.

La paléontologie végétale vient de s'enrichir d'une découverte d'une importance capitale : le plus grand nombre des végétaux des terrains primaires, et en particulier de l'époque houillère, qui ont laissé sur les schistes des empreintes de feuilles, tout à fait semblables à des Fougères, *ne sont pas des Fougères.* Leurs feuilles, en forme de feuilles de Fougères, portent aux sommets de leurs lobes, non pas des sporanges, mais bien de véritables graines. Ces « Fougères à graines » sont à rapprocher, par leur fructification, du groupe de Phanérogames le plus inférieur, désigné sous le nom de Cycadées, grands arbres à port de palmiers, qui ne vivent actuellement que dans les régions chaudes du globe.

Depuis bien longtemps, on pouvait remarquer que certaines empreintes de feuilles fossiles étaient attribuées, un peu au hasard, soit à des Cycadées, soit à des Fougères, et, dans son atlas classique de Paléontologie végétale , Schimper réunissait sur une même planche certaines empreintes attribuées nettement à des Cycadées, en même temps que d'autres choisies parmi les fossiles rapportés à des Fougères, mais qui se rapprochaient des premières.

En 1883, Stur, constatant qu'on ne trouvait jamais trace de sporanges chez les *Odontopteris*, *Nevropteris*, etc., émettait l'idée que, malgré la forme de leurs feuilles, ces plantes n'étaient pas des Fougères. Mais toutes ces remarques ne *reposaient que sur de vagues ressemblances de formes ou sur des hypothèses sans fondements sérieux*.

Il n'en est pas de même de l'étude anatomique comparée, qui révéla, chez des plantes qu'on considérait comme des Fougères incontestables, de nombreux détails de structure analogues à ceux qu'on remarque chez les Cycadées. Ce n'étaient cependant pas encore là des preuves précises.

En 1903, Oliver et Scott trouvaient de petites graines entourées chacune d'une capsule lobée, sur les dernières ramifications des feuilles de *Sphenopteris*, universellement considérée jusqu'alors comme une Fougère. Presque en même temps, Robert Kidston découvrait des feuilles de *Nevropteris heterophylla* (fig. 116) dont le dernier lobe, en continuité complète avec le reste de la feuille, était remplacé par une *grosse graine* (fig. 117). Tels furent les points de départ de recherches qui se multiplièrent et fournirent, en peu

de temps, des résultats nombreux et d'une grande
importance.

Kidston, en Angleterre ; Grand'Eury, en France ;
Daniel White, en Amérique, firent connaître
des exemples de plus en plus nombreux de
« Fougères à graines », c'est-à-dire de végétaux

Fic 116.- Empreinte fossile d'un
sommet de feuille stérile de *Nevropteris*, ressemblant à une
feuille de Fougère.

Fig. 117. — Empreinte fossile d'un
sommet de feuille fertile de *Nevropteris*, terminée par une
grosse graine (d'après Kidston).

constituant le nouveau groupe des Ptéridospermées ou Cycadofilicinées, formé par des
plantes herbacées ayant absolument l'aspect de
Fougères (Cryptogames), mais produisant des
graines comme les Cycadées (Phanérogames). Tous
les jours, le nombre des vraies Fougères fossiles
trouvées dans les terrains anciens diminue, pour
aller enrichir ce nouveau groupe de Phanérogames. Si l'on n'avait pas des empreintes très
nettes de Fougères fossiles avec leurs sporanges
parfaitement caractérisés, on pourrait se demander

si toutes ces impressions végétales ne sont pas
à classer parmi les Plantes à fleurs.

D'ailleurs, ce nouveau groupe ne contient pas
que des Plantes herbacées. Dans le genre *Pecop-
teris*, par exemple, dont l'aspect est tout à fait
semblable à celui des Fougères arborescentes
actuelles, Grand'Eury a reconnu des espèces à
sporanges et des espèces à graines, et ces espèces
ont une constitution et une structure tout à fait
semblables ! Voilà donc un autre passage bien net
entre les Phanérogames et les Cryptogames.

Il faut encore ajouter à tous ces faits, si intéressants, l'étude que Kidston vient de faire sur
les étamines de certaines de ces Ptéridospermées,
*correspondant aux microsporanges*, et constituées,
dans certains cas, comme des étamines de Pins
ayant chacune deux sacs polliniques.

Il n'est pas besoin de développer plus longuement les résultats obtenus dans ces recherches
pour faire comprendre que ces découvertes ont
bouleversé toute la partie de la théorie de l'évolution qui s'y rapporte.

En suivant les principes de Hæckel, chez lequel
tous les détails du transformisme semblent dé-
montrés par A + B, on avait dressé un arbre généalogique dans lequel les Fougères se trouvaient
être les ancêtres des Cycadées. D'après les données actuelles, cet arbre généalogique serait plutôt
à retourner de haut en bas, puisque la proportion
des plantes à graines, par rapport aux Fougères,
est plus grande dans les terrains les plus anciens
que dans des couches plus récentes. Ce ne seraient
plus les Cycadées, premier échelon des Phanérogames, qui proviendraient d'un perfectionnement

des Cryptogames les plus différenciées. Ce seraient,
au contraire, les Fougères qui sembleraient dériver
des Gymnospermes, par une suite de régressions.
Au reste, toutes ces questions d'origine et de
parenté sont fort obscures, et il est impossible,
avec les documents que nous possédons, de déterminer dans quel sens se sont effectuées les variations.

En tout cas, on ne peut plus dire que l'époque
Primaire était le règne des Cryptogames.

Mais je m'éloigne de la question qui nous occupe.
J'ai cité seulement ces nouveaux résultats de la
science paléontologique pour les superposer aux
découvertes récentes faites, en Botanique, sur les
êtres vivants.

L'ensemble de tous ces travaux vérifie, précise
et démontre l'hypothèse de Hofmeister. Entre les
Cryptogames et les Plantes à fleurs, le fossé
n'existe plus.

# V

# LA DOUBLE INDIVIDUALITÉ DU VÉGÉTAL

---

## 1. L'Anthocéros.

Maintenant que nous avons vu par quelles idées successives ont peu à peu été complètement transformées les relations à établir entre tous les représentants du Règne végétal, nous pouvons reprendre la question dite des générations alternantes, qui constitue la base essentielle de toutes ces relations.

Cette expression de « générations alternantes » a dû, d'ailleurs, être abandonnée. Il n'y a pas à proprement parler deux générations, puisque l'une des formes produit un œuf et que l'autre, issue de cet œuf, reste, au moins au début, greffée sur la première et ne forme que des spores. A vrai dire, le développement complet d'un végétal comprend une *double individualité*. C'est ce que va nous montrer clairement l'étude d'un certain nombre d'exemples nouveaux, et cette étude nous allons la faire nous-mêmes, en choisissant ces exemples dans la Nature.

Les zoologistes considèrent généralement le Règne végétal comme ayant une très faible impor-

tance par rapport au Règne animal. Et cela, non
seulement parce qu'ils sont zoologistes, mais aussi
parce qu'ils regardent les grands groupes de végétaux comme formant une série linéaire sans ramifications ni branches latérales de première importance ainsi qu'on en remarque dans les liaisons
entre les grands groupes d'animaux. C'est là une
erreur, et je vais choisir, comme point de départ
de l'étude qui suit, un organisme (l'*Anthoceros*)
qui se trouve précisément placé dans un carrefour
auquel aboutissent trois routes principales : celle
qui conduit aux Thallophytes inférieurs ; celle qui
mène aux Muscinées et enfin la voie qui se dirige
vers les Phanérogames.

On trouve assez souvent, dans les fossés, de petites plantes (fig. 118) simplement
formées chacune d'une lame
verte un peu contournée, sur
laquelle s'élève une partie brune,
droite comme une tige, puis qui
s'ouvre en deux valves à la manière d'une capsule en laissant
échapper une fine poussière d'un
brun clair. Ces deux valves s'écartent l'une de l'autre et prennent
l'aspect de deux cornes peu re-
courbées. C'est cette dernière par-
ticularité qui a valu à ces plantes
le nom d'*Anthoceros* (qui fleurit
en cornes).

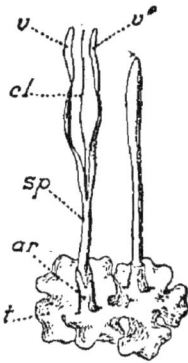

Fig. 118. — *Anthoceros*:
*l*, thalle ; *ar*, paroi
accrue de l'archégone ;
*sp*, sporogone ; *cl*, co-
lumelle ; *v*, *v'*, valves ;
on voit à droite un spo-
rogone non encore ou-
vert (grossi 2 fois).

Les premiers naturalistes qui
ont porté leur attention sur ce
végétal ont cru que cette partie
brune allongée en était simplement le fruit, laissant

en s'ouvrant échapper de minimes graines. Ce qui
sembla vérifier cette manière de voir, c'est que
chacun des petits grains microscopiques qui composent la poussière brune formée dans la capsule
peut germer sur le sol humide et reproduire un
Anthocéros semblable à celui qui a formé ce petit
grain.

Or, en examinant les choses de plus près, on peut

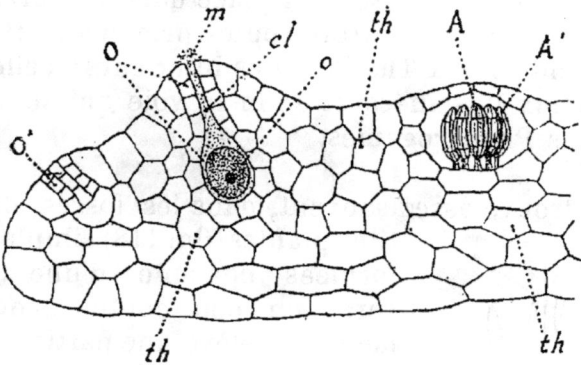

FIG. 119. — Section d'une partie du thalle d'*Anthoceros* : *th*, *th*, *th*, thalle ;
A, A' anthéridies ; O, archégone mûr ; *o*, oosphère ; *m*, mucilage qui remplit le canal *cl* de l'archégone O', archégone non mûr (grossi 50 fois).

constater que cette capsule n'est pas simplement
le fruit de la plante.

Tout d'abord, sur la lame verte, vers les bords,
on a découvert deux sortes d'organes très différents
(fig. 119). Ces organes sont creusés dans le tissu
même du thalle (mot qui désigne toute partie végétative d'un végétal qui n'est pas différencié en
tiges, feuilles ou racines). Les uns sont des anthéridies A, qui ont la forme d'une petite masse ellip-
soïde portée sur un pied très court, et qui, lorsqu'elles sont ouvertes, ont un peu la forme de ces

16

vases que l'on voit dans les parcs (fig. 120).[Chacune renferme un grand nombre d'anthérozoïdes à deux cils vibratiles.

Non loin de ces anthéridies, on peut trouver des archégones, petites bouteilles découpées dans le thalle de l'Anthocéros (O, fig. 119).

On distingue au fond de chaque archégone une partie renflée qui renferme une oosphère (o,fig.119), cellule arrondie, sans membrane de cellulose, et qui reste immobile au fond de la bouteille. Au-dessus, l'on voit le col de la bouteille qui contient une substance mucilagineuse, dont une partie vient s'épanouir un peu en dehors de l'ouverture du col (cl, m, fig. 119).

Lorsqu'il pleut, ou lorsque l'eau du fossé arrive jusqu'au thalle de l'Anthocéros, la mince paroi qui recouvre les groupes d'anthéridies se déchire : enfin chacune des anthéridies s'ouvre au sommet par des dents élégamment découpées, et tous les petits anthérozoïdes sont mis en liberté (fig. 120). Chacun d'eux nage dans l'eau, comme un infusoire. Il s'en trouve alors un grand nombre à la surface du thalle, et si l'un d'eux rencontre le mucilage qui déborde du col d'un archégone, il s'y arrête, tourne sur lui-même, pénètre dans le col de la petite bouteille et arrive jusqu'au fond où il se combine avec l'oosphère (fig. 121). Les deux noyaux, celui de l'anthérozoïde mobile et celui de l'oosphère immobile, se fondent et se combinent

Fig. 120. — Une anthéridie isolée d'*Anthoceros*; l'anthéridie s'ouvre en laissant échapper la masse des anthérozoïdes (grossi 150 fois).

pour n'en former plus qu'un ; il en est de même
des deux protoplasmas. Il se produit ainsi une nouvelle cellule formée par la conjugaison de deux cellules différentes. Cette cellule s'enveloppe d'une

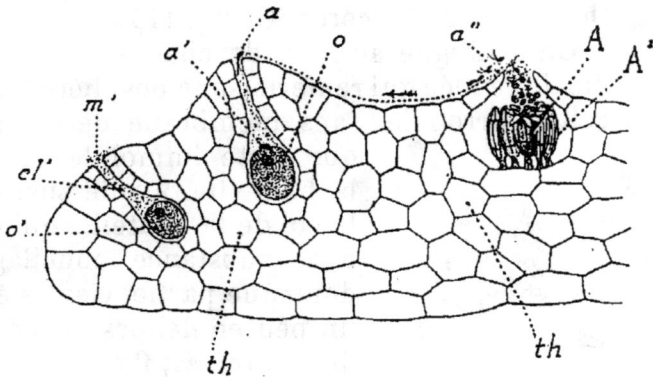

Fig. 121. — Section d'une partie du thalle d'*Anthoceros* à un stade un peu
plus avancé qus fig. 2 : *a''*, anthérozoïdes sortant des anthéridies ; *a*, anthérozoïde arrêté par le mucilage de l'archégone ; *a'* anthérozoïde se conjuguant avec l'oosphère *o* pour former l'œuf ; *m'*, *cl'*, *o'*, autre archégone mûr ;
*th*, *th*, thalle ; A, A', anthéridies (grossi 50 fois).

membrane de cellulose, et constitue un œuf fécondé d'*Anthoceros* (ω, en 1, fig. 122).

On a donné le nom général de *gamètes* aux
cellules reproductrices qui forment l'œuf par conjugaison. Le thalle de l'*Anthoceros* forme donc deux
sortes de gamètes : un gamète mâle, l'anthérozoïde ;
et un gamète femelle, l'oosphère. C'est pourquoi
l'on appelle *gamétophyte* (plante portant les gamètes) l'être qui constitue la lame verte de l'*Anthoceros*, parce qu'il produit des anthérozoïdes et
des oosphères, qui sont les deux sortes de gamètes.

Maintenant que va devenir l'œuf d'*Anthoceros*
après qu'il est formé ? Il ne se détache pas du thalle,

il se développe, et va donner naissance, non pas à une nouvelle lame verte semblable à celle qui l'a produit, mais à un corps tout différent, ressemblant à une tige arrondie, sans feuilles, de couleur de plus en plus foncée à mesure qu'il se développe, et qui se dresse de bas en haut.

L'œuf ne se détache pas du thalle; au contraire, non seulement il reste au fond de l'archégone, mais il y adhère (ω, fig. 122); bientôt il se partage en cellules (2, fig. 122) de plus en plus nombreuses, et l'être auquel il donne naissance s'enfonce par la base dans le tissu du thalle dont il tire la majeure partie de sa nourriture, et sur lequel il vit presque en parasite.

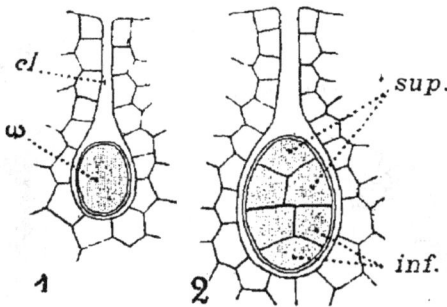

Fig. 122 et 123. — Coupes d'archégone d'*Anthoceros* après la fécondation : en 1, l'œuf ω vient de se former; en 2, il commence à se développer en embryon *sup*, *inf*; *cl*, col (grossi 70 fois).

Cet être nouveau issu de l'œuf, ne ressemblant en rien à son père, ne formera ni anthéridies, ni archégones, il n'y aura pas de cellules reproductrices de deux sortes ou gamètes, il ne se produira pas d'œuf. Mais la plus grande partie de ce nouvel être (fig. 124 et 125), greffé sur le premier, va se consacrer à fabriquer des spores, c'est-à-dire des cellules reproductrices tout autres, sans sexualité et sans formation d'œuf. Aussi appelle-t-on *sporophyte* (plante portant les spores) cet individu issu de l'œuf, et qui se développe sur le gamétophyte.

Pendant la période moyenne de son développement, le sporophyte n'est pas absolument parasite, car il possède des cellules vertes à chlorophylle qui peuvent assimiler directement, sous l'action de la lumière, le gaz carbonique contenu dans l'air. Son organisation cellullaire est d'ailleurs assez différenciée, et on trouve, à sa surface, des stomates, ces petites ouvertures bordées de deux cellules spéciales, tout à fait semblables aux stomates des plantes supérieures.

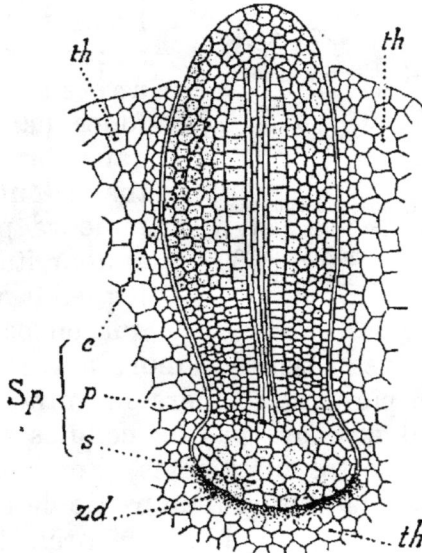

Fig. 124. — Coupe schématique en long d'un jeune sporogone d'*Anthoceros* : *th*, *th*, *th*, thalle (gamétophyte); S*p*, sporogone sporophyte); *c*, jeune capsule ou sporange; *p*, jeune pied du sporogone; *s*, suçoir du sporogone; *zd*, zone du thalle en contact avec le suçoir du sporogone, et qui est digérée par ce suçoir (grossi 60 fois).

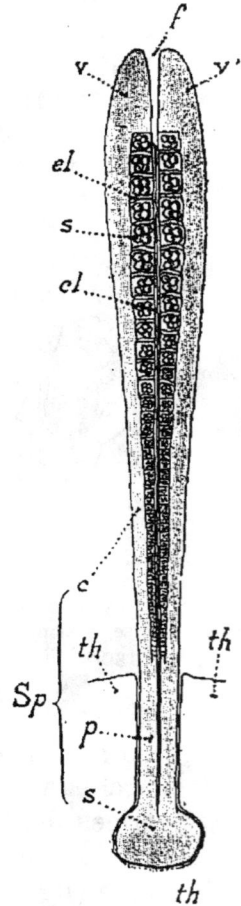

Fig. 125. — Schéma du sporogone développé d'*Anthoceros*: *s*, spores; *el*, élatère; *f*, fente séparant les deux valves *v*, *v'* (les autres lettres comme fig. 124).

16.

Mais bientôt sa structure intérieure se complique ; autour d'une colonne centrale (*cl*, fig. 125), des éléments spéciaux forment, d'une part, les spores *s* qui prennent naissance quatre par quatre dans les cellules ; d'autre part, des éléments plus allongés *el* appelés « élatères » et qui ont pour rôle d'aider à la dissémination des spores en les séparant les uns des autres ou de les balayer au dehors lorsque le sporange, c'est-à-dire la partie supérieure du sporophyte, va s'ouvrir pour laisser échapper dans l'air cette fine poussière de spores. A cet effet, deux lignes de moindre résistance se sont dessinées en long sur les flancs du sporange. Lorsque celui-ci est mûr, il se fait deux fentes (*f*, fig. 125) le long de ces lignes ; le sporange s'ouvre en deux valves (*v, v'*, fig. 125 et fig. 129), laissant entre elles la colonne centrale ; et les spores mêlées aux élatères s'échappent à mesure que les valves s'écartent de haut en bas.

Qu'arrivera-t-il lorsqu'une de ces spores tombera sur le sol et y trouvera des conditions favorables d'humidité et de température ? La membrane de la cellule unique qui forme la spore va se déchirer (fig. 126 et 127) et on en verra sortir un petit filament allongé, dont les cellules par division se multiplieront rapidement, d'abord dans un sens, puis dans deux, puis dans les trois dimensions de l'espace ; certaines s'allongeront en

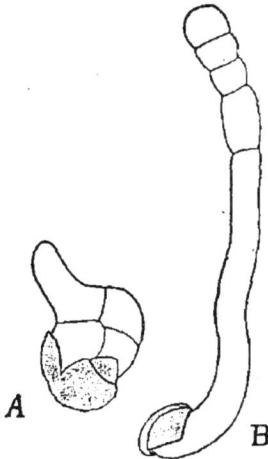

FIG. 126 et 127. — Germination de spores d'*Anthoceros* (grossi 150 fois).

poils qui s'enfonceront dans le sol pour y puiser
l'eau chargée de sels qu'il contient ; la plupart
formeront un tissu dont l'ensemble présente l'aspect d'une lame plus ou moins contournée et très
verte à sa partie supérieure. Lorsque cette lame
sera bien développée, nous la reconnaîtrons facilement pour un nouveau *gamétophyte* d'*Anthoceros ;*
cette détermination sera confirmée ensuite par la
production de cavités dont les unes formeront les
archégones, et dont les autres renfermeront des
bouquets de petites anthéridies.

Jamais la spore ne peut redonner le sporophyte.
En se développant, la spore donne naissance au
gamétophyte.

On peut donc résumer le développement total
de cette plante assez rudimentaire de la manière
suivante :

*Gamétophyte.* { Anthéridie.. anthérozoïde ↓
{ Archégone........... oosphère ; œuf : *Sporophyte* :
(restant greffé sur le Gamétophyte) : sporange : spore.

La spore est mise en liberté, redonne un Gamétophyte, et
ainsi de suite.


La figure 128 représente schématiquement le
développement total de l'*Anthoceros.*

On voit ainsi que l'évolution complète de ce
végétal comprend deux êtres différents : le gamétophyte et le sporophyte, qui alternent régulièrement.

Le gamétophyte, issu de la spore, est sexué ; il
produit l'œuf.

Le sporophyte, issu de l'œuf, est asexué ; il produit la spore.

Cette double individualité n'existe-t-elle chez les
végétaux que dans le seul *Anthoceros ?*

Nous savons qu'il n'en est rien. Au contraire, en exceptant la plupart des Champignons et une partie des Algues, on peut dire que tous les végétaux, y compris toutes les plantes supérieures, tous les

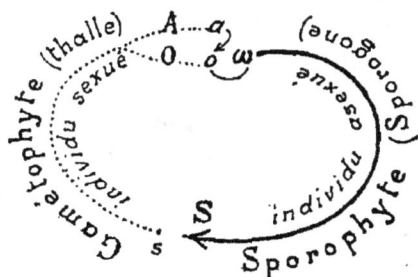

FIG. 128. — Schéma du développement complet de l'*Anthoceros*. — La spore *s*, en germant, produit le thalle ou individu sexué (gamétophyte) qui donne les anthéridies A à anthérozoïdes *a* et les archégones O à oosphère *o*. Un anthérozoïde se conjuguant avec une oosphère forme l'œuf *ω* qui reste greffé sur le gamétophyte. L'œuf, en germant, produit le sporogone ou individu asexué (sporophyte) qui donne un sporange S, lequel met en liberté les spores *s*, et ainsi de suite.

arbres, toutes les herbes, toutes les Mousses, toutes les Fougères et autres plantes analogues, possèdent cette double individualité alternante.

En prenant pour point de départ l'*Anthoceros*, dont nous venons de parler, et dans lequel il y a presque égalité entre les deux individus (greffés l'un sur l'autre) dont l'ensemble constitue le végétal, on peut concevoir deux cas opposés d'inégalité : le sporophyte peut l'emporter dans son développement sur le gamétophyte, ou bien c'est l'inverse qui se présente.

Le premier cas, celui où le tronçon portant les spores l'emporte de beaucoup sur le tronçon portant les gamètes formateurs de l'œuf, correspond

aux Cryptogames vasculaires (Fougères, Lycopodes,
etc.) et encore à toutes les plantes à fleurs ou Phanérogames, en somme à toutes les plantes supérieures, à la presque totalité de ce qui forme la
végétation des continents.

Le second cas, celui où le gamétophyte l'emporte
sur le sporophyte, correspond presque uniquement pour les plantes terrestres à l'ensemble des
Muscinées (Mousses et plantes analogues), à un
grand nombre d'Algues d'eau douce et surtout
marines (toutes les Algues rouges, une partie des
Algues vertes) ainsi qu'à une fraction des Champignons.

## 2. Prédominance de l'individu asexué
## ou sporophyte.

Examinons d'abord le premier cas, celui qui est
le plus important puisqu'il s'applique à presque
toutes les plantes ou arbres que nous avons le
plus souvent sous nos yeux.

Supposons que le sporophyte de l'Anthocéros
prenne un plus grand développement et arrive à
s'affranchir de son parasitisme sur la lame verte,
qui est le gamétophyte? Cette dernière supposition
n'est pas irréalisable pour l'Anthocéros lui-même.
En effet, si, lorsqu'il s'est déjà assez développé, on
le sectionne à sa base, on pourra le planter
comme une bouture dans un sol convenablement
choisi; le pied du sporophyte pourra alors produire des filaments qui s'enfonceront dans la terre,
en absorbant les substances minérales comme les
poils absorbants des racines. Ainsi isolé du gamé-

tophyte, le sporophyte pourra achever son développement, mûrir son sporange et l'ouvrir pour
mettre les spores en liberté, comme s'il était resté
attaché sur la lame verte de l'*Anthoceros*. Donc, à
un certain âge, il peut être affranchi de son parasitisme.

Ce qu'on réalise expérimentalement ainsi, se
produit naturellement chez les Fougères.

Prenons d'abord, comme exemple, une petite

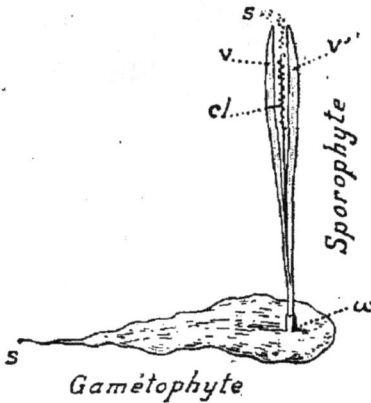

Fig. 129. — Schéma du développement total d'un *Anthoceros* : la
spore *s*, en germant, donne le
gamétophyte sur lequel se forme
l'œuf ω. L'œuf, en germant, produit le sporophyte.

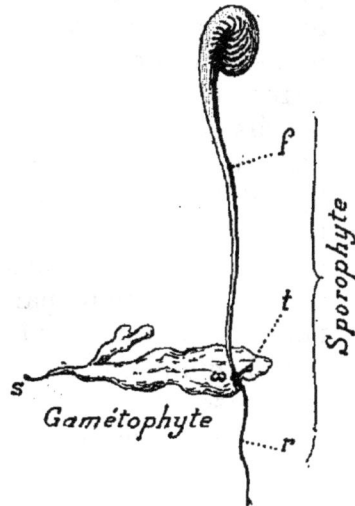

Fig. 130. — Schéma du développement total d'un *Hymenophyllum* :
la spore *s*, en germant, donne le
gamétophyte sur lequel se forme
l'œuf ω. L'œuf, en germant, produit le sporophyte.

Fougère qu'on trouve parfois dans les grottes humides ou dans les puits et qu'on désigne sous le
nom d'*Hymenophyllum* (fig. 131). Si l'on fait germer sur le sol une spore de cette Fougère, on voit
d'abord que tout se passe presque identiquement

comme dans l'*Anthoceros* (comparez les figures 129
et 130). Il se forme, de la même manière, une petite lame verte qui s'étale à la surface du sol, et
sur laquelle se produisent deux sortes d'organes :
d'une part des anthéridies,
formées chacune d'une sorte
de petite boîte qui, à la
maturité, lorsqu'il pleut ou
que l'air est très humide
(A, fig. 132), laisse échapper
une masse de microsco-
piques anthérozoïdes *a* nageant dans l'eau à l'aide
de cils vibratiles ; d'autre
part, des archégones (O,
fig. 132) creusés dans le
thalle, c'est-à-dire dans le
tissu de la lame verte, et
constitués chacun par une
petite bouteille, avec un col
rempli d'une masse muci-
lagineuse *cl m* débordant
au sommet, et renfermant
au fond une oosphère *o* ou
cellule femelle.

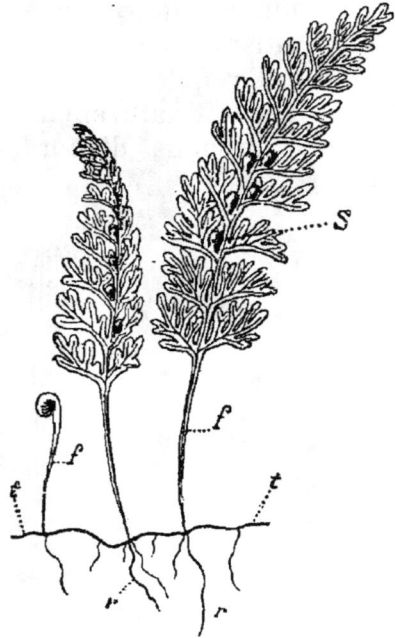

Fig. 131. — *Hymenophyllum* :
*t*, tige ; *r*, *r*, racines ; *f*, *f*,
feuilles ; S, région de la feuille
où se forment les sporanges
(grossi 3 fois).

La fécondation se pro-
duit dans l'eau, lorsqu'il a
plu, comme dans l'*Antho-
ceros*, par la conjugaison d'un anthérozoïde qui
pénètre dans le col de l'archégone et vient se
fondre avec l'oosphère pour former l'œuf.

Ainsi que chez l'*Anthoceros*, l'œuf une fois formé
s'entoure d'une membrane de cellulose et vit
greffé sur le thalle vert (gamétophyte), où il se
développe en parasite (fig. 133 et 134).

Cette lame verte qui est issue de la spore de la petite Fougère *Hymenophyllum*, a été appelée, nous le savons, prothalle de la plante. La lame verte issue de la spore d'*Anthoceros* et qui, comme celle de la Fougère, porte des anthéridies et des archégones, a été appelée le thalle de la plante.

Mais entre prothalle et thalle, il n'y a qu'une différence de mots tenant à l'ordre historique des

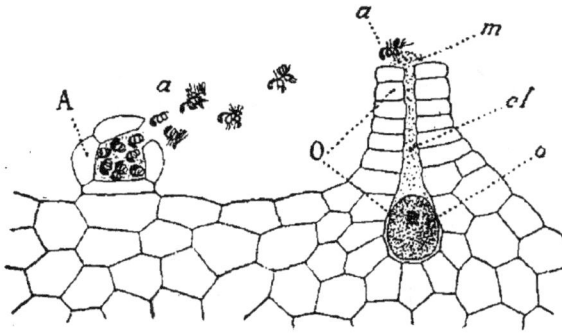

FIG. 132. — Fragment d'une coupe du prothalle d'*Hymenophyllum* : A, anthéridie s'ouvrant pour laisser échapper les anthérozoïdes *a*, *a*, dont l'un est arrêté par le mucilage *m*, avant de pénétrer dans le canal *cl* de l'archégone O renfermant l'oosphère *o* (grossi 60 fois).

investigations. En fait, ces deux gamétophytes d'*Anthoceros* et d'*Hymenophyllum* sont absolument analogues.

Or, dès le premier développement du jeune embryon issu de l'œuf de Fougère, il va se manifester une différence avec le jeune embryon d'*Anthoceros*. L'œuf se divise en quatre segments ( B, fig. 133). L'un *p* donnera bien un pied d'attache qui s'enfoncera dans le tissu du gamétophyte (prothalle), comme la partie inférieure de l'embryon d'*Anthoceros* s'enfonce dans le gamétophyte (thalle). Un second segment *t* formera une tige dont le développement offre de grandes analogies avec celui du début de la jeune tige allongée, qui donnera le sporophyte d'*Anthoceros.*

Mais les deux autres segments?

Chacun produira un organe que nous n'avons pas trouvé sur le sporophyte de la première plante prise pour exemple, et ces organes nouveaux, ces nouveaux membres de la plante ont pour effet l'un

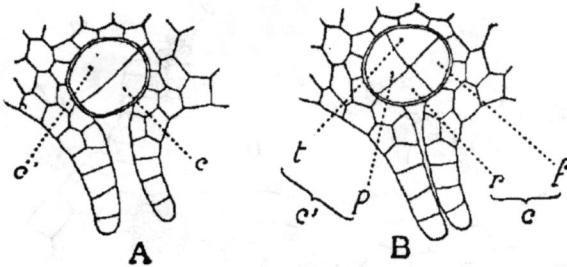

Fig. 133 et 134. — Premiers cloisonnements de l'œuf d'*Hymenophyllum.* — A, l'œuf a donné deux cellules *c, c'*. — B, l'œuf a produit quatre cellules : *p*, qui formera le pied d'attache sur le prothalle ; *r*, qui formera la première racine ; *f*, qui formera la première feuille ; *t*, qui formera la première tige (grossi 50 fois).

et l'autre de tendre naturellement à affranchir le sporophyte de son parasitisme sur le prothalle, c'est-à-dire de sa dépendance du gamétophyte au point de vue de la nutrition.

L'un de ces segments (*r*, en B, fig. 133) sera l'origine d'un organe allongé et mince, un suçoir garni de poils absorbants qui s'enfonce dans le sol où il pompe l'eau chargée de sels qui s'y trouve, pour en former une sève qui montera dans la plante par de petits tubes très fins appelés vaisseaux : cet organe, c'est la racine. Le sporophyte d'*Anthoceros* n'a pas de racine ; celui de la Fougère en possède.

17

Le dernier segment (*f*, en B, fig. 133) sera l'origine d'un organe aplati, vert, étalant à la lumière sa face supérieure, et qui permettra au sporophyte de se nourrir par l'assimilation sous l'influence de la lumière, sans être obligé de puiser les substances nutritives dans le gamétophyte. Cet organe aplati et vert, rattaché à la base de la tige, renferme aussi des vaisseaux qui pourront recevoir la sève puisée dans le sol par la racine : cet organe, c'est la feuille. Le sporophyte d'*Anthoceros* n'a pas de feuille ; celui de la Fougère en possède.

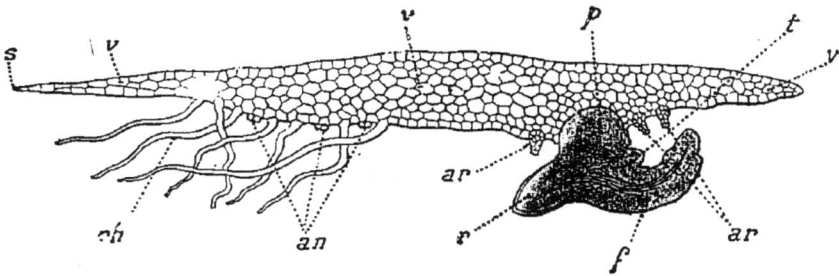

Fig. 135. — Section d'un prothalle de Fougère faite perpendiculairement à sa plus large surface et placé dans sa position naturelle, à la surface du sol. Un archégone a formé un œuf qui a produit l'embryon ou jeune plante *t, p, r, f* ; les autres archégones *ar* ne sont pas fécondés ; *s*, partie du prothalle qui était voisine de la spore germant lui ayant donné naissance ; *v, v*, partie végétative formée par des cellules à chlorophylle ; *rh*, rhyzoïdes ; *an*, anthéridies (grossi 10 fois).

La figure 135 représente le jeune sporophyte *p, r, t, f* issu de l'œuf, et greffé sur le prothalle où il s'est formé.

La tige du sporophyte d'*Hymenophyllum*, en s'allongeant, acquiert de nouvelles racines et de nouvelles feuilles. Grâce à ces nouveaux organes, le sporophyte ayant épuisé tout ce qu'il pouvait extraire du prothalle comme nourriture nécessaire à son premier développement, celui-ci se dessèche,

disparaît, et le sporophyte vit alors d'une vie indépendante (fig. 131). Le second tronçon du végétal
s'étant complètement séparé du premier, prend
une individualité spéciale; c'est ce qu'on nomme
ordinairement la plante proprement dite, la Fougère, en faisant abstraction du prothalle, relativement de courte durée et à évolution rapide.

Toutefois, à l'égard du développement général
du végétal tout entier, ce sporophyte devenu indépendant ne produira ni anthéridies, ni arché-

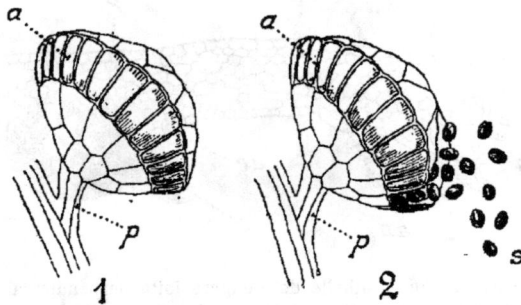

Fig. 136 et 137. — Sporange d'*Hymenophyllum* non encore ouvert en 1, ouvert
en 2; *p*, pied du sporange; *a*, anneau déterminant l'ouverture du sporange; *s*, spores (grossi 60 fois).

gones, ni œuf, et, comme dans le sporophyte
d'*Anthoceros*, on y verra se former un sporange et
des spores. Chaque sporange d'*Hymenophyllum*
(fig. 136 et 137) est porté par un pied *p* et possède
un anneau circulaire *a*, formé de cellules spéciales. Sous l'effet de la sécheresse de l'air, l'anneau se rompt (2, fig. 135), et les spores *s* sont
mises en liberté. Les spores, produites sans fécondation, seront incapables de donner naissance
en germant à une nouvelle Fougère feuillée et enracinée, mais formeront chacune un prothalle,

c'est-à-dire une petite lame verte portant des anthéridies et des archégones, c'est-à-dire un gamétophyte.

Une différence relativement peu importante
entre le sporophyte de ces deux plantes, c'est que
les sporanges se forment à l'intérieur des tissus
des tiges dans le sporophyte d'*Anthoceros*, tandis
qu'ils se produisent sur le bord des feuilles du
sporophyte d'*Hymenophyllum* où ils sont très
nombreux. Cette différence, cependant, est utile à
noter, car en s'accentuant elle modifiera de plus en
plus l'aspect de la partie sporangifère à mesure
qu'on s'élève vers les plantes supérieures, et finira
par lui donner l'apparence spéciale de ce qu'on
nomme une fleur.

En somme, si nous résumons l'évolution totale
de la Fougère *Hymenophyllum* que nous venons
de prendre comme second exemple, nous y trouve-
rons presque identiquement le même cycle et la
même alternance de deux individualités. Il n'y
aura qu'à ajouter le mot « d'abord » au tableau
de la page 187. On aura, en effet :

*Gamétophyte.* $\begin{cases} \text{Anthéridie .. anthérozoïde } \downarrow \\ \text{Archégone.. ..... oosphère : œuf : } \textit{Sporophyte} : \end{cases}$
(restant *d'abord* greffé sur le Gamétophyte) : sporange : spore.
La spore est mise en liberté, redonne un Gamétophyte, et
ainsi de suite.

La figure 138 représente schématiquement le
développement total de l'*Hymenophyllum*, et, en
général, d'une Fougère quelconque.

La petite Fougère dont nous venons de parler
fait voir déjà la prédominance du sporophyte,
car l'ensemble de ses tiges, de ses racines et de
ses feuilles portant des sporanges, est beaucoup

plus différencié que la petite lame verte formée
par le prothalle ou gamétophyte.

Cette prédominance de l'individu asexué sur
l'individu sexué, auquel il est superposé, est encore
plus marquée dans la plupart des autres Fougères.
Une Fougère arborescente dressant sa tige jusqu'à
8 à 10 mètres de hauteur, enfonçant dans le sol

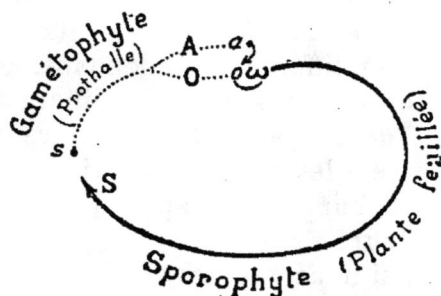

Fig. 138. — Schéma du développement complet d'une Fougère : s, spore
produisant le prothalle (gamétophyte). Sur le prothalle se forment les anthéridies A contenant les anthérozoïdes a, et les archégones O contenant
chacun une oosphère o. L'anthérozoïde a venant se conjuguer avec l'oosphère o forme l'œuf ω qui reste greffé sur le prothalle et donne naissance à la plante feuillée ou sporophyte. Celle-ci produit les sporanges S
qui mettent en liberté les spores s, etc.

des centaines de racines, épanouissant à son sommet une rosette d'énormes feuilles découpées
portant des myriades de sporanges à leur face
inférieure, est constituée par le sporophyte, par
l'individu asexué, alors que le prothalle sexué
issu d'une spore de cette même Fougère est une
petite lame verte, n'ayant tout au plus que un à
deux centimètres de diamètre. On voit que la dis-
proportion entre les deux individualités successives
du végétal devient ici considérable.

Or, à mesure que l'on remonte dans la série

17.

végétale, en s'adressant à des plantes dont l'individu asexué devient de plus en plus compliqué, l'individu sexué correspondant au prothalle de Fougère déjà si simple, se simplifie encore de plus en plus jusqu'à se réduire presque à une anthéridie informe n'ayant plus que deux anthérozoïdes, et à quelques cellules dont deux seulement constituent des archégones rudimentaires réduits à leur oosphère. Le gamétophyte arrive à n'être plus guère composé que par les seuls gamètes : les cellules sexuelles donnant l'œuf.

En même temps, il s'organise chez le sporophyte, lequel arrive à constituer le végétal presque tout entier, une spécialisation dans la production des sporanges, à tel point qu'on en vient à pouvoir énoncer ce paradoxe apparent que le sporophyte asexué possède cependant des organes des deux sexes.

Pour comprendre ce que cela signifie, il est nécessaire de passer en revue rapidement divers exemples de végétaux choisis dans cette série ascendante.

Prenons comme premier exemple les Prêles (fig. 139). Ce sont des Cryptogames vasculaires, comme les Fougères, mais dont l'aspect est très différent. Le sporophyte comprend racines et tiges; celles-ci portent des petites collerettes de feuilles *gf* réduites à des écailles. Ces végétaux, connus sous le nom vulgaire de « queue de cheval », croissent en général dans les marais ou les terres humides; on utilise leurs tiges, qui contiennent de la silice, pour nettoyer les ustensiles en cuivre.

Les Prêles ont, au sommet de leurs tiges (*tsp*,

fig. 139), des feuilles modifiées, serrées les unes
contre les autres et qui portent des sporanges sur
leur bord. Chacune des spores, formées dans ces
sporanges, est munie de quatre lanières; ces la-

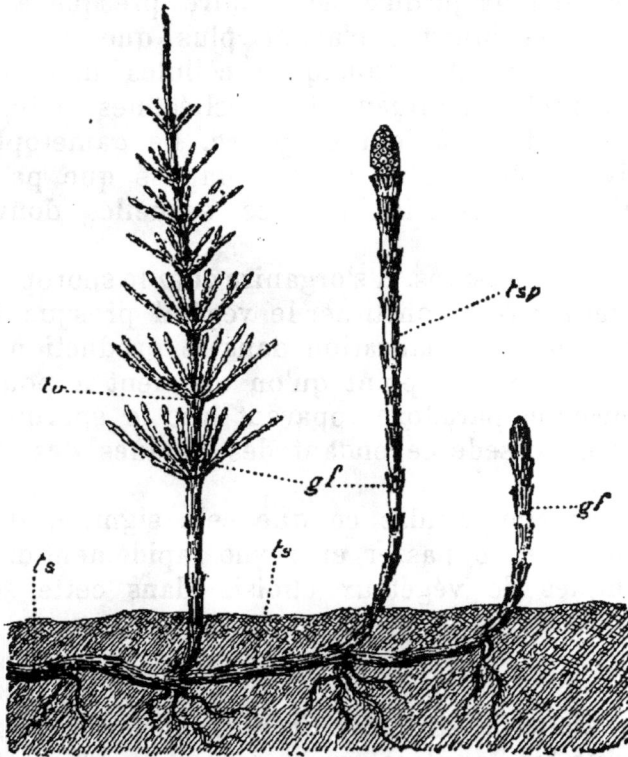

Fig. 139. — Prêle : *ts*, tige souterraine portant des racines; *tv*, tige végétative portant de nombreux rameaux; *tsp*, tige sporifère; *gf*, collerettes
de feuilles réduites à des écailles (réduit 4 fois).

nières, enroulées autour de la spore, peuvent se
dérouler ou s'enrouler de nouveau suivant que l'air
est plus ou moins sec. En examinant ces spores
au microscope, on assiste à un spectacle très
curieux; on les voit sautiller de tous côtés comme

de minimes insectes, se dressant sur leurs quatre
lanières élastiques ou s'abaissant lorsque celles-ci
s'enroulent. Mais ce qui est important à remarquer,
c'est que ces spores sont toutes de forme identique,
bien qu'elles soient virtuellement de deux sortes.

Il faut s'expliquer
sur ce mot virtuelle-
ment. Lorsqu'on voit

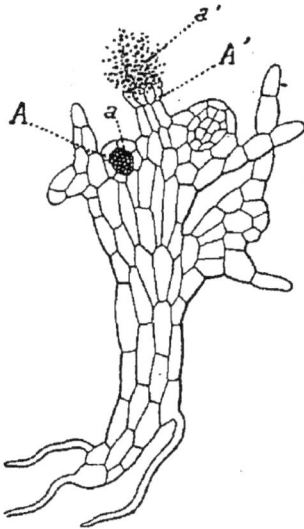

Fig. 140. — Prothalle mâle de la
Prêle des champs : A, anthéridie
renfermant les cellules mères des
anthérozoïdes *a* ; A', anthéridie
mettant en liberté les anthérozoïdes *a'* (grossi 60 fois).

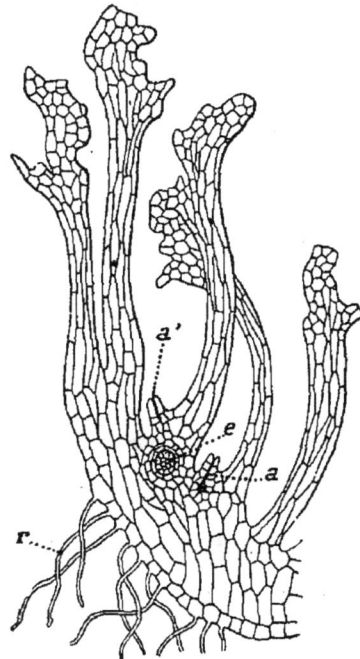

Fig. 141. — Prothalle femelle de la Prêle
des champs : *r*, rhizoïdes ; *a*, archégone non fécondé ; *a'*, archégone fécondé avec un jeune embryon *e*
(grossi 20 fois).

un certain nombre de spores d'une Prêle, elles
produisent toutes des prothalles en forme de lames
vertes profondément découpées ; toutefois on y
distingue facilement des prothalles ou gamétophytes de deux sortes. Les uns (fig. 140), les plus

petits, n'ont que des anthéridies, ce sont des
gamétophytes mâles; les autres (fig. 141), les
plus grands, ne forment que des archégones; ce
sont des gamétophytes femelles.

Il y a donc en puissance deux sortes de spores
dans la Prêle, bien qu'on ne voie entre elles
aucune différence. Les unes doivent donner un

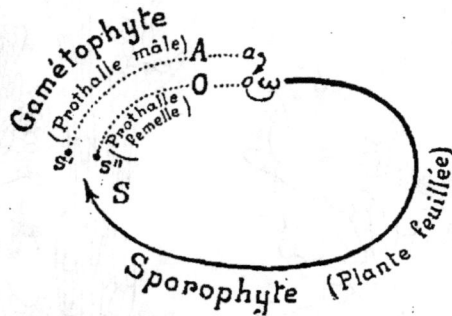

FIG. 142. — Schéma du développement complet d'une Prêle ; *s*, spore qui,
en germant, donne le prothalle mâle portant les anthéridies A qui mettent
en liberté les anthérozoïdes *a* ; *s'*, spore de forme semblable à *s*, et qui,
en germant, donne le prothalle femelle portant les archégones O renfermant chacun une oosphère *o* ; l'ensemble du prothalle mâle et du prothalle
femelle constitue le gamétophyte. Un anthérozoïde *a* se conjuguant avec
une oosphère *o* forme l'œuf *ω* qui reste greffé sur le prothalle femelle. En
se développant, l'œuf *ω* donne naissance à la plante feuillée ou sporophyte sur laquelle se produisent des sporanges *s*, donnant des spores *s*, *s'*,
et ainsi de suite.

prothalle mâle; ce sont virtuellement des spores
mâles. Les autres doivent donner un prothalle
femelle ; ce sont virtuellement des spores femelles.

La figure 142 représente schématiquement le
développement complet d'une Prêle. On voit que
des spores semblables *s* et *s'* donnent : les unes
un prothalle mâle, les autres un prothalle femelle. Sauf cette différence, le développement de

la Prêle est le même que celui de la Fougère (comparez avec la figure 138).

Cette indication du sexe futur dans le sporophyte même se précise, comme nous le savons, chez un grand nombre de Cryptogames vasculaires dites hétérosporées (Sélaginelles, Pilulaires, etc.). Ces plantes ont, en effet, réellement deux sortes de spores (microspores et macrospores) qui se trouvent chacune dans des sporanges différents (microsporanges et macrosporanges).

Nous avons vu que, dans des conditions favorables, ces spores germent, et il se produit à la surface du sol un mélange de prothalles femelles ou gamétophytes femelles à archégones, et de prothalles mâles ou gamétophytes mâles à anthéridies.

On voit donc que, si nous considérons un des rameaux sporangifères de l'individu asexué, de Sélaginelle par exemple, nous pouvons dire que le sommet du rameau est un assemblage de petites feuilles spéciales qui portent des sporanges mâles, tandis qu'au-dessous se trouve un assemblage d'autres feuilles spéciales qui portent des sporanges femelles. Nous avons considéré cet ensemble comme une fleur de Sélaginelle.

Ici, dira-t-on peut-être, le paradoxe devient excessif. Comment la Sélaginelle pourrait-elle avoir des fleurs, puisque c'est une plante Cryptogame, c'est-à-dire une plante sans fleurs ?

La fleur, qui renferme, comme on sait, les organes sexuels de la plante, va donc se trouver sur l'individu asexué ? Cela paraît absurde.

Mais, prenons encore quelques exemples. J'ai dit plus haut que beaucoup de Cryptogames vasculaires hétérosporées, telles que les Pilulaires, n'ont plus qu'une seule macrospore dans leur macrosporange, les trois sœurs de cette macrospore s'étant résorbées avec les autres spores primitives. Chez certaines espèces voisines des Sélaginelles, mais que l'on ne connaît qu'à l'état fossile, dans les terrains primaires (*Lepidocarpon*, *Miadesmia*), le macrosporange, à une seule macrospore, est entouré par un repli de la feuille (*i*, fig. 143) qui l'enserre comme un tégument. Ce dernier ne laisse qu'une petite ouverture *m* (ou micropyle) à son sommet. De telle sorte que la feuille modifiée porte vers sa base un macrosporange SM renfermant une seule macrospore *s*M, le tout enveloppé presque complètement par le tégument.

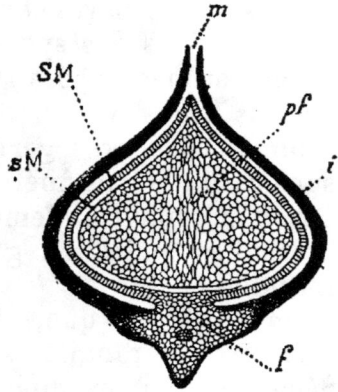

FIG. 143. — *Coupe longitudinale d'un macrosporange fossile* (*Lepidocarpon Lomaxi*) : SM, macrosporange ; sM, macrospore ; *pf*, prothalle femelle ; *i*, tégument ; *m*, micropyle : *f*, feuille sporifère (d'après Scott) [grossi 30 fois].

Comme chez les Sélaginelles étudiées par Miss Lyon, la formation de l'œuf se faisait évidemment chez le *Lepidocarpon* à l'intérieur des parois du macrosporange et du tégument qui l'enveloppe.

Dans cet exemple particulier, on ne voit plus les microspores et macrospores germer côte à côte sur le sol humide ; mais la microspore, transportée dans l'air, est arrivée au voisinage même de la macrospore encore enfermée dans le sporange qui l'a produite.

Entre les exemples précédents et le Ginkgo, que nous avons déjà étudié, il n'y a pas de grandes différences. D'autres arbres, qui sont plus ou moins voisins des Ginkgos, les Pins par exemple, ont même des archégones (fig. 144) qui ressemblent beaucoup à ceux des Fougères. Cependant la fusion des deux tronçons du végétal s'est légèrement accentuée chez le Ginkgo. D'une part, la partie mâle du gamétophyte, issue de la microspore, s'est fixée par des suçoirs sur la paroi du macrosporange, c'est-à-dire sur le sporophyte; d'autre part, la partie femelle du gamétophyte directement produite par la cellule unique qu'on peut comparer à la macrospore, est restée complètement adhérente à la même partie du sporophyte.

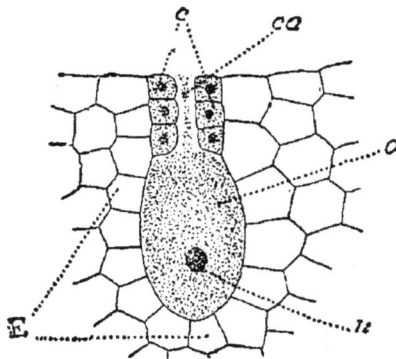

Fig. 144. — Coupe d'un archégone de Pin silvestre : *o*, oosphère; *n*, noyau de l'oosphère; *c*, col; *ca*, mucilage dans le canal; E, tissu du prothalle femelle du Pin (grossi 150 fois).

Les deux cellules reproductrices simples, microspore et macrospore, semblent se rapprocher le plus possible l'une de l'autre, germer toutes deux *en parasites* sur le macrosporange *dans lequel* se produit la fécondation.

Montons encore dans la série végétale. Nous allons voir s'accentuer cette pénétration réciproque du gamétophyte et du sporophyte, qui tend à rétablir l'unité du végétal, en réduisant le tronçon gamétophyte à la préparation de l'œuf.

Prenons encore un dernier exemple, un seul, pour achever ces comparaisons. Ce sera une plante quelconque bien connue; la Renoncule ou Bouton-d'or qui épanouit au printemps ses corolles, d'un jaune doré, dans les prairies ou sur la lisière des bois.

Quel saut brusque! dira-t-on peut-être. Peu importe, comme on va voir.

Chez cette plante, le prothalle (ou gamétophyte) femelle issu de la seule cellule macrospore, est encore plus protégé que dans toutes les plantes précédentes. Non seulement il est renfermé dans les parois complètement closes du macrosporange, non seulement celui-ci est enclos dans un double tégument, qui ne laisse au sommet qu'une petite ouverture (micropyle); mais le tout (prothalle issu de la macrospore, paroi du macrosporange et tégument), est contenu dans la feuille qui le porte; cette feuille (*fc*, fig. 147) s'est recourbée, soudée sur elle-même, et a constitué une cavité close. On pourrait dire que la macrospore, restant toujours attachée au sporophyte qui l'a produite, a germé, pour donner son prothalle, à l'intérieur de trois boîtes renfermées les unes dans les autres, comme ces boîtes concentriques en ivoire que sculptent les Chinois.

Et ici, il n'y a aucune destruction de ces trois boîtes dont la moyenne seule est perforée d'un petit orifice ou micropyle. Il n'existe ni liquide gommeux ni liquide sucré pouvant constituer un véhicule à l'usage des anthérozoïdes.

Comment ces anthérozoïdes vont-ils pouvoir percer ce triple airain, afin d'atteindre l'archégone réduit à une oosphère? Comment arriver jusqu'à cette cellule femelle, qui se trouve logée au milieu

18

de tout cet ensemble de barrières, dans le prothalle
femelle simplifié?

Il semble donc que, chez les plantes supérieures,
le végétal ait accumulé les obstacles à la fécondation, à la formation de l'œuf.

Nous allons voir de quelle manière étrange la
Nature a résolu cette difficulté.

Les microspores du Bouton-d'or, formées quatre
par quatre dans les microsporanges, sont transportées dans l'air et
s'attachent, non plus
sur le macrosporange,
puisque celui-ci est
devenu profond, mais
sur son enveloppe la
plus extérieure. Une
ou plusieurs micro-
spores adhèrent sur le
haut de la feuille spo-
rangifère repliée ; en
cette partie terminale,
le tissu extérieur de
la feuille à macrosporange s'est modifié; ce tissu
est couvert de papilles (fig. 145) et enduit d'un
liquide visqueux, qui retient les microspores apportées par le vent ou par tout autre agent extérieur.

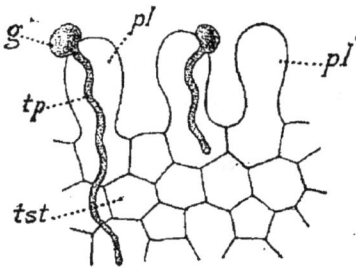

Fig. 145. — Microspores (grains de pollen) de Bouton-d'or germant sur les
papilles *pl* qui sont au sommet de la
feuille à macrosporange (grossi 70 fois).

Voilà donc la microspore attachée le plus près
possible du prothalle femelle renfermant l'oosphère. Pour arriver à former l'œuf, cette microspore germe sur la feuille à macrosporange et émet
un prolongement qui l'y fixe complètement. Mais
elle ne se contente pas de quelques suçoirs comme
la microspore du Ginkgo ; elle allonge ce filament
(*tp*, fig. 145), et l'enfonce profondément dans les
tissus de la feuille, à la manière d'un Champignon

parasite qui envahit la plante attaquée par lui.

La plante devient par là tout à fait parasite d'elle-même !

Ce prothalle mâle, issu de la microspore, constituant ce long tube (*tp*, *tp*, fig. 147) qui s'allonge à travers les cellules de la feuille à macrosporange en les dévorant sur son passage, les traverse d'un bout à l'autre, rencontre alors le tégument du macrosporange, rampe à sa surface, pénètre par le micropyle *m*, perfore de part en part le tissu du macrosporange et, ayant passé ainsi au travers des trois enveloppes protectrices, arrive jusqu'au contact d'une oosphère (*o*, fig. 147).

Mais en même temps, la microspore, en germant, avait formé une anthéridie rudimentaire qui, ainsi que je l'ai dit plus haut, donne deux anthérozoïdes (*a'*, *a''*, fig. 146), lesquels se sont déplacés en même temps que le filament et se trouvent à son extrémité. Au voisinage d'une oosphère, le filament parasite issu de la microspore perd sa membrane à son sommet et les deux anthérozoïdes qu'il renferme sont déversés dans les oosphères.

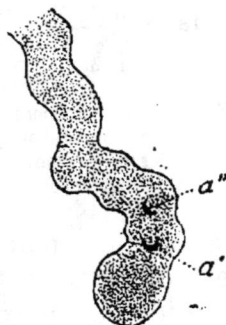

Fig. 146. — Extrémité du filament produit par la microspore de Bouton-d'or germant, avec les deux anthérozoïdes *a'*, *a''*, qui s'y trouvent (grossi 400 fois).

En ce cas, comme il n'y a plus de liquide où puissent se mouvoir les anthérozoïdes, ceux-ci sont dépourvus de cils vibratiles. Ces cils ne leur serviraient à rien, puisqu'un anthérozoïde est transporté, non par lui-même, mais par le filament du prothalle mâle parasite qui va le conduire jusqu'à l'oosphère.

Où sommes-nous? pensera peut-être celui qui ne
connait la fleur du Bouton-d'or que par son aspect
extérieur ou qui aura tout au plus examiné som-
mairement la structure de ses organes. Quel est ce
langage cryptogamique? Où voit-on ces microspores, anthéridies, anthérozoïdes, prothalle femelle ou archégones, dans une fleur de Renoncule?

L'étonnement provient simplement des changements de mots pour désigner les diverses parties
de la fleur, et, ces mots, nous avons été obligés
de les employer, par suite des transitions insensibles par lesquelles nous venons de passer de la
Sélaginelle au Ginkgo et à la Renoncule, c'est-
à-dire des Cryptogames aux Phanérogames, en
voyant toujours prédominer de plus en plus, dans
les exemples successifs, le sporophyte sur le gamétophyte.

Nous avons reconnu peu à peu, sous cette nouvelle forme, les faits que nous connaissons déjà
relativement à la formation de l'œuf chez les
plantes supérieures.

Où est la feuille sporifère du Bouton-d'or portant les microsporanges? Nous la reconnaissons ;
c'est tout simplement l'une des étamines de la
fleur.

Où est le microsporange? Ce n'est autre chose
que le sac pollinique de l'anthère, où se forment,
quatre par quatre, les grains de pollen qui sont
les microspores, exactement comme les microspores se forment quatre par quatre dans un microsporange de Sélaginelle.

Qu'est-ce que la feuille à macrosporange du
Bouton-d'or? C'est une de ces petites feuilles
vertes repliée sur elle-même, comme on en trouve
un grand nombre au milieu de la fleur de cette

plante, et qu'on nomme carpelle, dont l'ensemble constitue le pistil de la fleur.

A l'intérieur de la cavité formée par cette feuille carpellaire repliée sur elle-même, se trouve ce qu'on appelle ordinairement (et improprement)

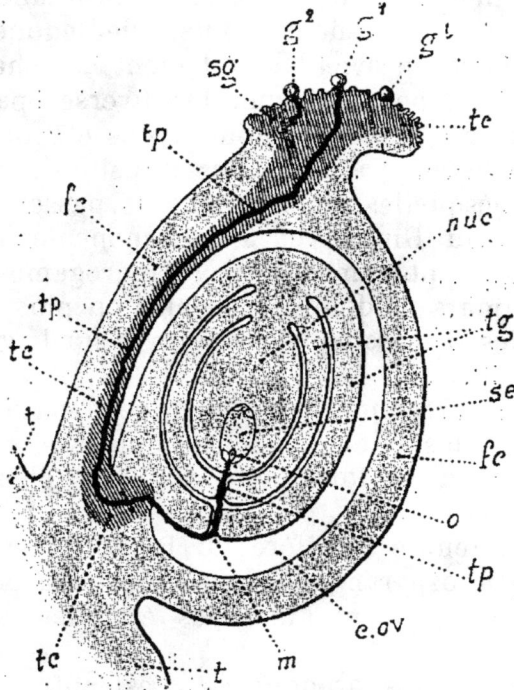

Fig. 147. — Coupe d'une feuille à macrosporange (carpelle) de Bouton-d'or, au moment de la formation de l'œuf : $g^3$, microspore (grain de pollen) adhérente au sommet de la feuille sporangifère $sg$ (stigmate); $g^1$, $g^2$, microspores germant; $g$, a formé un filament $tp$, $tp$, parasite dans le tissu $tc$ de la feuille sporangifère $fc$. Ce filament passe par le micropyle $m$, pénètre dans le tissu du macrosporange $nuc$ (nucelle de l'ovule) et arrive jusqu'au contact de l'oosphère $o$, formé par un archégone réduit qui se trouve dans le prothalle femelle $se$; la feuille sporifère repliée sur elle-même englobe une cavité $c. ov$ (cavité de l'ovaire); le macrosporange $nuc$ est entouré de deux téguments protecteurs $tg$; $t$ est la partie de la tige (axe de la fleur) sur laquelle s'insère la feuille sporangifère (ou carpellaire) $fc$ repliée sur elle-même (grossi 40 fois).

un ovule, qui n'est autre que le macrosporange, entouré de son tégument, laissant à son sommet la petite ouverture du micropyle.

Et la macrospore? La cellule qui la forme est renfermée dans l'ovule, c'est-à-dire dans le macrosporange, auquel elle reste adhérente, et l'on y trouve quelques cellules (cellules antipodes (*ant*, fig. 148) représentant la partie végétative du prothalle femelle qui s'y développe, ainsi que plusieurs archégones, réduits chacun à une cellule constituant l'oosphère (tels que *no*, fig. 148).

Nous sommes arrivés ainsi à la confirmation de ce paradoxe apparent : les organes sexuels de la fleur appartiennent à l'individu asexué.

L'étamine et les grains de pollen ne sont pas vraiment les organes mâles de la fleur; ce sont une feuille sporifère et des microspores.

Le carpelle et l'ovule ne sont pas vraiment les organes femelles de la fleur; ce sont une feuille sporifère et un macrosporange, ne renfermant qu'une seule macrospore.

Un anthérozoïde (*a'*, fig. 148), conduit par le filament pollinique jusqu'au contact de l'oosphère *o*, se combine avec cette dernière pour former l'œuf[1], comme dans toutes les plantes précédentes.

L'œuf formé, ayant acquis une nouvelle membrane, reste greffé sur le prothalle femelle (ou gamétophyte), ainsi que dans toutes les plantes citées plus haut, et se développe en embryon,

---

1. Je laisse de côté ici la formation d'un autre œuf, ou œuf accessoire, origine de l'albumen, et dont j'ai déjà dit quelques mots plus haut (p. 31). Nous verrons plus loin que cet œuf accessoire est analogue aux œufs qui peuvent se produire, chez les Cryptogames, dans des archégones autres que le premier qui est fécondé (p. 249).

donnant naissance à un nouveau sporophyte, qui
sera ici un nouveau plant de Bouton-d'or.

On voit ainsi que, même chez les plantes les

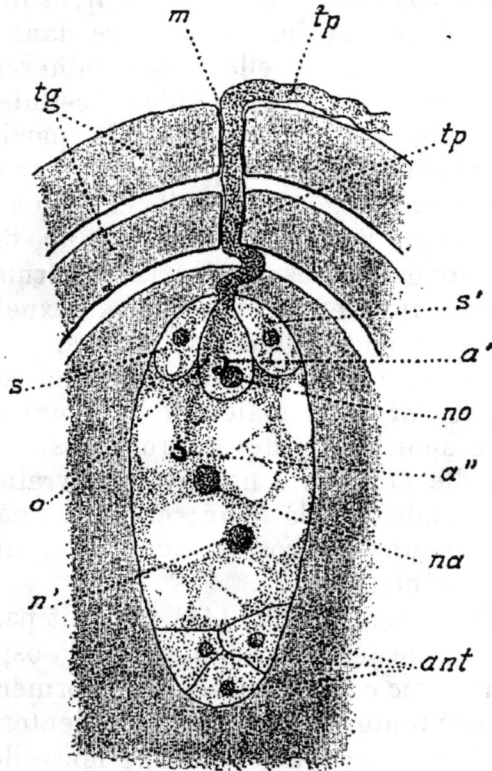

FIG. 148. — Formation de l'œuf principal et de l'œuf accessoire dans le Bouton-d'or : *tp*, filament issu de la microspore dont la paroi s'est résorbée à
l'extrémité, et qui a émis les deux anthérozoïdes *a'* et *a''*, dans l'intérieur
du prothalle femelle. Ce prothalle femelle est entouré par le tissu du macrosporange (nucelle), marqué par une teinte grise ; *m*, micropyle. — Le prothalle femelle comprend une partie végétative *ant* (trois cellules antipodes)
et cinq archégones plus ou moins réduits *n'*, *na*, *s*, *s'*, *o*, dont deux seulement pourront s'unir aux deux anthérozoïdes *a'* et *a''* ; *o*, oosphère dont
le noyau *no* se conjugue avec l'anthérozoïde *a'* pour former l'œuf principal, origine du sporophyte, c'est-à-dire de la presque totalité du Bouton-
d'or ; *na*, se conjugue avec *a''* pour former l'œuf accessoire, origine de
l'albumen.

plus élevées en organisation, la double individualité du végétal subsiste encore. Le sporophyte,
c'est, il est vrai, presque tout le Bouton-d'or,
avec ses racines, ses tiges, ses feuilles et ses

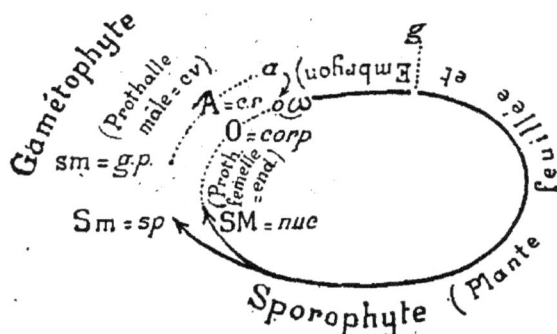

Fig. 149. — Schéma du développement total d'une Phanérogame : interruption du développement qui se produit en *g*, lors du détachement de la
graine; S, sporange; *s*, *s'*, *s''*, spores; S*m*, microsporange = *sp*, sac pollinique; *sm*, microspore = *g. p*, grain de pollen; SM, macrosporange =
*nuc*, nucelle; A, anthéridie = *cr*, cellule reproductrice du grain de pollen;
*a*, anthérozoïde; O, archégone = *corp*, corpuscule; *o*, oosphère; *cv*,
cellule végétative du grain de pollen, correspondant au prothalle mâle;
*end*, tissu du sac embryonnaire correspondant au prothalle femelle; *y*,
graine.

fleurs; mais cependant le gamétophyte existe sous
sa double forme.

Le gaméthophyte mâle, c'est le filament allongé,
issu du grain de pollen, germant, avec son anthéridie rudimentaire et ses deux anthérozoïdes.

Le gamétophyte femelle, c'est le sac embryonnaire situé dans l'ovule, avec ses cellules antipodes et ses archégones réduits à leur oosphère.

## 3. Prédominance de l'individu sexué ou gamétophyte.

Revenons maintenant à l'*Anthoceros*, la plante qui nous a servi de point de départ, la plante chez laquelle les deux individus, dont la superposition constitue le végétal, sont à peu près égaux.

Dans tout ce qui précède, nous avons pris pour exemple des plantes où le sporophyte se développe de plus en plus, arrivant à constituer le végétal presque tout entier.

Où prendre des exemples d'évolution contraire? Quels sont les végétaux dans lesquels le gamétophyte l'emporte sur le sporophyte, et arrive à constituer à son tour la presque totalité du végétal?

Nous l'avons dit plus haut, parmi les plantes terrestres, ce sont particulièrement les Mousses et les plantes voisines, en général ce qu'on appelle les Muscinées, qui en fournissent des exemples.

Entre les pavés des cours humides, au bas des murs ombragés, on trouve souvent une plante assez semblable, au premier abord, à un grand *Anthoceros*, avec un thalle vert, divisé en ramifications; c'est la plante appelée *Marchantia*.

Sur certains pieds de *Marchantia* se dressent de singuliers chapeaux à bords dentelés, portés chacun sur un pied allongé, produit directement par le thalle (fig. 150); comme ce dernier, ces chapeaux appartiennent au gamétophyte, car ils portent à leur surface supérieure des anthéridies nombreuses logées dans de petites cavités. Sur d'autres pieds de la même plante, au voisinage des précédents,

surgissent d'autres chapeaux, mais ceux-ci sont
régulièrement découpés en étoile (fig. 151); ils
font aussi partie du gamétophyte, car ils portent
un certain nombre d'archégones sur leur face inférieure.

En suivant, depuis la germination de la spore,

Fig. 150. — Thalle de *Marchantia* à chapeaux mâles (grossi 3 fois).

tout le développement du *Marchantia*, dont la différenciation interne est assez grande, avec son
thalle portant des chapeaux de deux sortes, on ne
voit pas autre chose. On dirait que tout le végétal est constitué par le gamétophyte.

Où se trouve donc le second tronçon du végétal? Où est le sporophyte?

Pour l'apercevoir, il faut regarder le dessous des

chapeaux à archégones âgés (fig. 152), chez lesquels la formation de l'œuf, par conjugaison de
l'oosphère avec un anthérozoïde mobile, s'est produite depuis longtemps déjà. Alors on pourra distinguer, au-dessous du chapeau, une petite masse

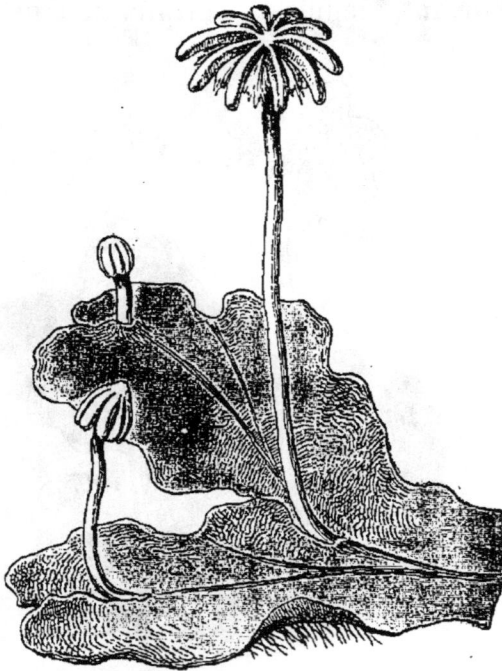

Fig. 151. — Thalle de *Marchantia* à chapeaux femelles (grossi 3 fois).

brune arrondie S*p*; c'est là tout le sporophyte. Il
est resté greffé à la surface inférieure du chapeau,
c'est-à-dire sur le gamétophyte, et il est réduit à
un très court pied d'attache portant un unique sporange où les spores se sont formées quatre par
quatre. Ces spores (*sp*, fig. 153) sont mises en liberté
par simple déchirure de la paroi du sporange. En

germant sur le sol, chacune d'elles peut donner un pied de *Marchantia* qui, par division, peut recouvrir une très grande surface, plus d'un mètre carré par exemple, portant çà et là soit des chapeaux à anthéridies, soit des chapeaux à archégones.

Prenons un autre exemple, pour voir s'accentuer

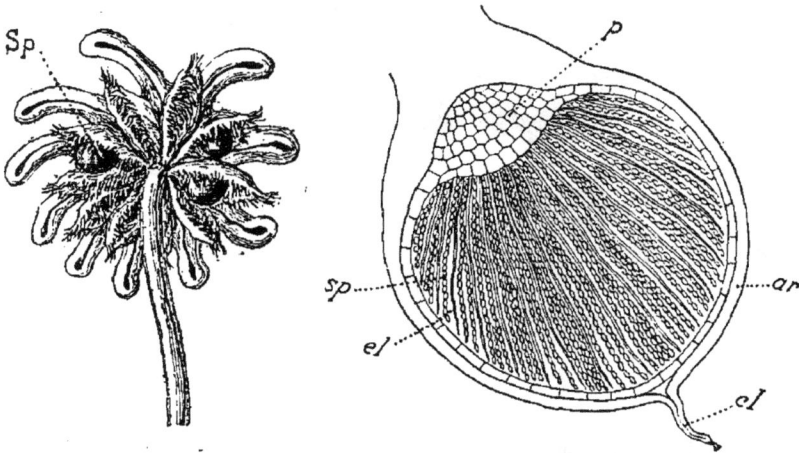

FIG. 152.—Chapeau femelle, âgé, de *Marchantia*, vu en dessous : on voit, en S*p*, un sporophyte qui reste adhérent au chapeau, et, par conséquent au gamétophyte (grossi 8 fois).

FIG. 153. — Coupe longitudinale du sporogone de *Marchantia polymorpha* : *p*, pied ; *ar*, paroi accrue de l'archégone ; *cl*, col flétri de l'archégone ; *el*, élatères ; *sp*, spores s'étant formées quatre par quatre et disposées ensuite longitudinalement (grossi 50 fois).

encore la prédominance du gamétophyte dans la double individualité végétale. Ce sera la Mousse des jardinières, qu'on récolte dans les forêts, qu'on teint avec de l'indigo pour la rendre plus verte et l'empêcher de jaunir, et dont on garnit souvent la base des plantes d'appartement (fig. 154); nous prendrons encore comme exemple l'*Atrichum*, Mousse très commune dans les bois (fig. 155).

Lorsqu'on sème sur de la terre une spore de cette Mousse, on en voit sortir de longs filaments verts, extrèmement minces, très allongés, rameux, enchevêtrés, rappelant le premier filament produit par une spore germant de *Marchantia*, mais bien plus dévelop-

FIG. 154. — Portion d'une tige feuillée de la Mousse des jardinières (grandeur naturelle).

FIG. 155. — *Atrichum undulatum* (grandeur naturelle).

pés; c'est, nous le savons, ce qu'on appelle le protonéma de la Mousse (*pa, ps,* fig. 156). Peu après, sur ces filaments protonémiques, il apparaît de petits bourgeons ($b_1$, $b_2$, $b_3$, fig. 156) qui, sans passage par une spore ou par un œuf, se développent en tiges feuillées et rameuses. Ce sont ces tiges feuillées que l'on nomme ordinairement « la Mousse »; à leurs bases, elles enfoncent dans le sol de longs poils absorbants qui absorbent l'eau contenue dans le sol.

Or, protonéma, tiges feuillées et ramifiées, poils

absorbants, tout cela provient de la germination de la spore. Cet ensemble compliqué constitue

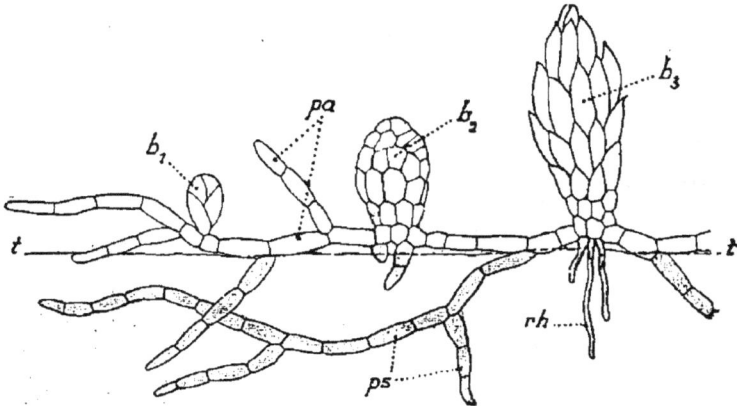

FIG. 156. — Début des tiges feuillées de Mousse : *t, t,* niveau du sol ; *pa,* partie aérienne du protonéma ; *ps,* partie souterraine ; *b₁, b₂, b₃,* états successifs des bourgeons feuillés (grossi 40 fois).

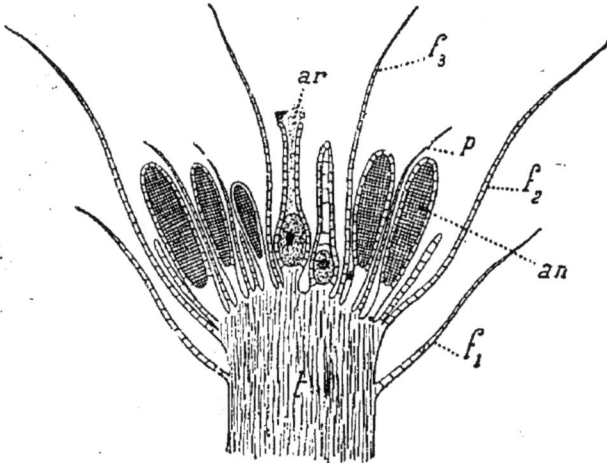

FIG. 157. — Coupe longitudinale schématique du sommet d'une tige d'*Atrichum* : *t,* tige feuillée ; *f₁, f₂, f₃,* feuilles ; *an,* anthéridies ; *ar,* archégones ; *p,* poils.

donc le gamétophyte ? On peut le démontrer facilement, car, de place en place, sur le sommet des tiges feuillées, on découvre, sous les feuilles, soit des anthéridies, soit des archégones (fig. 157).

Par rapport à une Fougère, par exemple, on peut dire que c'est le monde renversé.

Chez les Fougères, et d'ailleurs chez presque tous les végétaux à tiges feuillées, on ne trouve jamais, provenant de cette tige feuillée, que des sporanges renfermant des spores. Jamais la tige feuillée ne produit ni anthéridies ni archégones. Chez les Mousses, c'est l'inverse : jamais la tige feuillée ne forme de sporanges.

Cependant, une fois l'œuf constitué dans un archégone par la conjugaison d'un anthérozoïde (fig. 158) avec une oosphère, que devient cet œuf?

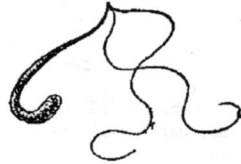

Fig. 158. — Anthérozoïde d'*Atrichum* (grossi 600 fois).

Cet œuf, comme toujours, reste greffé sur le gamétophyte, c'est-à-dire que, dans ce cas, il reste adhérent à la tige feuillée de Mousse sur laquelle le jeune embryon va se développer en parasite.

Le jeune embryon, issu de l'œuf, c'est le sporophyte. Que va-t-il produire? Peu de chose, un mince pédicelle terminé par un unique sporange.

L'œuf se divise d'abord en un certain nombre de cellules (fig. 159 à 161); ensuite, il se produit, aux dépens de ces cellules, un corps allongé (*sp*, fig. 162) qui est d'abord entouré par la partie accrue de l'archégone *ar*. Plus tard, cette enveloppe se déchire et le sporophyte acquiert tout son développement; il reste toujours greffé par la base sur le sommet de la tige qu'il semble continuer, et se renfle en un sporange à son extrémité (fig. 155). Si l'on fait une coupe longitudinale de ce sporange (fig. 163), on voit que, contrairement à ce qui se

passe chez toutes les autres plantes, les cellules
qui doivent donner naissance aux spores (*cm*, fig. 163)
sont situées dans les tissus profonds et non formés
par l'épiderme ou par l'assise sous-épidermique.

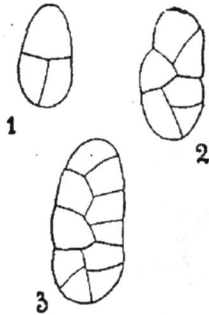

FIG. 159 à 161. — Développement de
l'œuf d'*Atrichum* : 1, l'œuf s'est
segmenté en deux cellules dont
l'inférieure s'est divisée en long ;
2, 3, suite du développement : le
trait plus gros transversal sépare
la partie supérieure (qui donnera
le pied et la capsule) de la partie
inférieure qui donnera la base du
sporogone s'enfonçant dans la tige
feuillée (grossi 80 fois).

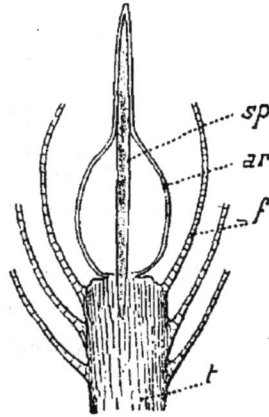

FIG. 162. — Coupe longitudinale schématique au sommet d'une tige feuillée d'*Atrichum*, passant par le milieu d'un archégone fécondé, et
montrant le développement du sporogone ; *sp*, sporogone, dont la base
est enfoncée dans les tissus de la
tige feuillée ; *ar*, paroi de l'archégone, qui s'est accrue en même temps
que le sporogone s'est développé ;
*t*, tige ; *f*, feuilles.

Dans ces cellules, les spores se formeront quatre
par quatre.

Chacune de ces spores, mises en liberté, peut
germer sur le sol et reproduire un nouveau gamétophyte complet : protonéma, tiges, feuilles, rameaux, poils absorbants s'enfonçant dans le sol, et
sur les tiges, anthéridies et archégones.

Presque toute la Mousse, presque tout le végétal
différencié, est donc le gamétophyte, qui corres-

pond tout entier au petit prothalle d'une Fougère
arborescente. Une partie infime, sans feuilles ni

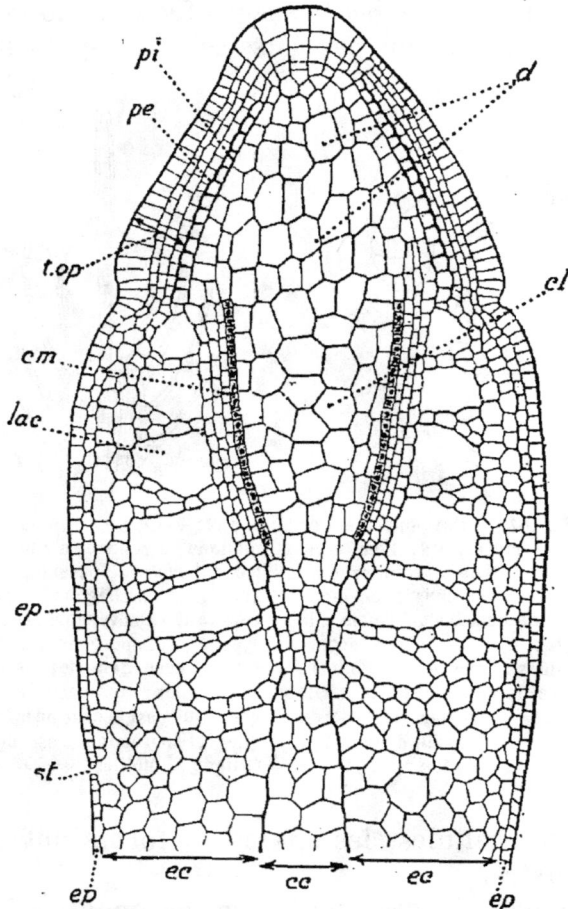

FIG. 163. — Coupe en long de la partie supérieure d'un sporogone non encore
mûr de Mousse : *cm*, cellules qui formeront chacune quatre spores ; les
autres lettres indiquent les différents tissus du sporogone (grossi 400 fois).

racines, réduite à un seul sporange, c'est le sporophyte, qui correspond à toute la Fougère arborescente (sauf son petit prothalle) avec sa tige énorme,

19.

ses grandes feuilles et ses nombreuses racines.

Le schéma du développement d'une Muscinée est représenté par la figure 164.

On pourrait prendre encore de nombreux exemples parmi les Algues rouges et les Algues vertes,

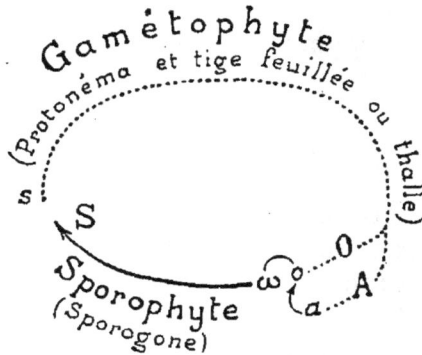

FIG. 164. — Schéma du développement complet d'une Muscinée : *s*, spore ; A, anthéridies donnant des anthérozoïdes *a* ; O, archégones renfermant chacun une oosphère *o*. L'ensemble du protonéma et de la tige ou du thalle constitue le gamétophyte. Un anthérozoïde *a* se conjuguant avec une oosphère *o*, donne l'œuf *ω* qui reste greffé sur la tige feuillée. L'œuf, en se développant, forme le sporogone qui porte un sporange S mettant en liberté des spores *s*. Ce sporogone constitue le sporophyte.

où l'on verrait le gamétophyte former presque toute la plante, tandis que le sporophyte se réduit à quelques cellules ; mais les deux plantes précédentes suffisent pour donner une idée très nette des végétaux à prédominance gamétophytique.

## 4. La réduction chromatique.

Un caractère histologique très remarquable permet de distinguer les deux individualités de l'orga-

nisme végétal jusque dans leurs plus petits fragments.

Pour comprendre quel est ce caractère, il faut
rappeler que le noyau de toute cellule végétale a,
comme partie essentielle, un filament nucléaire
contourné sur lui-même. Lorsqu'une cellule se divise, son noyau se divise d'abord et le filament
nucléaire se segmente alors en un nombre de parties égales (appelées *chromosomes* : $n^2$, $n'^2$, en 2,
fig. 165, par exemple), nombre qui est déterminé
pour le gamétophyte ou pour le sporophyte de
chaque végétal.

Or, le sporophyte d'une plante présente toujours,
lorsque le noyau de ses cellules se divise, un nombre de chromosomes *double* du nombre de chromosomes du gamétophyte de la même plante.

Si la tige d'une Fougère, prise comme exemple,
a 8 chromosomes dans la division nucléaire de ses
cellules, il y aura 8 chromosomes aussi dans toutes
les autres parties de la Fougère (issue de l'œuf,
comme nous savons) ; les divisions nucléaires des
cellules de toutes les racines, de toutes les feuilles,
de tous les rameaux se forment avec 8 chromosomes (en 2, fig. 165). Mais si l'on examine à ce
point de vue les cellules du prothalle de cette
même Fougère (issu de la spore, comme nous le
savons), on n'y trouvera que 4 chromosomes dans
leurs divisions nucléaires (en 4, fig. 165).

Alors, comment se fait ce changement lorsque,
dans son évolution, le végétal passe d'une individualité à l'autre ?

Où se fait la réduction de moitié du nombre des
chromosomes pour passer du sporophyte au gamétophyte ?

Où se fait le doublement du nombre des chromosomes en passant du gamétophyte au sporophyte?

C'est assez simple. La réduction chromatique se fait dans la division des cellules qui vont former les spores, et l'augmentation chromatique s'effectue au moment de la formation de l'œuf.

En effet, lorsque les cellules qui vont former les spores se divisent, le filament nucléaire se renfle et forme un nombre de chromosomes égal à la moitié du nombre des divisions précédentes. Les chromosomes formés sont deux fois plus gros, mais il y en a deux fois moins, 4 au lieu de 8 dans l'exemple choisi (en 4, fig. 165).

La spore a donc subi déjà la réduction chromatique et tout le gamétophyte qu'elle produit présente des divisions nucléaires à 4 chromosomes dans le prothalle de la Fougère dont nous parlons.

Il en résulte que les cellules reproductrices sexuelles, anthérozoïde et oosphère, sont chacune à 4 chromosomes. Lorsque l'anthérozoïde combine son noyau avec celui de l'oosphère pour former l'œuf, les 4 chromosomes de l'anthérozoïde *s'ajoutent* aux 4 chromosomes de l'oosphère pour donner un filament nucléaire de l'œuf qui sera à 8 chromosomes dans ses divisions successives et, par conséquent, dans tout le sporophyte, dans toutes les cellules de la plante feuillée de Fougère jusqu'à la formation des spores dans les sporanges, où se fera de nouveau la réduction chromatique.

Depuis la plus infime des Muscinées jusque dans une plante supérieure, il en serait de même. Chez cette dernière, la réduction chromatique s'opère dans les cellules du sac pollinique (microsporange) où se forment les grains de pollen, et, d'autre

part, dans les cellules de l'ovule (macrosporange),
où se produira le sac embryonnaire.

Le doublement chromatique se fait de même

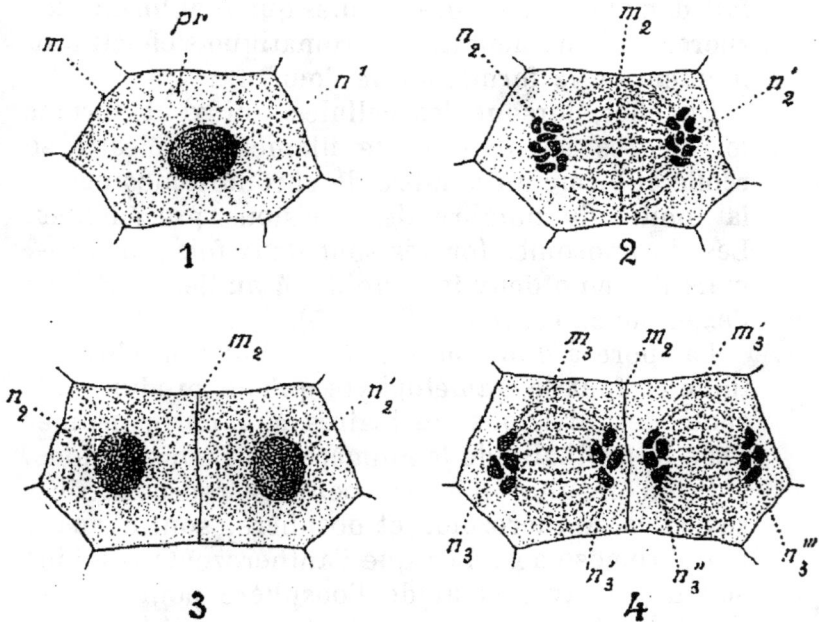

FIG. 165 à 168. — Schéma de la réduction chromatique : 1, cellule du sporophyte ($m$, membrane ; $pr$, protoplasma ; $n$, noyau) ; — 2, division d'une
cellule du sporophyte ; il se formera deux nouveaux noyaux, $n_2$, $n'_2$, à
8 chromosomes chacun ; $m_2$, nouvelle membrane ; — 3, les deux cellules
$n_2$, $n'_2$ du sporophyte sont cellules-mères des spores. Elles vont se diviser
avec réduction chromatique ; — 4, division de ces cellules avec réduction
chromatique ; les nouveaux noyaux $n_3$, $n'_3$, $n''_3$, $n'''_3$, se forment avec
4 chromosomes au lieu de 8 (ou, en général, avec un nombre de chromosomes moitié moindre que celui des noyaux des cellules végétatives du
sporophyte) ; $m_3$, $m'_3$, nouvelles membranes (grossi 300 fois).

au moment de la formation de l'œuf, lorsqu'un
anthérozoïde, sortant du filament pollinique, se
combine avec une oosphère renfermée dans le sac
embryonnaire.

De cette façon, on voit que l'œuf produit par la combinaison d'une cellule mâle et d'une cellule femelle, lesquelles peuvent provenir souvent de deux individus différents, renferme un filament nucléaire dont les chromosomes sont issus du père pour une moitié et de la mère pour l'autre moitié.

Ainsi se précisent, par un minutieux examen histologique, les caractères qui correspondent à l'hérédité.

D'autre part, ces dernières considérations mettent en évidence la différence profonde qui existe entre les deux tronçons superposés d'un même végétal, indépendamment des changements dans la forme extérieure du gamétophyte et du sporophyte.

Citons une application frappante :

La tige feuillée d'une Fougère a des cellules dont le nombre des chromosomes est *double* de celui des cellules du prothalle de la même plante; donc, la tige feuillée des Fougères appartient au sporophyte. Elle est, en effet, issue de l'œuf.

La tige feuillée d'une Mousse a des cellules dont le nombre des chromosomes est *moitié* de celui des cellules du sporogone de la même Mousse; donc, la tige feuillée des Mousses appartient au gamétophyte. Elle est, en effet, issue de la spore.

De pareils changements dans le nombre des chromosomes des noyaux s'observent çà et là, chez divers organismes inférieurs où l'alternance des formes n'est pas révélée nettement par les caractères extérieurs du développement.

On aperçoit ainsi chez ces plantes rudimentaires, comme les premières traces de cette double individualité du végétal que nous avons rencontrée dans tous les groupes.

# VI

# CRITIQUE DE LA CLASSIFICATION ACTUELLE

---

## 1. Les caractères des grands embranchements.

Lorsque j'ai résumé plus haut l'histoire des idées successives dans l'établissement des grands groupes de végétaux, j'ai donné, en terminant, les caractères les plus simples qui définissent les quatre embranchements du Règne végétal.

Je rappelle ces caractères :

| | |
|---|---|
| Fleur; racine; tige; feuille. . . . . . . . | I. Phanérogames. |
| 0, fleur; racine; tige; feuille. . . . . . . | II. Cryptogames vasculaires. |
| 0, fleur; 0, racine; tige; feuille . . . . . | III. Muscinées. |
| 0, fleur; 0, racine; 0, tige; 0, feuille; (thalle). | IV. Thallophytes. |

Cette classification peut-elle être considérée comme définitive? si toutefois on peut dire qu'il existe en science quelque chose de définitif.

N'est-elle pas dès à présent critiquable en certains points? Les découvertes les plus récentes la justifient-elle dans toutes ses parties?

Telles sont les questions que nous devons nous

poser pour chercher si, à ce sujet, ne se présentent pas d'importants problèmes à résoudre, et pour entrevoir vers quelle voie devra sans doute s'orienter la science future.

Nous avons vu, dans les chapitres qui précèdent, que des transitions insensibles relient entre eux les groupes de végétaux rangés dans les cadres principaux de la classification actuelle. Mais ceci n'est pas une critique, au contraire : les embranchements du Règne végétal ainsi réunis entre eux par des intermédiaires, forment un ensemble harmonieux dont la caractéristique principale est la double individualité de chaque plante (sporophyte et gamétophyte).

Alors, que peut-on reprocher à cette manière rationnelle de grouper les végétaux?

Tout d'abord, sans détruire les quatre embranchements : Phanérogames, Cryptogames vasculaires, Muscinées et Thallophytes, on doit chercher à les caractériser autrement que par la présence ou l'absence des fleurs et des trois membres de la plante : tige, racine et feuille.

Les Phanérogames ont racine, tige, feuille et fleur. La fleur manque dans les trois autres embranchements.

Que signifie cette première distinction?

Nous nous sommes rendus compte, par l'examen du passage des Phanérogames aux Cryptogames, qu'on ne peut accorder aucune valeur définie au mot fleur. Et ce n'est pas seulement par quelques transitions qu'à ce point de vue les Phanérogames sont reliées aux Cryptogames, c'est par l'idée qu'on peut chercher à se faire de la fleur.

En effet, si une fleur est le résultat de l'épanouissement d'un bourgeon spécial qui porte les sporanges, quelles sont les plantes à fleurs et les plantes sans fleurs ?

Les Lemnacées, ces curieuses Phanérogames dont la partie végétative n'a ni tiges ni feuilles, ont-elles des fleurs ? En particulier le *Wolfia arhiza* (fig. 169), Monocotylédone réduite à un thalle sur lequel se produisent un pistil à un seul ovule (ou macrosporange) et quelques étamines (feuilles à microsporanges) est une plante décrite comme ayant des fleurs. Ce sont des fleurs sans calice ni corolle, sur des plantes dont la partie végétative est sans feuille, ni tige, ni racine. Si ces plantes n'avaient pas ces sortes de fleurs, pourquoi ne seraient-ce pas des Thallophytes et non des Phanérogames ?

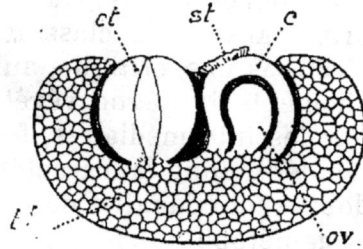

FIG. 169. — Exemplaire complet de *Wolfia arhiza*, coupé en long : *th*, thalle ; *et*, étamine ; *c*, carpelle ; *st*, stigmate ; *ov*, ovule (grossi 80 fois).

Or, retenons cet exemple. Nous avons vu d'autre part que les fleurs des Gymnospermes sont formées par des bourgeons spéciaux dont les feuilles portent des sacs polliniques (microsporanges) ou des nucelles d'ovules (macrosporanges). Ces fleurs ne diffèrent en rien du sommet des rameaux spéciaux des Sélaginelles qui sont classées dans les plantes sans fleurs ; ces rameaux de Sélaginelles sont formés par des bourgeons particuliers dont les feuilles portent soit des microsporanges, soit des macrosporanges.

Mais si l'on compare un tel sommet de rameau de Sélaginelle à la partie analogue d'un Lycopode, on remarque entre les organes similaires de ces deux sortes de plantes une identité presque complète.

Alors si la Sélaginelle porte ces fleurs, comment refuser d'appeler fleur ce que produit le bourgeon sporifère du Lycopode ?

Or, dans cette dernière plante, tous les sporanges sont semblables. Dès lors, tout bourgeon, et par suite toute expansion spéciale portant des sporanges mérite aussi bien le nom de fleur.

Un rameau particulier d'une Algue porte-t-il des sporanges groupés, ce sera par extension une fleur; c'est ainsi, en effet, qu'on a considéré l'ensemble des parties sporangifères du thalle de *Wolfia* comme une fleur de Monocotylédone.

Il faut en conclure, que le fait d'avoir des fleurs ne caractérise pas les Phanérogames, et que le nom même de cet embranchement est devenu inexact. Ce qui est apparent chez les Phanérogames ce sont les sporanges (étamines, ovules); ce ne sont pas les régions où se produisent réellement les cellules reproductrices. L'extrémité du tube pollinique où se trouvent les anthérozoïdes et le sac embryonnaire contenant l'oosphère, sont, au contraire, fort bien cachés et difficiles à voir; tandis que, dans les Cryptogames, les organes contenant les gamètes sont beaucoup plus apparents.

Mais si les Phanérogames ne doivent plus être caractérisées par la fleur, comment pourra-t-on les définir ?

Nous l'avons vu, les caractères les plus généraux des plantes de cet embranchement supérieur, bien qu'ils ne soient pas absolus, sont le fait d'avoir une graine, et de présenter des microspores (grains de pollen) qui sont parasites sur une partie de la plante elle-même. Il en résulte la production par la microspore d'un filament (tube pollinique) qui conduit les anthérozoïdes à travers les tissus de la plante, jusqu'au voisinage des oosphères.

Un autre caractère des Phanérogames, c'est que le prothalle femelle issu de la macrospore (ou de la cellule mère de macrospore) reste *greffé* sur les tissus du macrosporange (*s*, en P, fig. 170), sur le

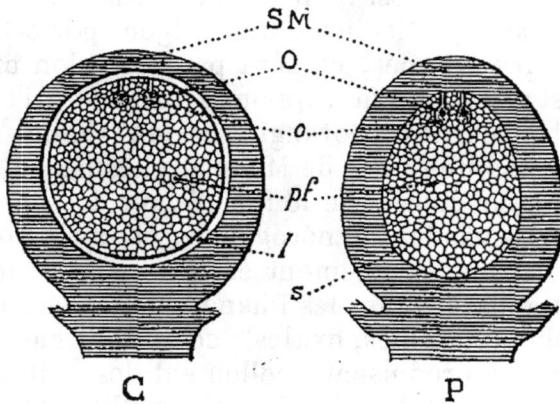

FIG. 170 et 171. — Comparaison du macrosporange chez une Cryptogame très différenciée C et chez une Phanérogame gymnosperme P; le prothalle femelle *pf* (produit par la macrospore) reste indépendant du macrosporange en C, et est, au contraire, soudé avec le macrosporange en P. — SM, macrosporange; *pf*, prothalle femelle; O, archégones; *o*, oosphères; *l*, espace libre en C; *s*, soudure en P.

nucelle de l'ovule, fait qui ne se produit pas chez les Cryptogames (*l*, en C, fig. 170).

Ces trois caractères, greffage du prothalle femelle sur le macrosporange, formation d'une graine et parasitisme de la microspore, sont, il faut le remarquer, corrélatifs les uns des autres.

Si, en effet, le prothalle femelle reste greffé sur la

plante avec les archégones renfermant les oosphères,
il en résulte que la microspore ne peut pas germer
sur le sol. Alors, pour que les anthérozoïdes que
formera le prothalle mâle puissent arriver jusqu'à
l'oosphère, il faut nécessairement que la microspore
vienne s'attacher sur la plante, au voisinage du macrosporange ou sur le macrosporange lui-même.
Mais la microspore une fois arrivée là doit germer,
et pour faire parvenir les anthérozoïdes jusque
dans le sac embryonnaire à travers les tissus
de l'ovule, ou du pistil et de l'ovule, la microspore (ou grain de pollen) doit être forcément
parasite de la plante, et développer le filament
(tube pollinique) qui va depuis le point où la
microspore adhère à la surface du végétal jusqu'au
point où se trouve l'oosphère, ce dernier étant à
l'intérieur des tissus de l'ovule.

En se plaçant à un point de vue théorique très
général, on pourrait dire que les Phanérogames
sont des plantes adaptées à la formation de l'œuf
*par l'air* et que les Cryptogames vasculaires (ainsi
que la plupart des autres Cryptogames) sont des
végétaux adaptés à la formation de l'œuf *par
l'eau.*

Expliquons-nous, car cette formule est sans
doute un peu trop simple.

Considérons une Cryptogame vasculaire ou une
Muscinée quelconque; il faut que l'eau recouvre le
prothalle des Fougères ou le sommet des tiges
feuillées des Mousses pour que s'ouvrent les anthéridies ; c'est dans l'eau que nagent les anthérozoïdes afin d'atteindre les archégones. Voilà pourquoi l'on peut dire que la formation de l'œuf de
ces plantes est aquatique.

Considérons maintenant une Phanérogame. C'est dans l'air que la microspore vient s'attacher à la surface du macrosporange (nucelle de l'ovule) ou à la surface de la feuille repliée sur elle-même qui le renferme. C'est à travers des tissus développés dans l'air que la microspore (grain de pollen) émet le filament (tube pollinique) qui, après avoir traversé le tissu de la feuille carpellaire, franchit dans l'air la cavité de l'ovaire et le micropyle, pour entrer dans le tissu du macrosporange et atteindre l'oosphère. C'est pourquoi l'on peut dire que la production de l'œuf ou les phénomènes qui préparent sa formation se fait dans l'air ou à travers des tissus développés dans l'air.

Dès lors, n'y aurait-il pas une distinction très nette à proposer entre les Phanérogames et les Cryptogames? Les premières ont des anthérozoïdes sans cils vibratiles, non disposés pour nager dans un liquide, jamais mis en liberté. Les seconds ont des anthérozoïdes munis de cils vibratiles, mis en liberté et nageant dans l'eau.

En supposant que l'on puisse admettre cette différence entre les Phanérogames et les plantes des deux embranchements suivants (malgré la présence d'anthérozoïdes ciliés, se mouvant dans un liquide produit dans le nucelle, chez les Cycadées et le Ginkgo), cette adaptation des anthérozoïdes au milieu aquatique n'est pas absolue. Nous avons vu, en effet, que les anthérozoïdes des Floridées ne méritent pas leur nom; ils ne sont pas mobiles par eux-mêmes; ils n'ont pas de cils vibratiles; ils sont revêtus d'une membrane de cellulose; et cependant ils sont mis en liberté dans l'eau, qui les entraîne au gré de ses courants.

18.

D'autre part, un grand nombre de Cryptogames ne forment-ils pas leurs œufs dans l'air (ou plus exactement dans l'intérieur de tissus produits dans l'air), les Mucorinées, les Péronosporées, par exemple?

En somme, il faut modifier la caractéristique ordinaire de l'embranchement des Phanérogames. Ne plus parler de fleur, mais dire que, sauf quelques exceptions, toutes les plantes de ce groupe ont une *graine* et *un tube pollinique*, que toutes possèdent un prothalle femelle qui reste *adhérent* au tissu du macrosporange.

Les trois autres embranchements : Cryptogames vasculaires, Muscinées et Thallophytes, n'ont, en général, ni graine, ni tube pollinique, et lorsqu'il existe un prothalle femelle chez les Cryptogames vasculaires, il n'est pas adhérent aux tissus du microsporange; il s'en trouve détaché complètement par l'isolement préalable de la macrospore.

Que dire maintenant des caractères généralement admis pour séparer les Cryptogames vasculaires des Muscinées ?

Les premières, dit-on, présentent tige, feuille et racine; les secondes ont tige et feuille; pas de racine.

Cette distinction est inadmissible.

On n'a pas le droit de comparer la tige feuillée des Cryptogames vasculaires à la tige feuillée des Mousses et des Hépatiques feuillées.

En effet, la première appartient au tronçon de la plante appelé sporophyte parce qu'il produit les spores et qu'il est issu de l'œuf; la tige feuillée des Mousses fait partie au contraire du gamétophyte; elle est issue de la spore et produit anthérozoïde et oosphère formant l'œuf.

Il est étonnant qu'on ait vu persister si longtemps cette grave erreur qui consiste à comparer des organes non comparables, comme la tige
feuillée d'une Mousse à la tige feuillée d'une Fougère ou d'une Phanérogame. Non seulement cette
comparaison est inadmissible à cause de l'origine
et du devenir inverses de ces deux tiges feuillées,
mais quand bien même on ne connaîtrait pas cette
origine, on trouverait encore entre elles des différences profondes. En effet, lorsque la tige feuillée
de la Mousse se ramifie, un rameau se produit
*au-dessous* de la feuille ; pour les plantes supérieures le rameau se produit, en général, *au-dessus*
de la feuille. Quand les noyaux des cellules de la
tige feuillée de la Mousse se divisent, nous avons
vu qu'ils ont un nombre de chromosomes moitié de celui des chromosomes des noyaux en voie de
division, du sporogone de la même mousse. Quand
les noyaux des cellules de la tige feuillée des Fougères se divisent, ils présentent, au contraire, un
nombre de chromosomes *double* de celui des chromosomes des noyaux en voie de division, du prothalle de la même Fougère.

On pourrait dire que les Muscinées, avec cette
grande différenciation du gamétophyte, qui ne se
présente nulle part ailleurs chez les Phanérogames
ou les Cryptogames vasculaires, constituent, parmi
les plantes terrestres, un monde végétal tout spécial. Si l'on voulait être logique, il faudrait désigner tous ces organes différenciés des Mousses, par
des mots particuliers, différents de ceux qu'on emploie ailleurs pour désigner des organes qui ne
leur sont en rien comparables. La tige des Mousses
ne devrait pas s'appeler tige ; les feuilles des

Mousses ne devraient pas s'appeler feuilles, et il en est de même pour les termes suivant lesquels on dénomme leurs divers tissus internes qui ne devraient pas être les mêmes que ceux qui désignent les tissus internes de la tige ou de la feuille chez les autres plantes.

Grâce à ces fausses comparaisons des tiges feuillées, et en y joignant la similitude de l'évolution générale chez les Fougères et les Mousses, on avait proposé parfois de réunir les deux embranchements des Cryptogames vasculaires et des Muscinées en un seul, désigné par le mot *Archégoniates*.

Étant donné les faits que nous avons étudiés relativement à ces deux groupes, il est clair que cette réunion n'a pas de raison d'être, à moins de comprendre aussi dans cet embranchement les Phanérogames, lesquels ont aussi des archégones et présentent le même développement général. Autant dire qu'il n'y a plus de grandes divisions à établir dans le Règne végétal ! Ce serait une manière facile de résoudre le problème de la classification.

Mais alors quelles différences faut-il indiquer entre les Cryptogames vasculaires et les Muscinées ?

A prendre les types extrêmes, ces différences sont nombreuses : prédominance du gamétophyte chez les Muscinées ; prédominance du sporophyte chez les Cryptogames vasculaires ; cellules formatrices des spores placées dans les tissus profonds chez les premières, dans les tissus superficiels chez les secondes.

Mais, en somme, la différence la plus générale et la plus grande, c'est que le sporophyte, réduit à un pied portant le sporange, reste *toujours* greffé sur le gamétophyte chez les Muscinées, tandis qu'il n'y est adhérent que dans son jeune âge chez les

Cryptogames vasculaires. Chez ces derniers végétaux, le sporophyte, au lieu d'être sans feuilles et
sans racines comme celui des Muscinées, acquiert
en général feuilles et racines, ce qui lui permet de
s'affranchir du gamétophyte et de vivre d'une vie
indépendante.

## 2. Le démembrement des Thallophytes.

Restent les Thallophytes. Qu'aurons-nous à en
dire au point de vue de
leurs différences géné-
rales avec les autres em-
branchements?

Le caractère négatif
de n'avoir pas le corps
différencié en organes
définis est loin d'être
suffisant.

En effet, d'une part,
parmi les Muscinées,
les Hépatiques à thalle,
telles que les *Anthoce-
ros* ou les *Marchantia*,
sont dans ce cas; et il
est impossible de les
séparer des Hépatiques
à feuilles. D'autre part,
il est difficile de refuser
la distinction en tige,
feuille et même racine

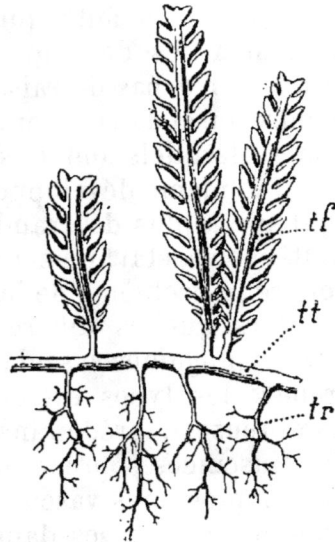

Fig. 172.— Exemple d'une algue (*Cau-
lerpa*) dont le thalle est différencié en
des sortes de feuilles *tf*, des sortes de
tiges *tt*, des sortes de racines *tr* (réduit 3 fois).

servant au moins d'attache à la plante, chez un
grand nombre d'Algues (fig. 172).

Mais n'est-ce pas un caractère important de n'avoir pas de tissu vasculaire? Si l'on veut prendre ce nouveau caractère négatif pour délimiter les Thallophytes, deux circonstances s'y opposent. En premier lieu, les Muscinées n'ont pas de vaisseaux; en second lieu, certaines Algues, notamment les Algues brunes à tissu massif, renferment des vaisseaux très bien formés.

Nous avons vu, en parlant des Floridées, que les groupes très importants de Thallophytes présentent tout à fait le même développement que les Muscinées : alternance régulière du sporophyte et du gamétophyte, avec prédominance de ce dernier tronçon du végétal. Cette ressemblance, masquée un peu en apparence par l'habitat aquatique de ces Algues, est tellement grande que certains auteurs, qui voient toujours dans les êtres marins les ancêtres des êtres croissant sur la terre ferme, ont considéré les Mousses et les Hépatiques comme des algues qui auraient atterri, « débarqué », comme on a dit quelquefois.

On a même découvert de microscopiques Thallophytes qui présentent la forme gamétophyte (fig. 173 à 177) et la forme sporophyte (fig. 178 à 180). Ce sont de singuliers petits êtres parasites qui s'attachent sur la carapace des insectes aquatiques, et qu'on nomme Laboulbéniacées[1]; ils ont été étudiés en détail par le botaniste américain Thaxter. Leur sporophyte forme des spores comme les Champignons ascomycètes (Morille, etc.), tandis que leur gamétophyte produit l'œuf dans l'eau, comme les Algues rouges, avec anthéridies à anthérozoïdes sans cils vibratiles et avec oogone à trichogyne.

1. Ils ont été dédiés au Dr Laboulbène.

On classe les Laboulbéniacées parmi les Champignons ; on pourrait aussi bien les classer parmi les Algues. Enfin leur développement général est encore très analogue à celui des Muscinées, car elles

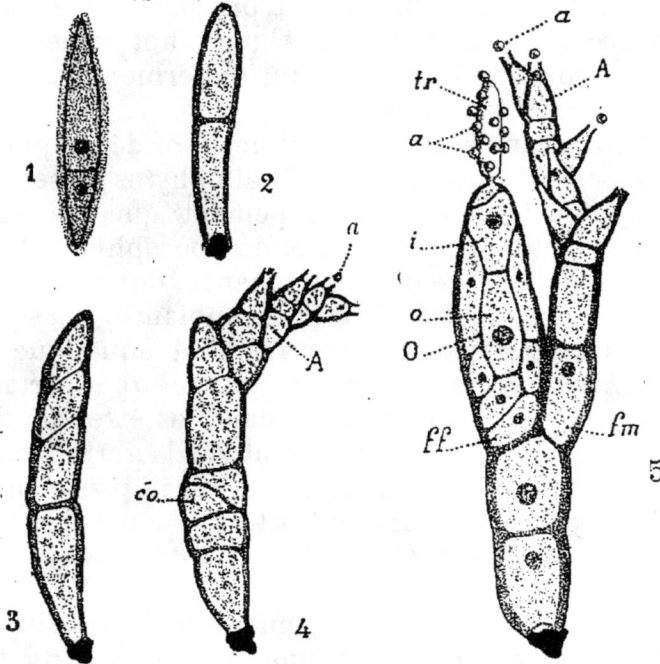

Fig. 173 à 177. — Développement du gamétophyte chez une Laboulbéniacée (*Stigmatomyces*). — 1, spore. — 2, début de la germination de la spore. — 3, jeune plante. — 4, la plante a développé des anthéridies A produisant des anthérozoïdes tels que *a* ; l'oogone proviendra de la cellule *co*. — 5, plante adulte : *fm*, filament mâle ; A, anthéridies ; *a*, anthérozoïdes ; *ff*, filament femelle ; O, oogone ; *o*, oosphère ; *i*, cellule intermédiaire ; *tr*, trichogyne, à la surface duquel adhérent de nombreux anthérozoïdes (très grossi) [d'après Thaxter].

présentent une alternance de formes absolue, et sont dépourvues de spores secondaires permettant au gamétophyte de se reproduire sans passer par l'œuf. De plus, comme chez les Muscinées, le sporophyte S*p* (2, fig. 178) reste toujours greffé sur le gamétophyte (en *i*, fig. 178).

Arrêtons-nous un instant pour examiner ces êtres singuliers, qui ne sauraient être placés dans aucun groupe de la classification actuelle. Les Laboulbéniacées offrent d'ailleurs un très grand intérêt au point de vue de la Biologie générale ; ce sont des végétaux presque exclusivement réduits à leurs organes reproducteurs et ceux-ci sont d'une organisation très particulière.

Partons du développement de la spore (1, fig. 173), nous la verrons grossir (en 2), puis se cloisonner (en 3, 4, 5) et produire presque directement un filament mâle *fm* à anthéridies et un filament femelle avec une oogone, surmontée d'un trichogyne en massue (*tr*, en 5, fig. 173), enduit d'une matière visqueuse où viennent s'attacher les anthérozoïdes La formation de l'œuf se produit dans l'eau. Il suffit qu'un anthérozoïde se soit conjugué avec le trichogyne, celui-ci avec la cellule intermédiaire et enfin celle-ci avec l'oosphère (*o*, en 5, fig. 173) pour que l'œuf soit formé.

L'œuf se développe immédiatement pour produire un sporophyte très simple (*s*, *a*, *i*, en 1, fig. 178 ; puis *Sp*, en 2). De même que le gamétophyte était presque réduit aux organes reproducteurs et aux quelques éléments qui les supportent ou les protègent, le sporophyte est presque exclusivement formé de sporanges (tels que S, S″, en 2, fig. 178) dans chacun desquels s'organisent quatre spores (*s*, en 3, fig. 178) semblables à celle qui nous a servi de point de départ.

Les anthéridies des Laboulbéniacées sont tout à fait spéciales. On n'en rencontre de cette forme chez aucun autre végétal. Chaque anthéridie

(3, fig. 181) ressemble à une bouteille dont le contenu
se débiterait par le col sous forme de bouchons
successifs, et c'est chacun de ces bouchons qui
produira un anthérozoïde sans cils vibratiles. Cer-

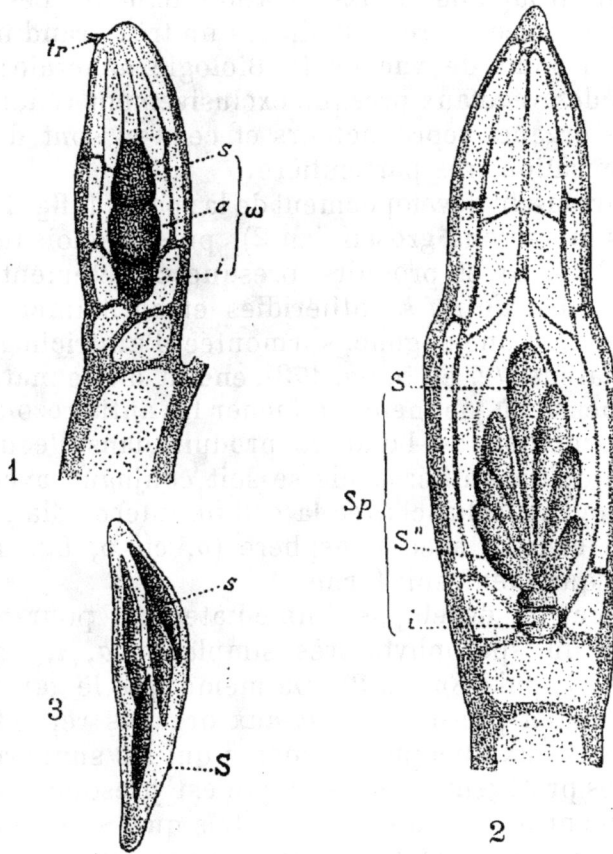

Fig. 178 à 180. — Développement du sporophyte d'une Laboulbéniacée (*Stigmatomyces*). — 1, développement de l'œuf ω (qui a été formé dans l'oogone)
en trois cellules *s*, *a*, *i*; on voit en *tr* le reste du trichogyne flétri — 2, développement du sporophyte S*p* issu de l'œuf : *i*, partie végétative ou pied
du sporophyte, qui reste greffé sur le gamétophyte ; S, S″, sporanges. —
3, un sporange mûr, isolé S, renfermant quatre spores bicellulaires *s* semblables à celle figurée en 1, fig. 175 (très grossi) [d'après Thaxter].

taines espèces (en 1, fig. 181) possèdent des anthéridies composées dont les anthérozoïdes débouchent
dans un col commun C.

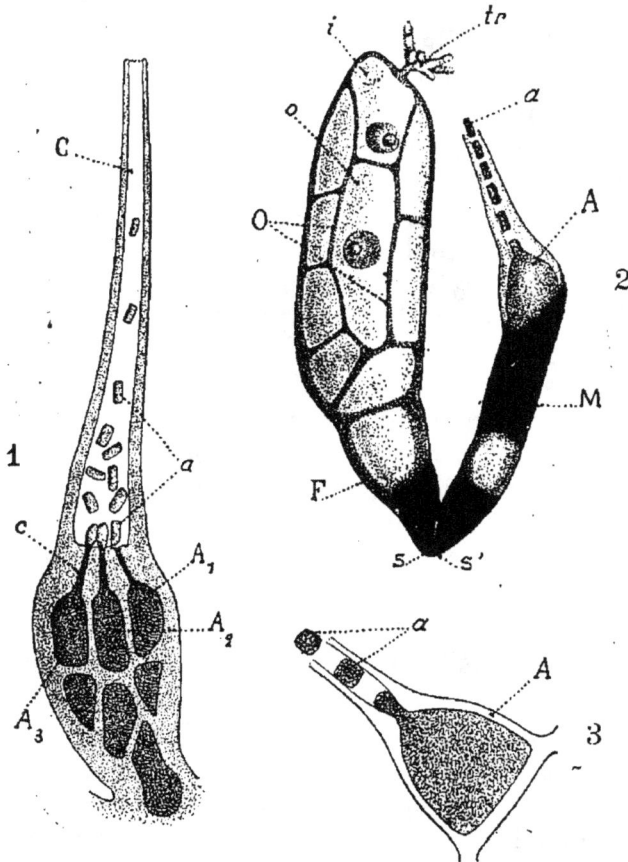

FIG. 181 à 183. — Anthéridie composée d'une Laboulbéniacée (*Dimeromyces*):
$A_1$, $A_2$, $A_3$, anthéridies simples déversant leurs anthérozoïdes *a* dans le
col commun C de l'anthéridie composée. — 2, deux individus adultes asso-
ciés, l'un femelle F, l'autre mâle M, provenant d'une paire de spores *s s'*
d'une Laboulbéniacée (*Amorphomyces*) : *tr*, trichogyne rameux ; *i*, cellule
intermédiaire; O, oogone; *o*, oosphère; A, anthéridie; *a*, anthérozoïdes.
— 3, une anthéridie A de *Stigmatomyces* produisant successivement des
anthérozoïdes *a* (très grossi) [d'après Thaxter].

D'autres Laboulbéniacées présentent ce fait très curieux que les spores germent par paire (en *s*, *s'*, 2, fig. 181), et l'une de ces spores appariées donne un filament mâle M, tandis que l'autre donne un filament femelle F. Or, ces spores *s* et *s'* sont en apparence semblables. Il y a donc là une différenciation virtuelle des spores, comme chez les Prêles, mais dans une forme plus définie.

On voit, en somme, que ces êtres singuliers sont bien faits pour embarrasser les classificateurs ; car ils présentent le développement des Muscinées avec un gamétophyte en forme d'Algue et un sporophyte en forme de Champignon.

Après ces diverses réflexions, quels caractères généraux pouvons-nous attribuer aux Thallophytes? Beaucoup d'entre elles se rapprochent des Muscinées, mais elles n'ont pas, comme les plantes de ce dernier embranchement, un archégone différencié ; de plus, les cellules qui produisent les spores ont une origine superficielle et non profonde comme les cellules sporifères des Mousses.

Ce n'est pas beaucoup, pensera-t-on, pour caractériser ce vaste embranchement du Règne végétal. Mais aussi les Thallophytes sont si dissemblables entres elles, qu'il est bien difficile de leur trouver des caractères communs, fussent-ils négatifs.

Les Basidiomycètes, par exemple, qui comprennent les Champignons à chapeau les plus connus, sont certainement bien plus différents des Algues rouges que celles-ci ne le sont des Muscinées.

Ce qui est à prévoir, c'est que dans l'avenir, quand l'évolution des divers groupes de Thallophytes sera mieux connue, cet embranchement du Règne végétal se trouvera démembré, comme on a démembré l'ancien embranchement des Mollusques dans le Règne animal.

Seraient-ce les Algues qu'il faudrait séparer plus complètement des Champignons? Non pas; car le caractère unique qui distingue ces deux groupes est fort contestable. C'est en effet un caractère physiologique. Les Algues assimilent le carbone à la lumière, grâce à la chlorophylle qu'elles possèdent. Les Champignons sont, au contraire, privés d'assimilation chlorophyllienne.

Nous avons d'ailleurs vu qu'on peut établir des passages entre ces deux groupes, notamment par la présence de zoospores, ou même d'anthérozoïdes mobiles, chez certains Champignons.

Toute la classification de ces Thallophytes est à remanier. Mais comment? C'est ce qu'on n'a pas encore trouvé.

Et les Lichens, ces associations d'Algue et de Champignon, où les placer? Parmi les Algues? Ce n'est pas possible, puisque les Algues qu'ils renferment peuvent vivre à l'état isolé. Parmi les Champignons? C'est peut-être excessif.

Une première tentative dans le sens du démembrement des Thallophytes avait été faite par Sachs, qui avait distrait des Thallophytes le groupe des Characées pour l'élever au rang d'embranchement. Sachs en faisait un groupe aussi important que celui des Phanérogames.

Les Characées, vulgairement Charaignes (fig. 184), sont des végétaux verts, aquatiques, habitant les eaux douces et dont les anthéridies ou les oogones ont une forme très particulière (fig. 185), qui ne possèdent pas de spores et qui sont réduites à un gamétophyte dont l'évolution et l'organisation sont tout à fait spéciales. Pas plus chez les Characées fossiles que chez leurs espèces actuelles, on ne trouve de forme établissant un passage vers d'autres végétaux. C'est un groupe homogène, dont toutes

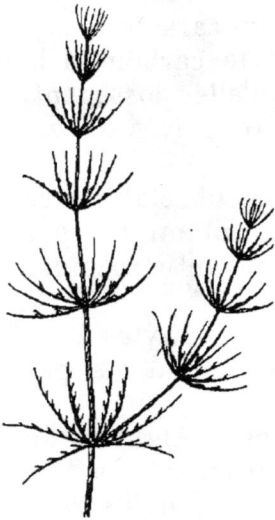

FIG. 184. — Exemple de Charaigne (*Chara fragilis*), montrant des tiges portant des feuilles en verticilles (réduit 3 fois).

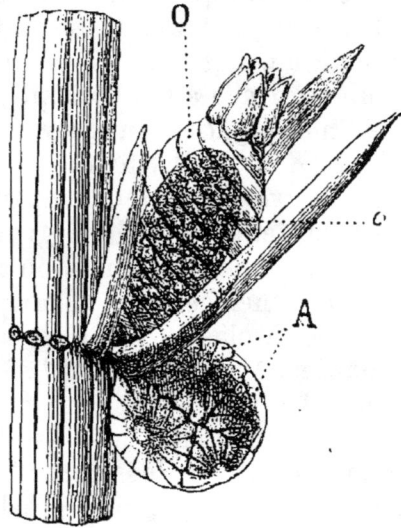

FIG. 185. — Fragment de feuille de *Chara fragilis* portant des anthéridies A et des oogones O ; on voit, par transparence, l'oosphère *o* dans l'oogone (grossi 35 fois).

les espèces se ressemblent beaucoup et qu'on dirait avoir évolué à part depuis les époques *géologiques* les plus reculées, sans que leur origine apparaisse clairement.

Les Characées ont été ballottées dans la classification de la manière la plus variée et, ne sachant qu'en faire, les classificateurs les ont placées tour à tour dans trois embranchements différents. Autant

21.

valait en faire un embranchement spécial, comme
le proposait Sachs.

Une autre catégorie de Thallophytes aberrante
dans l'état actuel de nos connaissances, c'est l'immense groupe des Bactériacées, encore si mal
connu au point de vue morphologique.

Certains auteurs ont voulu les ranger dans une
catégorie de Champignons ; mais les espèces dont
on les rapprochait ainsi sont, on le sait maintenant,
tout à fait différentes par l'organisation de leurs
éléments cellulaires. D'autres les rangent parmi les
Algues, malgré leur absence de chlorophylle, à
cause de certaines analogies entre leur mode
d'évolution et celui des Algues bleues. Mais celles-
ci n'ont pas de spores, tandis que les Bactéries en
possèdent ; les Algues bleues ont une masse nucléaire très caractérisée dans leurs cellules, comme
Guilliermont l'a récemment démontré ; le peu qu'on
soupçonne de partie nucléaire dans les Bactéries
n'aurait aucune analogie avec ce noyau des Algues
bleues.

Des Bactéries vertes qu'on avait observées semblaient former un argument en faveur du rapprochement des Bactéries et de ces Algues ; toutefois, ces organismes n'étaient pas d'un vert bleu,
et d'ailleurs on sait maintenant que ces organismes
sont des Algues vertes et non pas des Bactériacées.

Alors ? il est bien difficile de ne pas penser, que
ce grand groupe, si peu élucidé aujourd'hui, est
peut-être destiné à occuper un rang plus important
dans la classification future.

## 3. La classification de l'avenir.

A un certain moment, il y a à peine quelques années, toute la classification des végétaux a failli être renversée. C'est après qu'on eut découvert la double fécondation des Angiospermes.

Les Angiospermes seules présentaient, pensait-on, le phénomène de la double fécondation ; et cette double fécondation inégale, donnant naissance à deux frères (embryon proprement dit et albumen) dont l'un mange l'autre, semblait un phénomène si particulier, si constant dans toutes les plantes à fleurs supérieures, qu'on était tenté d'instituer pour les Angiospermes un groupe de tout à fait premier ordre.

Si l'on adoptait toutes ces modifications proposées ou entrevues, on pourrait concevoir l'établissement de dix embranchements dans le Règne végétal, au lieu de quatre. Ce seraient : les *Angiospermes*, les *Gymnospermes* (élevées au rang d'embranchement), les *Cryptogames vasculaires*, les *Muscinées*, les *Alazzothallées*, qui comprendraient les Thallophytes à alternance régulière de sporophyte et gaméto-phyte, les *Characées*, les *Aplothallées*, qui renfermeraient les Algues et Champignons à développement non alternatif, les *Lichens*, les *Cyanophycées* (Algues bleues), les *Bactériacées*. C'est ce qu'indique le Tableau suivant.

Double fécondation; albumen; microspore parasite; tube pollinique; graine. . .     I. ANGIOSPERMES.

Prothalle femelle adhérent au microsporange; microspore parasite; en général, tube pollinique; graine . . . . . . . . . . . . . . . . . . . . .     II. GYMNOSPERMES.

Pas d'albumen

Pas de graine

Alternance régulière de deux formes différentes

Archégone différencié

Sporophyte devenant indépendant, ayant tige, feuille et, en général, racine . . . . . . .     III. CRYPTOGAMES VASCULAIRES.

Sporophyte restant toujours greffé sur le gamétophyte, sans feuille ni racine. . . . . . .     IV. MUSCINÉES.

Pas d'archógone. Sporophyte peu différencié. . . . . . .     V. ALAZZOTHALLÉES.

Pas d'alternance régulière de formes

Noyau net et différencié

Tige et feuilles. Anthéridies et oogones de forme très caractéristique. . . . . . . . . . . .     VI. CHARACÉES.

Pas de tiges feuillées

Être simple . . . . . . . . . . .     VII. APLOTHALLÉES.

Association symbiotique de deux êtres différents . . . . . . . . . . .     VIII. LICHENS.

Noyau peu différencié ou pas de noyau

Pas de spores. . . . . . . . .     IX. CYANOPHYCÉES.

Spores internes . . . . . . . . .     X. BACTÉRIACÉES.

On voit que le résultat auquel on aboutirait ainsi, en essayant d'utiliser les critiques de la classification actuelle, ne serait pas encore très satisfaisant.

Tout d'abord, le caractère de la double fécondation et de la présence de l'albumen que rien ne représenterait chez les autres végétaux, n'est pas aussi absolu qu'on pourrait le croire. Il n'y a pas un fossé profond entre les Angiospermes et les autres plantes. J'ai fait remarquer, en effet, que l'albumen ou proembryon des Angiospermes, est analogue à un proembryon de Gymnosperme ou à ceux des Cryptogames vasculaires, et que ces derniers sont digérés comme l'albumen par leur frère aîné. Il peut y avoir double fécondation et même triple, quadruple fécondation chez les Gymnospermes, les Cryptogames vasculaires et les Muscinées.

D'autre part, ce serait rompre des analogies tout à fait évidentes, que de séparer, parmi les Algues vertes ou brunes par exemple, celles qui présentent une alternance de formes de celles qui n'en présentent pas.

Bien d'autres remarques du même genre permettraient donc de critiquer presque autant cet essai de classification que la classification adoptée aujourd'hui.

Ce qui est certain, c'est que le groupement actuel des végétaux n'est que provisoire et sera modifié dans l'avenir, par les résultats des recherches futures. Dans quel sens et de quelle manière ? Il est bien difficile de le prévoir.

# VII

# LA NOTION EXPÉRIMENTALE DE L'ESPÈCE

## 1. L'Espèce.

Dans les chapitres qui précèdent, j'ai exposé les idées successives émises par les savants sur les différences ou les ressemblances que présentent les formes végétales, sur les liaisons qui s'établissent entre elles, sur l'enchaînement des grands groupes de plantes.

Mais j'ai laissé presque complètement de côté ce qui concerne l'espèce, c'est-à-dire la définition même de chacune de ces entités, qui ont été réparties suivant leurs similitudes et leurs dissemblances dans les diverses catégories que nous avons examinées.

Reprenons, comme point de départ, la conception primordiale de Linné :

« Les espèces ne sont pas des formes séparées par des différences plus ou moins grandes ; ce sont des êtres différents.

« Nous connaissons autant d'espèces que la nature en a créées à l'origine. — La nature est impuissante à former des espèces nouvelles. »

Ces phrases de l'illustre naturaliste suédois résument en peu de mots la doctrine de la fixité des espèces, et, bien que cela puisse paraître invraisemblable, il y a encore des naturalistes partisans de cette doctrine.

Nous avons vu que Linné dit aussi : « Les variétés sont dues à une cause accidentelle, telle que le climat, la nature du sol, la chaleur ou le vent. » Les nombreuses variations des formes obligeaient l'illustre naturaliste suédois à ajouter cette phrase. On sait, en effet, que les races de chiens, par exemple, diffèrent beaucoup entre elles, ou que les nombreuses formes du poirier cultivé sont très dissemblables. Or, pour Linné, tous les chiens sont compris dans la même espèce et tous les poiriers ne font partie que d'une espèce unique.

La notion banale, d'observation courante, d'après laquelle on désigne sous le même nom les êtres qui présentent entre eux une évidente ressemblance, est tout à fait insuffisante et imprécise. Un observateur superficiel, qui ne considère que les caractères apparents, trouvera qu'un carlin diffère plus d'un chien du Saint-Bernard que ne diffèrent entre eux deux sortes de chacals, qu'il verra étiquetés sous deux noms spécifiques dans une collection zoologique; il pensera qu'un chou frisé est plus éloigné d'un navet, que le chou sauvage de la moutarde sauvage. Et cet observateur sera très surpris d'apprendre que les naturalistes rangent dans la même espèce des formes si dissemblables, alors qu'ils classent dans des espèces différentes des êtres qui lui paraissent presque identiques. C'est que, comme nous allons le voir, la notion d'espèce comporte autre chose qu'une analogie de structure : l'espèce n'est pas une pure

convention : elle est fondée sur l'hérédité des caractères, sur le fait que les descendants d'un être
ressemblent à leurs parents; enfin, encore sur ceci
que les divers individus d'une même espèce peuvent se croiser et produire des individus fertiles;
tandis que ceux d'espèces différentes, ou bien ne
peuvent se croiser, ou bien donnent naissance à
des individus stériles.

Mais, comment reconnaître si deux êtres voisins
appartiennent à deux variétés de la même espèce
ou à deux espèces différentes? Peut-on trouver un
critérium expérimental? Linné et ses adeptes ne
formulent pas cette seconde question ; il leur suffit
d'un certain flair de naturaliste pour déterminer
l'espèce ou la variété.

Quant aux purs darwinistes, ils ne se posent
même pas la première question, car, pour eux, il
n'y a pas d'espèces; il n'y a que des degrés plus
ou moins séparés les uns des autres par des vides
qui ont pu se produire; il n'existe pas de types ori-
ginairement distincts ; et les formes diverses des
êtres ne sont que des manifestations inégales
d'une évolution incessante. Tous les animaux et
tous les végétaux, sans exception, seraient parents
et seraient tous les descendants d'un même être
initial.

Lamarck, qui était transformiste, admettait cependant l'existence d'espèces définies pour une
période donnée de l'histoire de la Terre. Il a
écrit, en effet, cette phrase dans son article *Espèces*
du *Dictionnaire encyclopédique* :

« La connaissance des espèces et de leurs rapports naturels est ce qu'il y a de plus certain, de
moins variable et de plus utile dans l'histoire
naturelle. »

Cuvier, qui était fixiste, trouvait pourtant que cette notion d'espèce était un peu vague, et c'est lui qui introduisit pour la première fois la proposition d'un critérium. Voici sa définition : « L'espèce est la collection de tous les êtres organisés descendus l'un de l'autre ou de parents communs, et de tous ceux qui leur ressemblent autant qu'ils se ressemblent entre eux. »

Cette définition bien connue prête à de nombreuses objections. Tout d'abord, si elle n'implique pas que l'on a réellement constaté la parenté de tous les êtres provenant les uns des autres, la définition conviendrait aux darwinistes, car ils en concluraient facilement qu'il n'existe au monde qu'une seule espèce.

D'autre part, cette définition classique a l'inconvénient de s'appliquer aussi bien à une race ou à une variété qu'à une espèce.

C'est pour parer à ces objections que les zoologistes ont repris la définition de Cuvier en la modifiant : « L'espèce est l'assemblage des individus qui peuvent donner entre eux des descendants féconds. » Le critérium est alors le suivant : l'âne et le cheval appartiennent à des espèces différentes, parce que le mulet est infécond. Un cheval islandais et un percheron font partie de la même espèce, parce que les descendants provenant de leur croisement sont eux-mêmes féconds.

On a pu contester dans les détails la valeur absolue de cette définition modifiée, mais je n'aborderai pas ici la question de la fécondité de certains métis animaux ou hybrides végétaux, ce qui nous entraînerait trop loin et sans résultat.

Une autre objection à la définition de Cuvier, même ainsi modifiée, est la suivante. La paléontologie nous apprend que les formes fossiles sont presque toutes si différentes des formes actuelles qu'il est inadmissible que l'un de ces êtres, s'il était vivant, puisse produire, avec l'être actuellement vivant qui lui ressemble le plus, une descendance quelconque, et surtout une descendance féconde.

Il existait donc certainement des espèces différentes aux diverses époques géologiques. L'espèce n'a qu'une durée limitée ; on est obligé d'admettre que des individus issus de mêmes parents ont dû, par suite d'une cause quelconque, devenir assez différents pour ne plus pouvoir donner par croisement des descendants pouvant eux-mêmes se reproduire. C'est à la suite de cette dernière considération que Gaudry a proposé la définition suivante : « L'espèce est l'assemblage des individus qui ne sont pas encore assez différenciés pour cesser de donner ensemble des produits féconds. »

Malheureusement, quand on se place à un point de vue pratique, toutes ces définitions, même corrigées et amendées, présentent dans l'application les plus grandes difficultés. Il est absolument impossible, lorsqu'on veut décrire une espèce, de savoir si tous les individus qui la composent sont actuellement capables de donner des descendants, et surtout de savoir si ces descendants seront indéfiniment féconds. « Mais, dit Duval-Jouve, bien que la notion d'espèce soit loin d'avoir, de nos jours, un sens rigoureusement déterminé et accepté de tous, il faut cependant s'occuper des espèces, nommer et décrire ce qui nous paraît différent ; car, en définitive, il faut s'entendre et savoir de quoi on parle. »

Jusqu'alors les zoologistes et les botanistes n'avaient donné des descriptions spécifiques des animaux ou des végétaux qu'en s'adressant aux caractères extérieurs, ou tout au plus, pour les animaux, à ceux du squelette. Duval-Jouve pensa trouver de meilleurs caractères en s'adressant à l'étude microscopique des tissus de l'organisme.

« Il y a, dit-il, dans tout être vivant deux sortes de caractères :

« Les uns, extérieurs, consistant en modifications superficielles, dimensions relatives de l'ensemble des parties, détails des contours et des extrémités, couleurs, etc.

« Les autres, intérieurs, qui sont l'organisation elle-même, et que l'on peut constater dans la disposition des éléments anatomiques.

« Les premiers, accidentels, changent ou peuvent changer, sous l'influence des milieux, comme le simple bon sens nous l'indique, et comme l'expérience le confirme.

« Les seconds sont constants et permanents au-dessous des variations de la surface, ainsi que l'observation le constate. »

C'est d'après ces principes, un peu trop absolus, que Duval-Jouve essaya le premier d'introduire l'anatomie dans la classification, c'est-à-dire dans la délimitation des espèces.

## 2. Les grandes espèces et les espèces élémentaires.

Malgré l'élément nouveau apporté par l'anatomie des tissus pour augmenter les caractères spécifiques, on peut dire qu'il n'y a pas deux naturalistes qui soient d'accord sur la limite qui circonscrit les diverses espèces. Chacun, en somme, comprend l'espèce à sa manière, et les contradictions les plus grandes ne cessent d'exister dans les noms ou dans les descriptions des faunes et des flores.

Il se dégage, cependant, de l'ensemble de ces travaux descriptifs, deux manières principales de concevoir l'espèce.

Comprise d'une manière large, à la façon de Linné, l'espèce renferme en général un très grand nombre de formes diverses qui sont considérées chacune comme des variétés ; c'est ce qu'on appelle l'*espèce linnéenne*, qu'elle ait été définie par Linné ou par d'autres auteurs.

Jordan a cultivé pendant plus de trente ans, dans le jardin qu'il avait établi à Lyon, un nombre considérable de ces formes décrites comme variétés, et de formes plus nombreuses encore qui n'avaient pas eu l'honneur d'être signalées par les descripteurs.

Au printemps, l'une des premières petites plantes que l'on voit développer, sur les murs ou sur les talus, ses rosettes de feuilles d'où sort une minime grappe de fleurs blanches, est la Drave printanière (*Draba verna*). Jordan a cultivé et isolé entre autres, plus de deux cents formes de cette plante, et, d'après lui, chacune d'elles est aussi stable qu'une espèce linnéenne de premier ordre, et doit figurer au même titre dans la classification. Ces résultats curieux ont été vérifiés par Boreau à Angers, Verlot à Grenoble, Timbal-Lagrave à Toulouse, et ont été surtout contrôlés à Antibes par Thuret et Bornet.

Les figures 186 et 187 représentent deux de ces espèces jordaniennes.

Jordan et ses adeptes ont ainsi décrit un nombre prodigieux de formes analogues (mais non soumises au contrôle des cultures), en les plaçant sur le même rang que les autres espèces, et ces formes ne diffèrent les unes des autres que par des caractères absolument insignifiants. C'est cette manière de concevoir la limite spécifique dans une aire très restreinte qui définit l'*espèce jordanienne*, qu'elle soit de Jordan ou d'autres auteurs.

Ces espèces, qu'on appelle maintenant les « petites espèces », étaient, comme je viens de le dire, d'aussi grandes espèces que les autres pour Jordan. Quoi

Fig. 186 et 187. — Exemples de deux espèces jordaniennes comprises dans l'espèce linnéenne *Draba verna* (grandeur naturelle).

qu'il en soit, l'extension exagérée du jordanisme, non seulement encombre la classification, ce qui n'est qu'un inconvénient secondaire, mais provoque la description d'espèces litigieuses, en ce sens qu'il n'y a aucune raison pour admettre que ces espèces nouvellement décrites soient ou non de simples variétés.

Des recherches, qui ont été faites dans mon

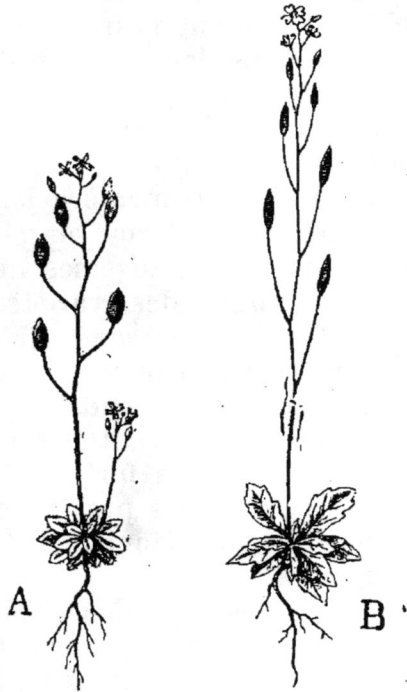

22.

laboratoire de Fontainebleau par l'abbé Sarton,
ont pour but de proposer un nouveau critérium
expérimental de la notion d'espèce.

L'abbé Sarton n'a pas eu la prétention de résoudre
une question aussi difficile, mais il a essayé de
combiner ce qu'il y a de juste dans les principes
de Duval-Jouve avec une culture rationnelle des
formes voisines dans des milieux différents.

L'auteur a examiné une trentaine de groupes
de ces espèces litigieuses. Prenant, par exemple,
comme point de départ deux formes voisines
cultivées depuis de nombreuses années dans le
même sol et sous le même climat, il en fait
croître des rejets dans les sols les plus différents
par leurs propriétés physiques ou chimiques :
terres calcaires, siliceuses, argileuses, sèches ou
très humides.

La question proposée est de savoir si les caractères différents que possèdent ces deux formes et,
en particulier, les différences anatomiques que
présentent leurs tissus, vont se modifier ou persister lorsqu'on change ainsi de milieu. Si un
caractère supporte tous ces changements sans se
modifier, l'auteur admet que c'est un caractère
dit *spécifique;* si, au contraire, il change au point
que deux exemplaires originaires de la même
forme arrivent à différer plus entre eux par ce
caractère que les deux formes initiales, il admet
que c'est un caractère *de variété.*

L'abbé Sarton est parvenu ainsi à réaliser expérimentalement le départ entre ces deux sortes de
caractères et, par suite, dans beaucoup de cas,
à déterminer au moyen de ce critérium si les
formes examinées doivent être considérées comme
appartenant à une même espèce, ou doivent être

rangées, au contraire, sous des noms d'espèce différents.

Je choisirai seulement deux exemples parmi les nombreuses plantes étudiées par cet auteur. Tout le monde connaît la Renoncule bulbeuse, qui est une espèce de Bouton-d'or très répandue dans les prés ou au bord des chemins; une forme voisine décrite sous le nom de Renoncule de Durieu, et qui en diffère à peine par son aspect extérieur, a été cultivée comparativement avec la Renoncule bulbeuse dans des terrains secs ou humides et de compositions diverses. Or, certains caractères anatomiques qui sembleraient indiquer une plante aquatique s'observent dans la tige de la Renoncule de Durieu, et, ce qui est très remarquable, persistent lorsqu'on la cultive en terrain sec. Ces caractères et d'autres encore que je passe sous silence, sont donc, au premier chef, des caractères spécifiques d'après le critérium de Sarton, et l'auteur est amené d'une manière rationnelle à conclure que ces deux formes jordaniennes de Renoncules, si semblables, doivent être décrites comme deux espèces différentes. Il s'agit, bien entendu, d'espèces actuelles, car des recherches anatomiques faites sur d'autres exemples, on peut induire que les types spécifiques de ces plantes ont varié et que des différences constantes aujourd'hui ne sont que le résultat d'adaptations, très anciennes, longtemps maintenues par hérédité.

Autre exemple. La Chélidoine[1], ainsi nommée parce qu'elle fleurit à l'époque où arrivent les hirondelles dans nos climats, est une plante très

1. De χελίδων, hirondelle.

commune sur les murs ou dans les décombres, et qu'on reconnaît facilement au suc jaune qui s'écoule des tiges lorsqu'on les brise; une forme voisine de la Chélidoine ordinaire a été décrite, même avant Linné, comme espèce de premier ordre, sous le nom « Chélidoine laciniée » à cause de ses feuilles très découpées. Par des cultures nombreuses et des études anatomiques attentives, l'auteur fait voir qu'aucun caractère constant ne sépare ces deux formes, et il en conclut forcément que ce ne sont là que deux variétés d'une même espèce.

Admettons qu'à la suite de ces travaux, on sache distinguer les formes qui sont séparées par des caractères constants de celles qui ne le sont pas, peut-on concevoir quelles sont les causes qui ont produit ces fossés entre les formes que nous appelons actuellement espèces et, en outre, peut-on voir réellement se former ces séparations sous nos yeux?

Deux causes principales sont à considérer : l'adaptation et la mutation. La première, l'adaptation, s'explique d'une manière très simple, et c'était l'unique manière dont Lamarck admettait la formation des espèces. Si l'on arrive à maintenir pendant très longtemps un être dans des conditions nouvelles, sa forme et sa structure se modifient, s'adaptent à ces conditions qui ne lui étaient pas habituelles; il acquiert des caractères nouveaux, il en perd d'autres, et ces changements peuvent devenir héréditaires. C'est ce que j'ai constaté expérimentalement, par exemple, en cultivant pendant plus de vingt ans des plants pris en plaine à des altitudes de plus de 2.000 mètres, dans les Alpes ou dans les Pyrénées ; j'ai obtenu ainsi pour certaines formes des modifications assez grandes pour que les deux plants de plaine et de montagne fussent déterminés sous des noms différents par des botanistes descripteurs expérimentés. Je reviendrai plus loin sur ce sujet.

La seconde cause, la mutation, est beaucoup plus obscure et difficile à concevoir. Lorsque, dans un groupe de plantes normales à tiges arrondies, on découvre tout à coup un individu dont la tige est aplatie, ou tordue, ou présentant toute autre anomalie singulière, on dit qu'il y a *variation brusque* dans la descendance ; de plus, cette variation brusque est souvent héréditaire, ou encore, les graines récoltées sur ces individus anormaux donnent naissance tout à coup à des espèces de la valeur des bonnes espèces jordaniennes, et dont les caractères se maintiennent stables si l'on évite les croisements.

Ce phénomène extraordinaire a été étudié avec le plus grand soin par Hugo de Vries, professeur à l'Université d'Amsterdam, et c'est ce savant qui lui a donné le nom de *mutation*. Nous allons l'étudier dans le chapitre suivant.

# VIII

## LA CRÉATION ACTUELLE DES ESPÈCES

---

### 1. La disparition et l'apparition des espèces.

L'homme a assisté à la disparition d'un grand nombre de formes animales et végétales. On sait qu'à l'âge de pierre, il a vu s'éteindre le Mammouth, ce gigantesque éléphant couvert de fourrure, le Glyptodonte, ce grand édenté revêtu d'une carapace étrange, l'Ours des cavernes, le Machérodus, carnivore dont les crocs étaient trois fois plus puissants que ceux du tigre, et bien d'autres espèces encore dont les restes se trouvent mêlés aux débris humains dans les cavernes. Les hommes préhistoriques nous ont fourni eux-mêmes les preuves les plus évidentes du synchronisme de leur existence avec celle de ces êtres disparus. Leurs artistes ont dessiné ou sculpté des sujets variés sur l'ivoire, sur l'or, sur le bois de renne ; ils ont décoré les parois des grottes de peintures polychromes en relief, dont de beaux spécimens ont été récemment découverts. Ces sculptures, ces dessins représentent les espèces animales contemporaines de l'homme et dont on ne connaît maintenant que les fossiles.

A l'époque actuelle, ce sont d'autres formes qui s'éteignent successivement. Tels sont les Oiseaux géants et sans ailes ; les Épiornis de Madagascar, les Dinornis de la Nouvelle-Zélande. Les indigènes néo-Zélandais célèbrent encore dans leurs chants les combats qu'avaient engagés leurs aïeux contre les terribles Moas, c'est-à-dire contre les Dinornis.

Il existait en grand nombre, au XVIe siècle, dans l'île Maurice, un oiseau singulier appelé Dronte, portant sur son bec une sorte de corne recourbée vers le bas. Plusieurs voyageurs en avaient donné la description et la figure. Mais lorsqu'on eut introduit des chiens dans l'île, la plupart des Drontes furent détruits. L'espèce devint très rare ; on vit encore l'un de ces Oiseaux singuliers en 1681, puis l'espèce disparut. On ne trouve plus le Dronte qu'à l'état fossile ; les débris de son squelette sont conservés parfois dans la vase des marais.

L'Auroch, ce grand bœuf sauvage que chassaient les Gaulois et qui était répandu dans toute l'Europe centrale jusqu'au Moyen âge, n'existe pour ainsi dire plus. Quelques spécimens vivants sont encore conservés au Caucase et dans certaines forêts de Lithuanie.

Et actuellement, nous assistons à une diminution rapide dans le nombre des représentants de beaucoup de formes animales, tels que la Baleine franche, le Lion, l'Éléphant, le Castor, et de formes végétales telles que l'If sauvage ou ces grands Séquoias de Californie, arbres de 130 mètres de hauteur, dont les descendants ne se développent plus.

Ces quelques exemples suffisent pour rappeler qu'il n'est pas rare de voir une espèce disparaître.

Mais peut-on nous faire assister, au contraire, à la formation d'une espèce nouvelle?

Pasteur a démontré expérimentalement que la génération spontanée n'existe pas. Tout être vivant, si microscropique soit-il, provient d'un germe issu d'un autre être vivant. L'ensemble des faits connus, des observations ou expériences, confirme pleinement le vieux principe d'Harvey : *omne vivum ex ovo.*

Dès lors, comme la paléontologie nous démontre que tous les êtres qui vivaient aux anciennes époques du globe étaient différents des êtres actuellement vivants, on est bien obligé d'admettre que les organismes se sont transformés, tout en étant parents les uns des autres.

La superposition de ces deux faits : absence de génération spontanée et formes différentes des êtres qui ont vécu sur la terre, semble donc démontrer le transformisme.

Toutefois, c'est en quelque sorte une démonstration par l'absurde. Les naturalistes actuels sont tous transformistes, parce qu'ils ne peuvent imaginer un autre moyen d'expliquer la succession des faunes et des flores diverses, qui ont occupé à tour de rôle la surface de notre planète ; parce qu'ils ne peuvent concevoir autrement l'existence de ces liens multiples, de ces transitions nombreuses, que nous avons passés en revue précédemment pour les végétaux, et qui s'établissent entre toutes les formes animales ou végétales.

Mais, en somme, l'esprit ne sera vraiment satisfait que s'il est possible de trouver les causes et d'expliquer le mécanisme de ces transformations, de prouver expérimentalement comment les descendants d'êtres semblables arrivent à différer assez les uns des autres pour constituer des espèces distinctes, telles que les caractères héréditaires propres à chacune d'elles se maintiennent pendant une longue période.

Aussi a-t-on répété sans cesse aux transformistes : « Nous voyons bien comment et pourquoi une espèce disparaît ; nous ne voyons pas comment et pourquoi elle se crée. Faites-nous assister à la création d'une espèce, et alors nous serons tout à fait convaincus. »

Pendant longtemps, on n'a pu répondre à cette question que par des hypothèses fondées sur d'ingénieuses observations. Mais ces hypothèses sont très différentes les unes des autres et ont donné lieu à des théories diverses, créant ainsi plusieurs écoles parmi les transformistes.

Les uns, avec Lamarck, attribuent aux conditions extérieures du milieu tous les changements de forme qui se produisent dans la descendance des êtres. L'être s'adapte peu à peu à des circonstances extérieures nouvelles dans lesquelles il se trouve placé. Un oiseau devenant aquatique finira par acquérir des pattes de canard. Une plante des régions tempérées, telle qu'un cerisier, arrivant à croître dans les pays chauds, prendra des feuilles persistantes et modifiera tout son organisme pour résister à la sécheresse. On admet donc, dans le Lamarckisme, qu'un être se modifie uniquement par adaptation et qu'une adaptation prolongée peut lui faire acquérir des caractères héréditaires. C'est-à-dire qu'une suite de générations de canards privés d'eau pour nager, conservera longtemps les pattes palmées qui ne lui servent plus à rien ; que le cerisier à feuilles persistantes, replacé dans la région tempérée pourra continuer, à la suite de semis successifs, à garder ce mode de feuillage qui lui est inutile dans ces conditions.

Pour d'autres naturalistes, de l'école de Nægeli, l'adaptation ne joue, au contraire, aucun rôle dans la production des espèces nouvelles. Tous les changements se produisent dans la formation même de l'œuf, cellule initiale de tout être vivant; et le milieu n'y est pour rien. Tous les œufs provenant des mêmes parents ne sont pas identiques; autrement dit, tous les frères ne se ressemblent pas. Ils ont des qualités différentes : les uns peuvent résister à un certain climat, les autres s'accommodent mieux d'un autre ; et, dans la suite de leurs descendances, il s'établit des races très différentes qu'on peut considérer comme autant d'espèces nouvelles. C'est ce qu'indique symboliquement la légende des trois fils de Noé : Sem, Cham et Japhet.

Il y a une trentaine d'années, le Lamarckisme et le Nægélisme, qui ont récemment recueilli de nouveaux adeptes, avaient laissé la place à une troisième théorie, tenant un peu des deux précédentes et dont le succès fut considérable, grâce au génie de son auteur, l'illustre naturaliste et philosophe Darwin; grâce aussi à la manière brillante dont elle fut développée par de nombreux savants. C'est la théorie de la sélection naturelle.

On sait que Darwin avait cru pouvoir expliquer toutes les transformations des êtres avec ce seul principe. Il admettait que les variations des descendants d'une même souche se faisaient dans tous les sens et au hasard. D'autre part, les êtres luttent entre eux pour la vie, et la lutte est d'autant plus active qu'ils se ressemblent plus.

Si deux oiseaux granivores n'ont à leur disposition qu'un nombre de grains insuffisant pour les
deux, mais suffisant pour un seul, il y aura lutte
et le plus fort l'emportera sur le plus faible. Si
deux oiseaux sont, l'un granivore, l'autre insec-
tivore, il n'y aura aucune raison de lutte entre eux ;
tous les deux pourront subsister.

Si deux plantes, organisées de même, ont leurs
racines à la même profondeur, elles se disputeront
entre elles une portion limitée de terrain, et la plus
forte fera périr la plus faible. Si deux plantes ont,
l'une des racines superficielles s'étalant près de la
surface du sol, l'autre des racines profondes, il n'y
aura presque aucune lutte entre elles et elles pourront toutes deux subsister côte à côte sur le même
terrain dont elles utilisent chacune des couches
différentes.

Et maintenant, si l'on considère des générations
successives, on voit s'accentuer les raisons qui feront
survivre les plus aptes et les plus différenciées dans
un sens déterminé, qui feront disparaître, au contraire, les formes intermédiaires ; et ce sont les
formes des êtres ayant acquis un ou plusieurs caractères spécialement utiles dans la lutte pour la
vie, qui subsisteront. Au bout d'un temps très long,
les variations favorables s'accentueront par hérédité
à chaque génération ; enfin, lorsque les différences
entre les êtres de même origine auront atteint un
certain degré, le croisement deviendra impossible
entre ces formes. Plusieurs espèces seront nées
d'une seule.

L'avantage qu'ont eu les partisans de la sélection naturelle, c'est que, comme dans cette hypothèse il faut un temps extrêmement long pour

produire les variations arrivant à former des espèces différentes, cela leur permettait de refuser toute réponse à la question posée.

— Impossible, diront-ils, de voir une espèce se créer. Les formes varient d'une manière insensible à travers des milliers de siècles. La vie de l'homme, et même la durée d'une succession de générations humaines poursuivant l'étude de ce problème, seraient trop courtes pour permettre d'assister à une transformation aussi importante.

Malheureusement, le principe de la sélection naturelle, si ingénieux qu'il soit, est loin de suffire pour donner l'explication de l'évolution des êtres. Darwin lui-même l'avait reconnu dans les dernières années de sa vie. D'autre part, Spencer a fait remarquer le premier que de très petits changements dans la forme d'un organe ne peuvent être d'aucune utilité à l'individu qui les présente, et, par suite, ne peuvent jouer un rôle important dans la sélection.

La sélection naturelle, il faut bien le reconnaître, est impuissante à expliquer l'origine des espèces, et aucune des expériences connues n'en démontre l'exactitude.

En somme, comme disait Blainville, « les théories passent et les faits restent ». Au sujet du transformisme, nous voyons bien passer les théories, mais quels sont les faits positifs expérimentaux qui subsistent pour en démontrer directement la réalité?

## 2. La Mutation.

L'étude des végétaux, qui se prêtent beaucoup mieux que les animaux à ce genre d'investigation,

devait amener des découvertes expérimentales sur
la transformation des espèces. Les résultats obtenus
à ce sujet depuis vingt-cinq ans environ sont d'une
importance capitale.

Deux points de vue distincts, l'un purement scientifique, l'autre purement pratique, ont amené la
même conclusion, à savoir qu'on peut assister
actuellement à la création d'espèces nouvelles. Je
veux parler des belles recherches de Hugo de Vries,
professeur à Amsterdam et des découvertes de Hjal-
mar Nilsson, directeur du Laboratoire de Svalöf en
Suède.

De Vries était surtout connu dans la science
par ses remarquables travaux de physiologie. Peu
à peu l'orientation de son esprit le dirigea vers
d'autres questions; il s'éprit de cultures expérimentales.

Lorsqu'un botaniste descripteur, ou même un
simple botanophile récoltait les échantillons destinés à être décrits ou à prendre place dans une
collection, il recherchait les exemplaires qui ne
présentent aucune déformation particulière. Les
individus monstrueux ou anormaux offrant un aspect
exceptionnel étaient le plus souvent rejetés. Ce sont
au contraire ces monstres que s'est plu tout d'abord
à rechercher De Vries, et il les a cultivés avec sym-
pathie, présumant que ces cultures donneraient des
résultats intéressants au point de vue de l'hérédité
acquise.

C'est en effet ce qui est arrivé, pour bon nombre
de plantes anormales. J'en citerai un premier
exemple.

Tout le monde connaît la Cardère sauvage, cette
sorte de grand chardon, à fleurs de Scabieuse, qui
croît sur les talus et au bord des chemins. De Vries

23.

en avait trouvé un pied monstrueux, dont la tige
tordue sur elle-même portait des rameaux disposés
en hélice, figurant une sorte d'escalier tournant à
rampe fleurie. Or, les graines récoltées sur cet échantillon n'étaient pas semblables aux autres graines
de Cardère. Le changement de nutrition de la plante
ainsi déformée naturellement, avait influé sur la
structure même des embryons produits par elle ;
aussi la plupart d'entre eux étaient des plantules à
trois cotylédons (ou feuilles nourricières primitives), au lieu d'être à deux cotylédons comme ceux
des plantes normales.

La monstruosité à forme tordue de la Cardère
pouvant apparaître tout à coup, on voit qu'il en
résulte l'apparition *brusque* d'embryons à forme
spéciale qui deviennent la souche d'une Cardère tout
autre, se maintenant semblable à elle-même par
hérédité.

Ces cultures expérimentales des monstruosités
donnaient déjà des indications d'un grand intérêt,
mais la découverte capitale de De Vries réside dans
l'étude approfondie qu'il a poursuivie depuis 1886
sur une espèce d'*Œnothera*.

Les Œnothères ou Onagres (fig. 188) sont des
plantes américaines, de la famille des Fuchsias, cultivées depuis très longtemps dans les jardins d'Europe. Leurs grandes fleurs jaunes, en grappes, s'épanouissent au premier matin, se flétrissent dans la
journée et exhalent le soir une odeur délicate et
suave.

Or, il se trouve qu'en passant, en 1886, à Hilver-
sum, près d'Amsterdam, De Vries remarqua dans
un champ en friche une grande quantité d'Onagres
appartenant à une même espèce (*Œnothera Lamar-*

*ckiana*). La plante avait été introduite en cet endroit dès 1870, et, à partir de 1875, elle s'était répandue dans les champs délaissés.

. Ce qui frappa De Vries, c'étaient les nombreuses formes monstrueuses ou aberrantes que présentaient les Onagres de ce champ; les unes avaient des tiges tordues; d'autres des rameaux réunis et comme soudés entre eux, fasciés, comme l'on dit; d'autres encore présentaient des feuilles en forme de gobelets, des pétales en nombres différents, etc.

Mais le professeur d'Amsterdam remarqua un fait beaucoup plus curieux. A côté de la forme d'Onagre qui constituait le plus grand nombre des échantillons, on en distinguait deux autres, sans aucun intermédiaire entre elles ou avec l'*Œnothera Lamarckiana* typique. Ces deux formes, comme les cultures de De Vries l'ont ensuite démontré, se sont absolument maintenues par hérédité avec tous leurs caractères. C'étaient deux véritables espèces nouvelles d'Onagres qui n'ont jamais été décrites et qui vraisemblablement ne se sont jamais produites auparavant. Or, elles provenaient sans nul doute de l'Onagre introduit en 1870 sur ce point.

Deux espèces nouvelles auraient donc été formées en moins de vingt-cinq ans, et sans présenter d'intermédiaires avec les parents dont elles sont issues? Ce n'est certes pas la sélection naturelle qui les aurait produites.

Mais n'oublions pas que mille observations attentives ne valent pas une expérience bien faite. C'est pourquoi, à partir, de 1886, le savant naturaliste d'Amsterdam entreprit sur de vastes terrains, et en prenant toutes les précautions voulues, la culture méthodique de ces formes d'Onagres. Il fut ainsi démontré que les caractères des deux formes obser-

vées se maintenaient par hérédité et, qui plus est,
De Vries vit apparaître sous ses yeux, et brusquement, d'autres espèces nouvelles d'Onagres (fig. 188
et 189), toutes issues de l'*Œnothera Lamarckiana*.

Le savant hollan-
dais baptisa de noms
nouveaux ces espè-
ces subitement for-

FIG. 188. — *Œnothera rubrinervis*, une
des espèces nouvelles obtenues par De
Vries (figure réduite).

FIG. 189. — *Œnothera na-
nella*, une des espèces
nouvelles obtenues par De
Vries (figure grossie).

mées, dont l'ensemble constitue ce qu'il nomme
paternellement sa famille *Lamarckiana*.

Pour montrer à quel point les caractères de ces
espèces nouvelles paraissent constants, il suffit de
citer les cultures de l'une d'elles. A la cinquième
génération de l'espèce nouvelle *Œnothera nanella*,
18.000 plantules de cette espèce ainsi créée ont
donné 18.000 jeunes plantes ayant toutes les caractères de l'*Œ. nanella*.

Mais, dira-t-on, n'y a-t-il pas là un cercle vicieux?

De Vries dit que chaque espèce maintient intégralement ses caractères, l'Onagre type compris; comment se fait-il alors qu'il apparaisse des formes nouvelles?

Non, il n'y a aucun cercle vicieux, et c'est là qu'intervient la considération des individus monstrueux ou aberrants. Ce sont seulement les échantillons anormaux d'une espèce déterminée qui sont capables de modifier brusquement la nature de leurs graines (comme dans l'exemple de la Cardère tordue citée plus haut), et par suite de donner naissance tout à coup à une espèce nouvelle.

C'est ce changement brusque que De Vries a désigné sous le nom de *mutation*, mot qui avait déjà été employé en horticulture pour désigner les phénomènes de ce genre, vaguement observés.

De Vries a donc démontré la réalité des mutations, c'est-à-dire l'apparition brusque d'une espèce nouvelle, par le fait de germes formés sur un échantillon anormal d'une espèce déjà connue.

Mais, objectera-t-on encore, pourquoi cet individu est-il anormal? Pourquoi est-il tordu, ou fascié, ou à feuilles en gobelets?

Ceci est une autre question, et j'y reviendrai plus loin.

L'essentiel est l'apparition immédiate, palpable, visible, de nouvelles espèces issues d'une seule espèce ancienne, par le mécanisme de la mutation.

Autre objection encore. Si l'on compare ces divers Onagres décrits comme espèces nouvelles, on remarque que ces espèces se ressemblent beaucoup. Linné les aurait certainement décrites comme variétés. Pourquoi dire que ces formes sont des espèces?

C'est parce que leurs caractères se maintiennent intégralement par hérédité. On a reconnu que l'espèce telle que la comprenait Linné, l'espèce linnéenne, n'est que la collection arbitrairement limitée d'espèces véritables plus voisines les unes des autres, qu'on nomme comme je l'ai dit « petites espèces » ou encore « espèces élémentaires », et qui sont appelées aussi espèces jordaniennes, c'est-à-dire telles que les concevait le botaniste français Jordan et les naturalistes de son école.

## 3. Jordan et les espèces jordaniennes.

Jordan! Ceci m'amène à un souvenir personnel. Jordan était un savant d'un esprit très particulier et dont les idées philosophiques paraissaient fort étranges. J'avais entendu parler de ses travaux lorsque je commençais mes études de Botanique, et des maîtres comme Decaisne tenaient leur auteur pour un insensé, ou tout au moins déclaraient inexactes toutes ses conclusions et illusoires toutes ses cultures.

Je fus présenté à Jordan en 1872, à Lyon, et je le vis au milieu des grands terrains où il cultivait ses célèbres espèces élémentaires ou espèces jordaniennes. Dans l'espèce *Draba verna*, de Linné, petite Crucifère à minimes fleurs blanches, que j'ai citée plus haut, Jordan découvrit d'abord dix espèces au bout de dix années d'investigation; devenu plus habile, il en décrivait cinquante-trois espèces au bout de vingt années, et au bout de trente ans il avait publié la description et les figures de plus de

deux cents espèces extraites du seul *Draba verna*.
Il procéda ainsi à la « pulvérisation » d'un grand
nombre d'espèces linnéennes.

Quand je vis de près ces cultures, les caractères
en apparence insignifiants que me montrait Jordan, tels que poils bifurqués ou trifurqués, pétales
plus ou moins étroits, fruits plus ou moins longs
par rapport à la longueur de leur support ou pédoncule, je voyais bien toutes ces différences, et
j'étais simplement étonné d'apprendre qu'elles se
maintenaient parfaitement constantes dans tous
les terrains et dans les conditions extérieures les
plus diverses. Mais quand Jordan exposait sa
manière de comprendre la Nature, je n'étais pas
éloigné d'avoir la même opinion que Decaisne,
opinion partagée par presque tous les botanistes
d'alors.

C'est qu'en effet, Jordan faisait intervenir à tout
propos la théologie dans le développement de ses
idées scientifiques; ses opinions religieuses se mé-
langeaient étrangement aux conclusions qu'il
déduisait de ses cultures. Il décomposait une espèce en des centaines d'autres qui, pour lui, étaient
les seules espèces, des espèces de premier ordre,
et non pas des races ou des variétés. S'il avait distingué deux cents espèces dans le *Draba verna*, il
croyait parfaitement que chacune de ces deux cents
espèces avait été formée de toutes pièces par le
Créateur.

Il ne niait pas d'ailleurs l'apparition possible
d'espèces nouvelles sur une île récemment émer-
gée, ou à la suite d'éboulements et de changements
profonds dans la structure d'une chaîne de montagnes; mais ces espèces nouvelles apparaissaient
subitement, par la volonté de Dieu, et si elles res-

semblaient beaucoup à des formes déjà existantes, c'était par suite de l'harmonie générale qui se produit dans les créations successives.

En somme, je ressentais l'impression que j'avais affaire à quelqu'un auquel ses idées préconçues avaient fait perdre l'esprit.

J'étais bien loin alors d'entrevoir le fond de vérité qui existe dans le jordanisme, de supposer que la constance des caractères de la plupart des espèces jordaniennes serait confirmée par les savants les plus autorisés. Je ne pouvais prévoir que les recherches de Jordan, alors considérées par presque tous les naturalistes comme des billevesées, devaient devenir le point de départ des belles découvertes expérimentales qui viennent d'être faites. Jordan aurait été bien surpris lui-même de voir démontrer, par l'application de ses propres travaux, la mutation des espèces, lui qui considérait chaque espèce élémentaire comme absolument immuable!

C'est, en effet, l'étude des espèces jordaniennes, à caractères constants et héréditaires, qui constitue l'une des bases des recherches de De Vries.

## 4. Le Laboratoire de Svalöf.

Or, parallèlement aux expériences du savant professeur d'Amsterdam, et même avant la publication de ses premiers travaux sur ce sujet, la science agricole était arrivée au même résultat, et depuis 1890, Nilsson, directeur du Laboratoire de Svalöf, en Suède, avait pu créer de nombreuses sortes ou espèces nouvelles de céréales, se maintenant héréditairement chacune avec leurs caractères propres. Beaucoup de ces espèces présentent une utilité capitale pour l'agriculture, et les avantages pratiques qui résultent de l'emploi de ces formes nouvelles sont déjà considérables. Ainsi donc, à côté du résultat théorique, il faut placer l'application.

Un mot d'abord sur la fondation de ce Laboratoire de Svalöf, qui est considéré à l'heure actuelle comme le modèle des Laboratoires agricoles.

Autre souvenir personnel à ce sujet. La première fois que je suis allé à Christiania, j'avais une lettre de recommandation que m'avait donnée Broch, le savant Norvégien qui s'occupait alors du mètre international au Laboratoire de Henri Sainte-Claire Deville : cette lettre était adressée au docteur Schübeler, professeur de botanique à l'Université.

J'étais accompagné dans ce voyage par mon ami Flahault, qui est maintenant professeur à la Faculté des Sciences de Montpellier. Nous nous présentons au domicile du professeur Schübeler, qui, au vu de la lettre de recommandation, nous fait entrer immédiatement. Nous sommes reçus par un petit homme gros et gai, un vieillard allègre coiffé d'une perruque noire ressemblant à une calotte frangée, un personnage des caricatures de Töppfer. Dès qu'il eut compris que nous étions Français et que nous venions faire des études botaniques en Norvège, il nous montra, au-dessus de sa cheminée, un texte découpé dans une publication scientifique, soigneusement encadré et attaché au mur. « Regardez cela, nous dit-il, et lisez surtout la dernière ligne. Si c'est pour faire comme ce Français que vous êtes venus ici, vous pouvez retourner tout de suite dans votre pays. » Et le professeur Schübeler nous regardait joyeusement au travers de ses grosses lunettes.

Je lus à haute voix cette dernière phrase, soulignée à l'encre par Schübeler sur le morceau découpé : « d'après mes propres observations » ; puis, au-dessous, la signature d'un professeur de Paris. « Oui, reprit le botaniste norvégien, vous voyez ; il y a bien *d'après mes propres observations*. Et ce qui précède dans cette publication française, est le compte rendu pur et simple de mes expériences et de mes cultures faites en divers points de la Norvège, depuis Christiania jusqu'au Cap Nord. Or, ce monsieur est arrivé ici par le paquebot de Gotheborg. Il a eu tout juste le temps de venir me voir ; je lui ai communiqué le résultat de mes recherches ; il est reparti le lendemain de son arrivée. Un mois après, votre compatriote publiait un rapport et le terminait par ces mots que vous venez de lire : « d'après mes propres observations ». Voilà comment agissent les Français ! Qu'est-ce que vous en pensez ? »

J'ai toujours cru que l'excellent docteur Schübeler avait un peu exagéré, et que cet auteur avait dû faire, en réalité, un séjour de plus de vingt-quatre heures en Norvège. Quoi qu'il en soit, nous convainquons facilement notre hôte que nous n'avons pas l'intention de procéder de cette façon un peu cavalière, et il nous met au courant de ses travaux avec la plus grande amabilité. Il nous avait averti qu'on l'appelait « Katsmann » ; c'est qu'en effet, il nous donnait toutes ses explications scientifiques au milieu d'un grand nombre de chats qui répondaient chacun à l'appel de son nom, et dans une galerie voisine se trouvaient les portraits des chats défunts, avec leurs noms aussi.

Vraiment, qui aurait pu imaginer, en 1878, que les recherches de ce brave *Katsmann* norvégien seraient l'origine du Laboratoire fondé plus tard à Svalöf, chez les Suédois?

Qu'avait montré Schübeler? Ce fait général très intéressant, que les céréales cultivées dans les régions septentrionales pendant le court été où le soleil reste presque continuellement au-dessus de l'horizon, donnent une récolte plus hâtive, plus abondante et plus vigoureuse. En outre, ces caractères demeurent acquis pendant quelques années chez les graines provenant du nord de la presqu'île scandinave, et semées plus au Sud. C'est ainsi que les graines d'orge recueillies dans les provinces norvégiennes septentrionales donnent d'excellentes moissons lorsqu'on les sème au sud de la presqu'île scandinave; que les graines de blé provenant de cette dernière région produisent, semées dans l'Europe centrale, une récolte plus abondante. En somme, il y avait dans ces expériences de culture la démonstration d'une certaine hérédité des caractères acquis par l'adaptation.

Mais les variétés de céréales, non contrôlées, souvent mélangées et cultivées en Scandinavie, dans le but d'appliquer les résultats obtenus par Schübeler, donnèrent des récoltes inégales, et c'est pour régulariser ces cultures qu'en 1886 le Laboratoire de Svalöf fut fondé sur l'initiative de propriétaires éclairés.

Braun de Neegard, nommé directeur du Laboratoire, fit des recherches de sélection de 1886 à 1890. Les sélections, par lesquelles étaient rejetés tous les échantillons médiocres ou anormaux, ne donnèrent pas lieu à des races fixes. Au bout d'un certain temps, en général au bout de peu de temps, les races sélectionnées perdaient leurs caractères ou subissaient profondément les influences extérieures. Toutefois, en suivant attentivement les cultures de sélection, de Neegard remarqua que les graines provenant de certains types aberrants pouvaient produire des « sortes » dont les caractères, très minutieux à observer, se maintenaient avec une constance extraordinaire. Un être dont la descendance conserve des caractères constants est une espèce, autant que le mot espèce peut être défini. Pendant la période plus ou moins longue où ces caractères diffèrent de ceux qu'on observe chez tout autre être analogue, cet être et sa postérité constituent une espèce, au même titre que tout autre espèce dont les caractéristiques sont plus importantes ou plus faciles à apercevoir. Quels que soient les caractères, le seul fait qu'ils se maintiennent par hérédité, malgré les changements de milieux, leur donne une valeur spécifique.

Ainsi donc, en cherchant à produire, d'après Schübeler, des grains sélectionnés s'adaptant au changement de climat, on trouva tout autre chose; on mit en évidence chez les céréales l'existence d'espèces élémentaires, tout aussi constantes que celles observées par Jordan ou que celles créées par De Vries.

Le nouveau Directeur, Nilsson, se rendant compte des résultats peu encourageants fournis par la sélection, fit bientôt l'inverse de ce que faisait son prédécesseur. Au lieu de rejeter les échantillons anormaux ou aberrants, il les conserva tout au contraire avec soin, et il se mit à étudier la descendance de chacune de ces plantes par la méthode à laquelle les éleveurs donnent le nom de « pedigree ».

Il découvrit ainsi qu'il se produisait de temps à autre, chez les diverses céréales, des variations brusques. Un échantillon anormal, à épis très serrés par exemple, produit des graines, et ces graines sont pour la plupart autrement constituées que les graines normales. Il en provient des exemplaires qui ont acquis de *nouveaux* caractères, et, fait très important, ces caractères se maintiennent par hérédité, quel que soit le milieu extérieur. On voit qu'un parallélisme remarquable se maintient entre ces résultats et ceux obtenus par De Vries.

Nilsson a donc pu réellement créer des espèces nouvelles, ou plus exactement assister à leur création naturelle, se produisant brusquement à la suite d'une anomalie de la plante mère.

Alors, si parmi les espèces ainsi créées, il en est qui présentent des qualités toutes spéciales pour la culture — et c'est ce qui a lieu pour un certain nombre d'entre elles — les agriculteurs se trouveront en possession d'une espèce de semence bien supérieure à celles obtenues par sélection. Ils auraient à leur disposition, soit une sorte de blé donnant toujours et dans toutes les circonstances la même proportion de fécule et de gluten, soit une sorte d'orge permettant d'obtenir un malt régulier pour la fabrication de la bière, etc. C'est ainsi, par exemple, que l'une de ces sortes obtenues par mutation à Svalöf présente une pureté de 97 à 100 p. 100, tandis que les meilleures races correspondantes, obtenues en Hongrie par sélection, n'ont qu'une pureté de 59 à 76 p. 100.

On comprend que ces découvertes de Nilsson, conduisant à de pareils résultats pratiques, aient

24.

eu un retentissement considérable dans le monde
agricole de tous les pays et établirent la réputa-
tion du Laboratoire de Svalöf. Les subventions de
toutes sortes se sont concentrées sur cet établissement, qui possède aujourd'hui des ressources très
considérables, et auquel est annexée une exploita-
tion agricole étendue, distincte d'ailleurs de l'ad-
ministration scientifique du Laboratoire.

Mais ces nouvelles espèces élémentaires, formées
à Svalöf, ne conviennent pas toujours aux divers
climats de l'Europe ou de l'Amérique. Aussi
cherche-t-on maintenant à en produire d'autres
dans différents pays, d'après les procédés de Nilsson. En France, sur l'initiative de la Société des
orges de brasserie, un jeune botaniste de talent,
Blaringhem, s'est appliqué à chercher de nouvelles espèces qui conviendraient le mieux à notre
pays. Aux États-Unis, en Allemagne, on a entrepris
des études analogues.

## 5. Sélection, mutation, adaptation.

Revenons maintenant à la question théorique
dont on vient de voir les conséquences pratiques.

Au point de vue de l'origine des espèces, on
comprend quelle est son importance.

Avec Darwin, la production des espèces nouvelles devait s'expliquer par des séries de variations *continues*, les modifications se produisant
d'une façon insensible. Les caractères étaient sup-
posés varier dans toutes les directions, et l'ébauche
d'un caractère donnant à l'être un avantage sur les
autres, devait le faire prédominer dans la lutte pour
l'existence.

Que de temps il faut alors imaginer pour arriver dans cette conception à un changement notable! Et puis, pourquoi l'ébauche pure et simple d'un caractère qui, très accentué, pourra devenir avantageux, donne-t-elle une supériorité à l'être qui la présente? Si parmi un grand nombre de musaraignes, ces petits insectivores en forme de souris qu'on trouve dans les champs, il en est une qui a quelques poils agglutinés ensemble, en quoi cette musaraigne aura-t-elle un avantage sur les autres dans la lutte pour l'existence? Ce ne serait que si l'agglutination des poils était assez importante pour les transformer en piquants de hérisson (mammifère du même groupe), que l'avantage se ferait sentir.

D'autre part, pour obtenir les plantes ornementales en horticulture, ou les races créées par l'élevage, on n'opère jamais suivant les principes indiqués par Darwin. Il semble, au contraire, que presque toujours les formes nouvelles aient été obtenues par mutation, au sens donné à ce mot par Hugo de Vries. Alors, avec les variations brusques, les objections précédentes disparaissent.

Si l'être formé par mutation se trouve avoir acquis tout à coup certains caractères avantageux, ces caractères peuvent agir immédiatement en sa faveur dans la lutte pour l'existence.

Il y a eu, en effet, des faits de mutation parfaitement constatés avant les remarquables découvertes de Nilsson et de De Vries ; toutefois, on les considérait comme exceptionnels et leur importance n'avait pas été comprise.

Par exemple, dans l'*Histoire naturelle des fraisiers* de Duchesne, l'auteur figure le Fraisier à une seule foliole, lequel s'est maintenu jusqu'à présent sans changement aucun ; or, cette forme avait apparu brusquement en 1761 dans le jardin de Duchesne, et il n'y avait aucune transition quelconque entre le fraisier ordinaire à trois folioles (N, fig. 190) et ce fraisier à une seule foliole (U, fig. 191). C'est une origine aussi subite qu'on a reconnue pour les moutons à courtes pattes, incapables de sauter les barrières, le mouton « ancon », qui apparut brusquement, en 1791, dans une ferme américaine.

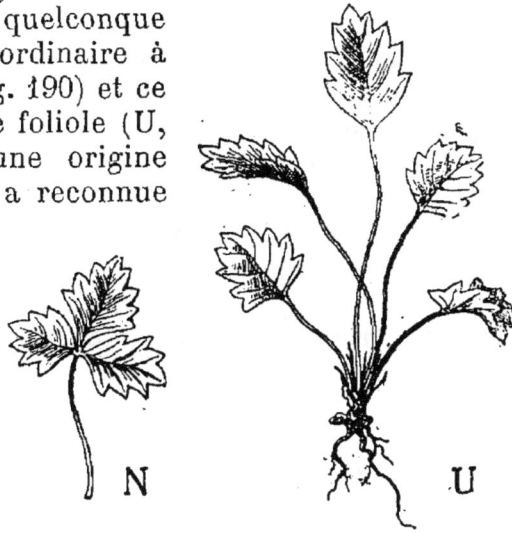

Fig. 190 et 191. — N, feuille à 3 folioles de fraisier normal. — U, un pied de fraisier unifoliololé, de Duchesne (réduits 3 fois).

Un mot maintenant sur une question posée dans le commencement de ce chapitre. Pour toutes les mutations, les espèces nouvelles se produisent dans la descendance d'un individu anormal, c'est-à-dire non semblable aux autres, très visiblement différent ; ce sera, par exemple, comme nous l'avons vu, une plante tordue sur elle-même, une orge à épis monstrueux, un arbuste à rameaux fasciés, c'est-à-dire plus ou moins cohérents entre eux. On conçoit alors très bien que les graines formées par ces êtres exceptionnels aient des propriétés particulières, qui se traduisent par l'apparition de caractères nouveaux. Mais pourquoi

les individus qui en sont l'origine sont-ils anormaux?
Pourquoi ces tiges sont-elles tordues, fasciées, etc.?
C'est là le mystère. Les uns, comme De Vries, supposent qu'il existe dans tous les êtres des caractères
*latents* de variation, caractères invisibles qu'une
circonstance favorable peut mettre tout à coup en
évidence; les autres présument que ce sont des
champignons parasites qui modifient ainsi subitement la forme normale de l'être; d'autres encore,
comme Blaringhem, prouvent
par expérience que des blessures
produites à un certain moment
du développement, sont la cause
d'anomalies susceptibles de donner naissance à de nouvelles
« espèces élémentaires ». Et cependant, tout cela n'est pas clair.
Le fait certain, c'est la production de formes nouvelles méri-
tant le nom d'espèces: la cause
de cette production reste dans le
domaine des hypothèses.

Il faut cependant mettre à part
les très intéressantes expériences
faites tout récemment en France
par Blaringhem. Je prendrai
l'une des plantes étudiées par
cet auteur, le Maïs. Blaringhem,
soit en sectionnant les tiges en
travers ou en long, soit en tor-
dant les tiges sur elles-mêmes, a
*provoqué expérimentalement* des
anomalies du Maïs telles que

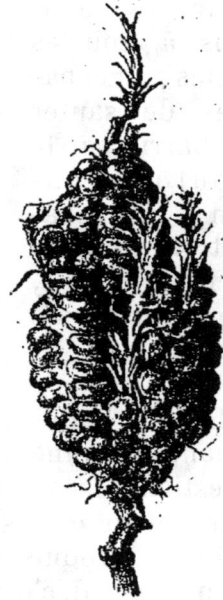

Fig. 192. — Fructification
d'un pied anormal de
Maïs, obtenu à la suite
de blessure expérimen-
tale des tiges (d'après
Blaringhem).

celle que représente la figure 192 où l'on voit des
épis rameux, ayant à la fois des fleurs mâles et des

fleurs femelles. En recueillant les graines de ces anomalies et en suivant les générations successives qui en sont issues, l'auteur a vu se produire un grand nombre de formes nouvelles. L'espèce était « affolée », comme disent les agriculteurs. Or, au milieu de cet affolement, trois formes, trois espèces nouvelles se sont montrées avec des caractères constants. Deux de ces espèces, créées par blessures dans les expériences de Blaringhem, sont très intéressantes au point de vue pratique, car elles ont des graines farineuses et peuvent mûrir aux environs de Paris, dans le Nord de la France et même au Sud de la Suède, c'est-à-dire dans des régions où l'on ne pouvait jusqu'à présent cultiver le Maïs que comme fourrage. La figure 193 montre un épi d'une de ces nouvelles espèces.'

C'est là un exemple frappant d'une découverte scientifique faite à un point de vue théorique et qui se trouve avoir immédiatement d'importantes applications pratiques.

Fig. 193. — Épi fructifié d'une espèce nouvelle de Maïs (*Maïs* semi-précoce) obtenue dans la descendance d'un pied initial blessé (d'apr. Blaringhem).

En somme, dans ces belles expériences de Blaringhem, on assiste à un déterminisme rigoureux ; c'est la blessure faite à la plante initiale qui provoque la mutation.

D'ailleurs, de ce que ces phénomènes viennent d'être mis en évidence tout récemment avec la plus grande précision, s'ensuit-il que les belles découvertes de Hugo de Vries et de Nilsson vont

expliquer à elles seules toute l'origine des espèces?
Ce serait fort exagéré.

Faut-il pour cela laisser complètement de côté
l'influence du milieu, les profonds changements
de forme et de structure imprimés par le climat,
et produisant à la longue des caractères qui deviennent héréditaires? Ce serait nier de nombreuses observations; ce serait nier les résultats
obtenus dans les cultures expérimentales faites à
ce sujet.

Par exemple, dans les cultures des plantes de
plaine que j'ai établies depuis longtemps sur les
pentes des Alpes et des Pyrénées, à hautes altitudes, ou dans celles des mêmes plantes que je
cultive depuis plus de dix ans dans la région mé-
diterranéenne, j'ai obtenu des modifications de caractères spécifiques, présentant en plusieurs cas
des faits d'hérédité acquise.

L'origine de nouvelles espèces peut s'expliquer
par des mutations, c'est ce qui vient d'être démontré; il n'est pas nécessaire cependant qu'elle
ne soit obtenue que par cet unique procédé. La
sélection naturelle de Darwin ne donne pas l'explication de cette origine, mais il n'est pas prouvé
que l'hypothèse de Lamarck sur l'influence du
milieu ne soit très importante à considérer.

Au contraire, toutes les recherches récentes sur
l'anatomie expérimentale montrent clairement qu'à
côté des mutations, à côté des changements brusques dus à des anomalies, en somme assez rares
dans la nature, il existe aussi des causes normales
et très fréquentes de modification, et que ces
causes doivent être cherchées dans la variation
incessante des conditions de la vie.

# IX

## LE TRANSFORMISME EXPÉRIMENTAL

### 1. Expériences sur les animaux.

Une espèce déterminée d'animal ou de végétal
peut-elle se transformer en une autre espèce déterminée ? Telle est la question fondamentale qui a
été posée, pour la première fois, au commencement du siècle par le naturaliste français Lamarck.
Le Transformisme, appelé aussi Théorie de l'évolution, expose, on le sait, l'ensemble des faits et des
hypothèses qui permettent d'expliquer comment
peut s'effectuer la modification des espèces. On
peut dire qu'actuellement, il est peu de naturalistes qui ne soient plus ou moins transformistes ;
mais encore les diverses écoles qui admettent
l'évolution ne sont-elles pas d'accord sur les causes
de la variation des espèces.

Nous avons vu, dans le chapitre précédent, que
le Lamarckisme, le Nægélisme et le Darwinisme
constituent, sans parler des mutations, autant de
manières de voir différentes au sujet des causes
qui peuvent produire les variations.

Enfin, à côté des théories précédentes, il faut encore citer la manière de voir des physiologistes, qui, laissant de côté les questions de descendance, considéraient la structure d'un être vivant comme une sorte de moule immuable dans lequel la physiologie expérimentale ne pouvait s'appliquer qu'aux fonctions, aux réactions chimiques ou physiques de la matière vivante : « En changeant le milieu extérieur, disait Claude Bernard, on peut provoquer ou empêcher les manifestations vitales, ralentir ou accélérer le développement d'un être ; mais on ne saurait modifier sensiblement ni sa forme, ni son évolution, ni sa structure. »

Je vais passer en revue un certain nombre des expériences positives qui ont été entreprises dans ces derniers temps sur la variabilité des êtres vivants, sous l'effet du changement de milieu, en dehors de toute hypothèse. C'est cet ensemble de faits démonstratifs que j'ai proposé de réunir sous le nom de *transformisme expérimental.*

La question principale qui divise les savants, au sujet des causes de la variation, est la suivante : Peut-on réellement modifier d'une manière sensible la forme et la structure des êtres, en changeant le milieu dans lequel ils vivent ? Et, si ces modifications ont lieu, dans quelle mesure peuvent-elles être héréditaires ? Laissant de côté toute théorie, je vais passer en revue les expériences diverses qui ont été faites dans le but de répondre à cette question.

Les animaux, nous l'avons vu, se prêtent moins que les végétaux à ce genre de recherches, et cela pour plusieurs raisons.

Tout d'abord, si l'on veut trouver l'action directe

que peut exercer le milieu sur un même individu, il est difficile, en général, d'opérer avec les animaux, à moins de s'adresser seulement à des organismes tout à fait inférieurs ; tandis qu'en prenant pour sujet d'étude une plante vivace, dont la durée et la croissance sont indéfinies, il est facile de la transplanter dans un milieu différent et de suivre les modifications qu'elle peut présenter dans les années successives, où elle forme, à chaque saison, des organes nouveaux. De la sorte, on acquiert des données précises sur les transformations de l'organisme, sans passer par la graine, c'est-à-dire sans qu'il y ait reproduction. Avec les plantes annuelles et avec la plupart des animaux, il en est tout autrement, et l'on ne peut tirer des conclusions expérimentales probantes qu'en agissant sur un grand nombre d'individus. Si l'on n'expérimentait que sur quelques exemplaires, les changements produits pourraient tenir, en effet, à une variation dans l'œuf et non pas aux circonstances extérieures. D'autre part, les animaux sont ordinairement plus difficiles à élever que les végétaux dans un milieu déterminé, et les cultures de plantes peuvent être établies plus rigoureusement que l'élevage d'animaux dans un espace forcément restreint ou dans un aquarium. Aussi s'explique-t-on pourquoi les recherches de biologie végétale sont plus nombreuses sur cette question que les recherches zoologiques. Toutefois, certaines expériences très intéressantes ont été entreprises sur les espèces animales, et je vais en résumer quelques-unes.

Les animaux les plus élevés en organisation constituant les sujets d'étude les plus difficiles, il y a peu de résultats positifs sur les mammifères et les oiseaux. On ne peut guère citer pour les premiers que les expériences qui ont montré que le froid développe le pelage des chèvres, des chats et de divers autres animaux élevés dans des frigorifiques. Au sujet des oiseaux, des expériences plus importantes ont été faites avec certaines espèces de goélands. Le naturaliste anglais Hunter a réussi à nourrir pendant un an un goéland (appartenant à l'espèce *Larus tridactylus*), exclusivement avec des grains, alors que les animaux de cette espèce vivent naturellement de poisson. Il a observé une modification anatomique complète de la muqueuse du gésier de l'oiseau soumis à ce régime ; la muqueuse s'était épaissie considérablement et avait acquis certains des caractères que l'on remarque dans le gésier des animaux naturellement granivores.

Standfuss et August Weismann ont fait des expériences encore plus démonstratives, en opérant avec des insectes. Je citerai la suivante. Les entomologistes ont depuis longtemps décrit comme constituant deux espèces de papillons du genre Vanesse, absolument distinctes l'une de l'autre, le *Vanessa prorsa* et le *Vanessa levnna*. Or, en refroidissant les chrysalides de la première, pour les faire éclore à une température moyenne, on obtient la seconde ; réciproquement, en faisant éclore des individus de la seconde espèce à une température élevée, on obtient des papillons identiques aux exemplaires de *Vanessa prorsa*.

D'autres expériences ont été faites avec les crustacés, les mollusques et divers animaux inférieurs aquatiques, pour essayer de changer leur

forme en les faisant passer de l'eau salée de la mer
dans les eaux saumâtres, puis dans les eaux
douces, et inversement. L'existence des eaux saumâtres à divers degrés de salaison, soit dans les
marais du littoral, soit dans les estuaires, permet de
comprendre qu'il puisse se faire naturellement un
changement graduel de milieu. C'est qu'en effet, la
modification de milieu en ce cas ne pourrait être
brusque, et voici pourquoi : les cellules vivantes
perdent rapidement leur eau, si on les place dans
des solutions salines plus ou moins concentrées;
c'est ce qui cause la mort des animaux d'eau douce
plongés tout à coup dans l'eau de mer. Paul Bert a
montré qu'une grenouille placée dans l'eau de la
mer, meurt après avoir perdu une quantité d'eau
qui peut atteindre le tiers du poids total de la grenouille.

Certaines observations mettent sur la voie de
l'explication du procédé par lequel l'animal réussit,
en ce cas, à passer d'un milieu dans un autre. Une
même espèce a parfois des représentants dans les
eaux très salées ou peu riches en sel. Il en est
ainsi, par exemple, pour le *Carcinus mœnas*. Or,
Frédéric a trouvé que le sang de cet animal contient 3,07 p. 100 de sels lorsqu'il est pris dans la mer,
et seulement 1,48 p. 100 de sels lorsqu'il provient
de l'embouchure de l'Escaut. Dans le même ordre
d'idées, Henneguy, Professeur au Collège de France,
a fait des expériences sur un Infusoire marin qui
se trouve dans les marais salants du Croisic et qu'il
a nommé *Fabrea salina*. Cet organisme microscopique subit naturellement des changements de
milieu peu gradués, car l'un de ces marais salants
contient 8 p. 100 de sel, tandis que l'eau de mer
n'en contient à peine que 4 p. 100; mais quand les

pluies sont abondantes, la salure des marais diminue rapidement. Or, par des cultures successives, Henneguy a réussi à faire vivre les *Fabrea* dans de l'eau presque saturée de sel, en contenant 26 p. 100.

Il est à penser que l'adaptation à la vie dans un milieu plus salin se fait à l'aide de l'absorption plus grande de sel par l'organisme; les éléments vivants s'étant eux-mêmes salés pour ainsi dire, il n'y a plus entre ces éléments et l'eau extérieure cette différence qui fait sortir l'eau des tissus vivants et amène la mort de l'animal. C'est ce que démontrent les célèbres expériences de Schmankewitsch, dont les résultats ont été publiés en 1877 et qui peuvent être résumés de la manière suivante.

On a décrit trois espèces différentes de crustacés phyllopodes : la première vit dans les eaux douces, et a été appelée *Branchipus stagnalis;* les deux autres ont été classées par les zoologistes descripteurs dans un genre différent : ce sont l'*Artemia salina*, qui se trouve dans les eaux saumâtres, et l'*Artemia Milhauseni* qui vit dans la mer.

Partant de l'espèce des eaux saumâtres, l'*Artemia salina*, Schmankewitsch, en l'élevant dans des eaux de plus en plus douces, a suivi les changements de forme graduels de tous ses organes et, au bout de peu de générations, il a assisté à sa transformation complète en *Branchipus stagnalis*, faisant ainsi passer expérimentalement l'espèce à une autre appartenant à un groupe différent. D'autre part, prenant toujours comme point de départ l'espèce des eaux saumâtres, mais augmentant peu à peu la salure de l'eau, le même savant l'a transformée intégralement en *Artemia Milhauseni*, l'espèce marine. Dans ces séries d'expériences bien conduites, les changements successifs entre ces trois espèces sont très curieux à observer et portent sur la forme non seulement de l'animal lui-même, mais de tous les organes : tête, antennes, pattes, branchies, queue (fig. 194 à 199) et structure des organes internes.

Soit, diront les partisans des théories de Wallace et de Weismann, si nous sommes bien forcés d'admettre qu'il y a là une manifeste influence du milieu sur la structure, il n'y a pas hérédité des caractères acquis ; car, si vous remettez dans les conditions primitives un de ces individus transformés, il ne tardera pas à reprendre sa forme première. Nous discuterons plus loin cette non-hérédité par retour au milieu primitif ; mais déjà nous pouvons, par les quelques exemples cités, donner une réponse positive à la première partie de la question que nous avons

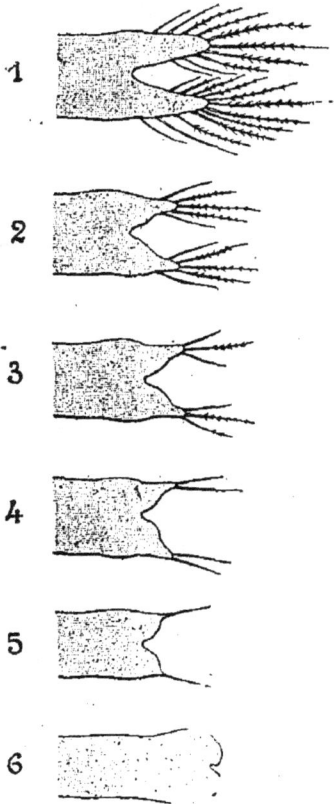

Fig. 194 à 199. — 1. Postabdomen de *Branchipus stagnalis*, développé dans de l'eau salée à 8° Baumé. — 2, *id.* à 14°. — 3, *id.* à 18°. — 4, *id.* à 20°. — 5, *id.* à 23° 1/2. — 6, *id.* à 26° ; le postabdomen est alors identique à celui de l'*Artemia salina* (grossi 30 fois) [d'après Schmankewitsch].

posée. Contrairement à ce qu'admettait Claude Bernard, contrairement à ce qu'énoncent les partisans
exclusifs de la sélection naturelle, le changement
de milieu peut agir sur la forme et sur la structure de l'organisme, au point de le faire passer
complètement d'une espèce à une autre. Quant à
l'hérédité, dans le cas actuel, elle existe cependant
dans une certaine mesure, puisque, maintenue
dans le même milieu, l'espèce y conserve tous ses
caractères.

On pourrait encore citer des travaux relatifs aux
mollusques, qui ont montré des variations très
marquées lorsque l'on change la pression, l'agita-
tion, l'étendue du milieu où ils vivent (Locard,
Whitfield, Baudon); mais ces recherches compor-
tent plus d'observations que d'expériences proprement dites.

Tels sont quelques exemples parmi les recherches
peu nombreuses des zoologistes sur cette question.
Plus loin, je citerai encore ce qui est relatif aux
animaux vivant dans l'obscurité. Nous allons voir
que les études expérimentales faites sur les végétaux fournissent des documents plus nombreux et
plus nets encore que ceux que je viens de résumer.

## 2. Les végétaux et le milieu aquatique.

La première donnée expérimentale, au sujet de
l'effet d'un changement de milieu sur la structure
des plantes, date de plus de trente ans. C'est une
note de quatre pages et demie qui a paru dans les
*Mémoires de l'Académie de Kazan*, écrite en langue
russe, et qui avait passé presque inaperçue au moment de sa publication. L'auteur, Lewakoffski,

est parvenu à faire pousser une branche de ronce,
complètement immergée dans l'eau pendant sa
croissance, et il en a comparé la structure à celle
d'une branche du même pied développée normalement dans l'air. Sans parler des changements de
forme extérieure, Lewakoffski a signalé les différences anatomiques importantes qui se produisent dans la tige, selon qu'elle se trouve dans
le milieu aquatique ou dans le milieu aérien. L'auteur a trouvé, entre autres différences, que dans
la branche qui s'est formée dans l'eau, il se développe un tissu renfermant de nombreux canaux
d'air, servant de réserve de gaz pour la plante et
lui permettant de flotter au milieu du liquide; ce
tissu n'existe pas dans la branche qui s'est formée
dans l'air. Cette seule expérience, bien faite et bien
décrite, montre déjà que le changement de milieu
peut modifier profondément la structure intime d'un
végétal.

Partant de ce premier résultat, nous voyons d'une
manière plus générale quelle est l'action du milieu
aquatique sur les plantes qui croissent naturellement dans l'air, ou inversement. Tout le monde
sait qu'il existe des végétaux qui se développent
dans l'eau; la plupart d'entre eux épanouissent
seulement leurs fleurs au-dessous de la surface du
liquide, mais il en est qui restent toujours complètement immergés et qui fleurissent dans l'eau
même, sans jamais atteindre l'air. Or, en se bornant
aux végétaux supérieurs, sans parler des nombreuses algues marines ou d'eau douce, ces plantes
ont une structure et des fonctions très différentes
de celle de leurs similaires qui croissent dans l'air.
On conçoit très bien, en effet, que la plante qui
est au milieu de l'eau n'ait pas besoin, au même

titre que celle qui se dresse dans l'air, d'un apport
d'eau considérable amené par la sève que les
racines puisent dans le sol ; d'autre part, une provision d'air est nécessaire dans ses tissus ; enfin
les échanges de gaz qui se produisent avec le milieu
extérieur se font forcément par un mécanisme tout
différent, puisque, dans le premier cas, la plante
puise les gaz dissous dans l'eau, tandis que dans
le second cas elle absorbe directement ces mêmes
gaz dans l'air. C'est ce que révèlent et précisent
l'anatomie et la physiologie comparées des plantes
submergées et des plantes aériennes.

Or, beaucoup de ces plantes se ressemblent par
leurs fleurs : telle est la Renoncule divariquée, qui
peut fleurir complètement submergée, et les Renoncules terrestres, à fleurs jaunes comme le Bouton-
d'or ou à fleurs blanches comme d'autres espèces.
Tout dans la fleur : sépales, pétales, étamines, carpelles, ovules, est presque identique entre les deux
espèces ; les différences proviennent de la partie
végétative. N'est-il pas permis de supposer que ces
différences sont purement et simplement l'effet du
changement de milieu ? Ou bien la première espèce
de Renoncule est-elle organisée depuis des temps
infinis pour vivre dans l'eau, et la seconde pour
vivre dans l'air ? Afin de trancher la question, il
faut s'adresser à l'expérimentation.

Mais, dirait un naturaliste d'ancienne école,
méprisant la méthode expérimentale, à quoi bon
faire des cultures dans des milieux différents ? Vous
n'avez qu'à étudier les plantes amphibies, elles vous
donneront la solution du problème. On désigne
sous le nom de plantes amphibies, les végétaux qui
croissent en partie dans l'eau, en partie dans l'air,
ou qui tolèrent à la rigueur deux milieux différents.

Suivant que baisse ou monte le niveau d'une rivière, suivant qu'un marais se dessèche ou se remplit d'eau par les pluies, ces plantes peuvent pousser ou continuer à croître soit dans l'air, soit dans l'eau. En réalité, ce sont plutôt des plantes aquatiques qui peuvent supporter pendant un temps plus ou moins long de n'être pas immergées.

Certainement, des observations sur les végétaux amphibies peuvent donner d'utiles indications, mais elles n'apporteront jamais de preuve certaine; et je choisis, en passant, cet exemple des milieux aquatique et aérien pour insister sur la différence entre les résultats que peuvent fournir les observations pures et simples d'une part, les expériences précises de l'autre.

Considérons une plante connue de tous, le Nénuphar à fleurs jaunes, qui s'épanouit à la surface des eaux. Dans un étang suffisamment profond et dont l'eau est claire, on peut apercevoir très bien, au-dessous des feuilles flottantes du Nénuphar, d'autres feuilles de la même plante qui se dressent au-dessus du fond de l'eau et qui diffèrent des premières en ce qu'elles sont minces, translucides et ondulées sur les bords. Le Nénuphar a donc des feuilles submergées et des feuilles flottantes; les premières complètement à l'abri de l'air, les secondes exposées à l'air par leur face supérieure. Ici, la plus simple observation pourrait sembler suffisante, et la conclusion serait : les feuilles qui sont restées complètement dans l'eau sont devenues, par l'effet du milieu, translucides et minces (avec une structure anatomique toute différente des autres), par suite de l'effet direct de leur submersion complète; les autres, exposées à l'air par leur face supérieure, ont acquis à son contact une forme et une organisation particulières.

Or, cette conclusion très simple est inexacte. Qu'on arrache, en se promenant en barque, une jeune feuille de nénuphar qui va devenir une feuille flottante mais qui n'a pas encore atteint la surface de l'eau ; elle a toujours été submergée comme une des feuilles translucides situées un peu plus bas ; elle n'a jamais été au contact de l'air ; et cependant si on l'examine de près, on voit qu'elle a la contexture, la forme, l'épaisseur (et, au microscope, la structure), non pas d'une feuille submergée, mais d'une feuille nageante. Si l'on remonte plus haut dans le développement, on peut constater que même dans le bourgeon, alors que les feuilles n'ont pas encore en tout un centimètre de longueur, on peut déjà en distinguer deux sortes, les unes qui deviendront translucides et resteront submergées, les autres qui allongeront leurs pétioles et deviendront flottantes. Alors il y a donc d'avance, dans le bourgeon, deux formes de feuilles déterminées, et le milieu n'agit en rien pour leur donner des structures si différentes? Cette conclusion semble bien inacceptable. En tout cas, voilà un exemple très simple où les observations, on le voit, ne fournissent aucune réponse précise à la question de savoir s'il y a ou non adaptation au milieu. L'observateur est embarrassé.

Que l'expérimentateur intervienne, le problème s'éclaircira complètement. Il établit des cultures de Nénuphar dans une eau très profonde et voit se former des feuilles de deux sortes, les unes qui voudraient être nageantes, mais qui ne peuvent atteindre la surface de l'eau, les autres qui sont des feuilles translucides ordinaires;

et s'il continue l'expérience il assiste à la transformation graduelle, dans les nouveaux bourgeons,
de feuilles ayant encore un peu la forme de feuilles
nageantes, mais commençant à prendre la structure de feuilles translucides ; enfin, au bout d'un certain temps, les bourgeons ne produiront plus que
des feuilles translucides. Dans une autre série
d'expériences, il fait croître, au contraire, les Nénuphars dans une eau très peu profonde : il voit
alors se former d'abord des feuilles de deux sortes,
puis, dans les bourgeons suivants apparaissent, entre
les feuilles nageantes ordinaires, des feuilles qui,
ayant encore la forme des feuilles profondes, ne
sont plus aussi translucides et ont acquis plusieurs
caractères de structure des feuilles nageantes ;
enfin les bourgeons qui se produisent ensuite ne
forment plus, dès l'origine, sous leurs écailles,
que des feuilles de forme nageante. On a obtenu
en définitive, dans les deux cultures, deux plantes
très différentes : l'une qui ne fleurit que sous l'eau
(ou qui ne fleurit pas) et qui n'a que des feuilles
minces, translucides, ondulées ; l'autre, qui fleurit dans l'air et qui n'a que des feuilles épaisses,
nageantes, en forme de cœur.

Le résultat des observations était indécis, celui
des expériences est concluant ; c'est bien le milieu
qui change la forme et la structure des feuilles,
mais en ce cas il n'agit pas brusquement : les
feuilles de diverses formes étant déjà différenciées
dans le bourgeon, et leur développement se faisant
lentement, le milieu ne peut avoir d'action que
sur les nouveaux bourgeons à produire.

Voilà une digression un peu longue sur le Nénuphar ; toutefois, c'est en insistant sur un exemple

que l'on peut saisir l'insuffisance de la méthode
d'observation, que Pasteur appelait souvent la
« méthode des naturalistes », et la nécessité de
la méthode expérimentale, qui, heureusement, depuis Pasteur, s'introduit de plus en plus dans les
recherches des sciences naturelles.

On pourrait d'ailleurs citer des centaines d'exemples analogues à celui que je viens de prendre,
en choisissant parmi la série de travaux publiés
par Costantin sur l'anatomie expérimentale des
plantes aquatiques. L'auteur a provoqué, par le
changement de milieu, des modifications de forme
et d'organisation non seulement dans les feuilles,
mais aussi dans les tiges et les racines. Ces méta-
morphoses des tissus sont parfois tellement complètes, qu'on arrive à trouver plus de ressemblances entre la tige submergée de deux plantes
différentes, qu'entre la tige submergée et la tige
aérienne de la même plante. En effet, ce n'est pas
seulement la forme extérieure de la plante ou de
ses organes qui devient très différente lorsqu'on
la fait croître dans l'eau, au lieu de la laisser
pousser dans l'air ; c'est aussi, comme l'avait indiqué Lewakoffski, la nature des tissus et jusqu'à l'élément organique le plus microscopique qui
a acquis des caractères nouveaux. Les différences
internes sont même, le plus souvent, beaucoup
plus caractérisées que les différences externes.
On en jugera par les quelques exemples suivants
que j'extrais des résultats obtenus dans les expériences de Costantin.

Les feuilles ordinaires, développées dans l'air,
ont un très grand nombre de petites ouvertures
placées entre deux cellules spéciales et dont l'ensemble forme les *stomates* (*st, st ;* F, fig. 200), qui

sont comme autant de petites bouches dont les deux lèvres peuvent s'écarter ou se rapprocher suivant le degré d'humidité. Les stomates ont pour rôle principal de laisser échapper au dehors l'excès de vapeur d'eau qui se trouve dans les feuilles ; ce sont surtout des organes de transpiration. Or, une feuille complètement immergée dans l'eau, comme une des feuilles translucides submergées des Nénuphars, ne transpire pas, puisqu'elle est entourée d'eau de tous côtés ; cette feuille submergée ne présente aucun stomate (S, fig. 200). Les feuilles nageantes de Nénuphar sont au contact de l'eau par leur face inférieure et au contact de l'air par leur face supérieure ; elles n'ont de stomates que sur cette dernière face (*st*, *st*; F, fig. 200). Dans une suite

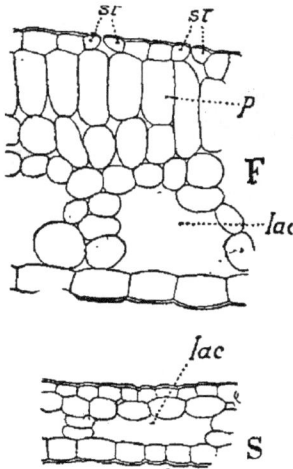

Fig. 200 et 201. — Structure comparée de feuilles de Nénuphar. — F, section dans une feuille flottante : *st. st*, stomates; *p*, tissu riche en chlorophylle ; *lac*, lacunes. — S, section dans une feuille submergée : *lac*, lacunes (grossi 100 fois) [d'après Costantin].

d'expériences bien conduites, Costantin a provoqué la disparition des stomates chez les feuilles aériennes en les faisant croître dans l'eau, l'apparition des stomates en forçant à se développer dans l'air les feuilles des plantes submergées.

Si l'on arrache un de ces longs pédoncules situés dans l'eau et qui se terminent par une fleur de Nénuphar, qu'on le sectionne aux deux bouts, qu'on maintienne un bout dans l'eau et qu'on souffle par l'autre bout, on voit sortir sous l'eau de nombreuses bulles d'air; si l'on s'arrête de souffler, les bulles ne se dégagent plus. Cette expérience très simple montre qu'il existe, sur toute la longueur de ce pédoncule immergé, une large communication, de grandes lacunes pleines d'air, disposées dans le sens longitudinal, par où a pu passer le gaz insufflé. En prenant un pédoncule ou une tige quelconque d'un végétal non aquatique, jamais on n'observera rien de semblable ; ce n'est donc pas par les vaisseaux, mais par ces larges espaces lacuneux que, dans cette expérience, l'air a pu passer d'un bout à l'autre du pédoncule.

Comme je l'ai dit plus haut, ces sortes de réserves d'air dans les tiges et les feuilles sont caractéristiques des plantes aquatiques (voy. *lac*; S, fig. 202). Costantin en a provoqué la formation en cultivant sous l'eau des plantes aériennes, et la disparition graduelle en cultivant dans l'air des plantes aqua-

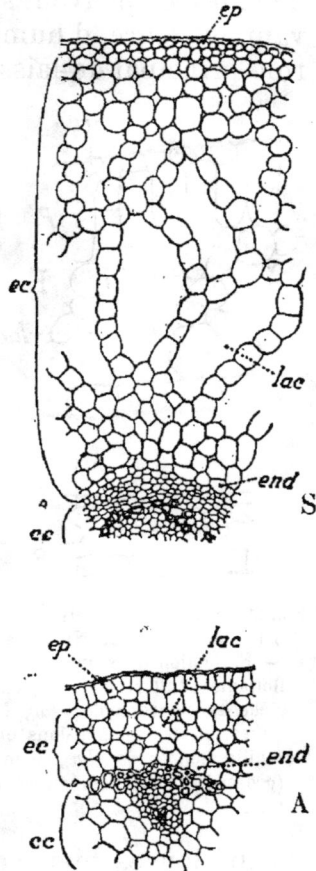

Fig. 202 et 203. — Comparaison de la structure d'une même tige (*Hottonia*) dans sa partie submergée S et dans sa partie aérienne A: *ep*, épiderme ; *ec*, écorce ; *cc*, cylindre central ; *end*, endoderme (grossi 80 fois) [d'après Costantin].

tiques. Dans d'autres séries d'expériences, il a mis en évidence l'influence du changement de milieu sur tous les éléments des organes de la plante ; c'est ainsi qu'en obligeant les plantes aériennes à vivre submergées, il a déterminé dans leurs tissus la diminution ou la suppression des fibres, éléments de soutien nécessaires à la plante qui se dresse dans l'air, devenus presque toujours inutiles à la plante qui est dans l'eau ; de même, pour la diminution du nombre des vaisseaux qui transportent la sève, etc.

Costantin a encore fait d'autres expériences dans lesquelles le niveau de l'eau était maintenu constant au moyen d'un flacon de Mariotte. Une même feuille maintenue à ce niveau pendant son développement, pouvait alors présenter un limbe avec une partie aérienne en lame et une partie submergée divisée en lanières (fig. 204).

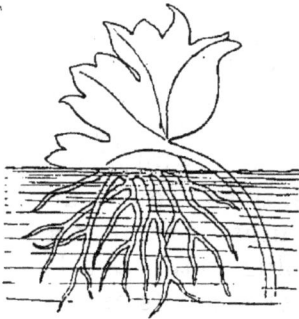

Fig. 204. — Une feuille de Renoncule aquatique, se développant à moitié dans l'air, à moitié dans l'eau (grossi 2 fois) [d'après Costantin].

Dans ces recherches, l'auteur ne s'est pas contenté d'étudier les plantes amphibies, il a opéré aussi, soit avec les plantes qui sont toujours submergées, soit avec d'autres qui sont toujours dans l'air. Il a réussi, par exemple, à obtenir le développement complet de la Luzerne dans l'eau, à partir de la germination. C'est en m'appuyant sur ce dernier résultat, que j'ai tenté, dans ces derniers temps, de changer le milieu, de la même manière, en prenant pour sujet d'expériences la Sensitive, plante de la famille des Légumineuses, comme la Luzerne.

Il n'est personne qui n'ait entendu parler de la Sensitive et des curieux mouvements de ses feuilles. Cependant, je rappellerai en quelques lignes quels sont ces mouvements, qu'il faut répartir en deux catégories très différentes : les mouvements de sommeil et les mouvements provoqués par le contact. Une feuille de Sensitive se compose d'un pétiole général, qui présente à son sommet plusieurs pétioles secondaires disposés en éventail; chacun de ces pétioles secondaires porte à droite et à gauche, disposées comme les barbes d'une plume, de nombreuses petites folioles ovales. A la base du pétiole général se trouve un tissu renflé appelé « renflement moteur »; il y a aussi des renflements moteurs plus petits à la base de chaque pétiole secondaire, et d'autres encore plus petits, mais placés en sens inverse des précédents, à la base de chaque petite foliole.

Les mouvements spontanés de la Sensitive sont soumis à l'influence de la lumière. Le matin, le pétiole général se redresse, les pétioles secondaires s'écartent les uns des autres, ouvrant l'éventail de la feuille, et toutes les petites folioles situées à droite et à gauche sur chaque branche de cet éventail s'étalent horizontalement.

La nuit, au contraire (ou à l'obscurité dans la journée), le pétiole principal s'abaisse notablement, les pétioles secondaires se rapprochent et les petites folioles se redressent, s'appliquant exactement les unes sur les autres; l'éventail est fermé et son support est rabaissé. Les mouvements provoqués ne] sont pas tout à fait sem-

blables aux précédents. En effet, si l'on effleure
du doigt une feuille de Sensitive dans la position
de veille, on voit cette feuille s'abaisser brusquement, beaucoup plus que dans la position de
sommeil, et les pétioles secondaires se rapprocher
bien plus étroitement. La rapidité du mouvement
et sa nature ne sont pas les mêmes que si l'on
place la feuille dans l'obscurité ; on peut s'en
convaincre en excitant, par le contact, une feuille
de Sensitive qui est dans la position de sommeil ;
on voit subitement le pétiole général s'abaisser
plus, en même temps que les branches de l'éventail se resserrent davantage.

Ceci posé, en opérant dans l'eau, avec les précautions nécessaires pour éviter le développement
des algues ou autres organismes qui viennent
troubler les cultures, je suis parvenu à obtenir des
Sensitives, qui, depuis la graine semée jusqu'à la
floraison, ont évolué complètement au milieu de
l'eau qui les contenait. Les tiges, les feuilles, la
structure anatomique se sont modifiées peu à peu,
comme dans les expériences de Costantin ; mais,
ce qui est dans ce cas particulièrement intéressant,
c'est que les mouvements ont également changé.
Les feuilles développées successivement avaient des
mouvements de veille et de sommeil de plus en
plus atténués ; les mouvements provoqués étaient
aussi beaucoup moins marqués. Pour les comparer
utilement avec ceux d'une Sensitive ordinaire, développée dans l'air, afin d'éviter les erreurs provenant mécaniquement du milieu physique, il fallait
opérer ainsi : les mouvements de la Sensitive qui
avait crû dans l'eau étaient observés par rapport
à ceux d'une Sensitive normale plongée dans l'eau.
Bien plus, les premières cultures aquatiques de

Sensitive ayant été amenées jusqu'à la floraison et à la maturation des fruits, j'ai semé les graines de celles-ci et j'ai obtenu, toujours absolument immergées pendant leur croissance, une nouvelle génération de Sensitives où tous les mouvements des feuilles étaient encore plus faibles. En continuant ainsi, nul doute qu'on n'obtienne des plantes submergées, de forme et de structure tout à fait modifiées et où les mouvements deviennent absolument abolis : des Sensitives insensibles.

Par parenthèse, cette expérience pourra peut-être contribuer dans une certaine mesure à l'explication des mouvements de la Sensitive, aucune des théories proposées n'étant encore satisfaisante. Si l'on examine l'anatomie des renflements moteurs des Sensitives qui ont poussé sous l'eau, on trouve que les fibres et les éléments du bois y sont beaucoup moins accentués que dans les renflements moteurs de la Sensitive normale ; l'antagonisme entre cette partie dure du renflement et le tissu mou qui le complète est donc bien moins accentué. Au contraire, les soi-disant cellules nerveuses décrites par Haberlandt dans les feuilles de Sensitive, ne sont presque en rien modifiées par la culture au milieu de l'eau. Il en résulte que la réduction du tissu fibreux et vasculaire étant corrélative de l'atténuation des mouvements, ce tissu doit jouer un rôle important dans le changement de position des feuilles.

Revenant au sujet qui nous occupe, je passe maintenant aux recherches qui ont été faites sur l'influence de l'humidité de l'air. Faire croître une plante dans l'air humide ou dans l'air sec, c'est évidemment changer beaucoup moins les conditions

ambiantes que de la faire pousser entièrement
dans l'eau ou dans l'air. Toutefois, cette faible
modification du milieu agit sur toutes les plantes
et est particulièrement curieuse pour certaines
d'entre elles.

Dans nos pays, à moins que les taillis ne soient
trop fourrés, on peut presque toujours marcher à
travers bois, au risque d'être piqué par quelques
aiguillons de ronces, par une épine de prunellier
ou d'aubépine. Il en est tout autrement dans les
bois sauvages de Provence ou d'Algérie ; là, des
quantités de plantes, appartenant aux familles les
plus diverses, dressent en tous sens leurs robustes
épines, et, bien souvent, traverser une forêt au
milieu de tous ces arbrisseaux défensifs est chose
impossible.

Y a-t-il une influence générale du climat qui favorise dans les pays chauds la production de ces
multiples piquants, ou bien est-ce une condition
particulière qui influe sur leur développement? Par
de nombreuses expériences, Lothelier a démontré
que la formation des épines est facilitée lorsque
le végétal croît dans un air sec, et inversement. En
maintenant constamment dans de l'air humide des
plantes épineuses de divers types, cet auteur est
arrivé à leur faire développer des branches feuillées
au lieu d'épines, à tel point que les pieds ainsi
obtenus deviennent méconnaissables. Le Genêt
épineux d'Angleterre (S, fig. 205) n'a plus alors que
des branches molles, à feuilles nombreuses et rapprochées (H, fig. 205), l'Épine-vinette devient un
arbuste entièrement couvert de feuilles aplaties ;
les Chardons peuvent être cueillis sans qu'on ait
crainte de se piquer ; à la place d'une pointe me-
naçante, l'Aubépine épanouit une branche fleurie.

En cultivant, au contraire, certaines plantes peu
épineuses dans un air constamment desséché par
de l'acide sulfurique, Lhotelier a obtenu des végé-

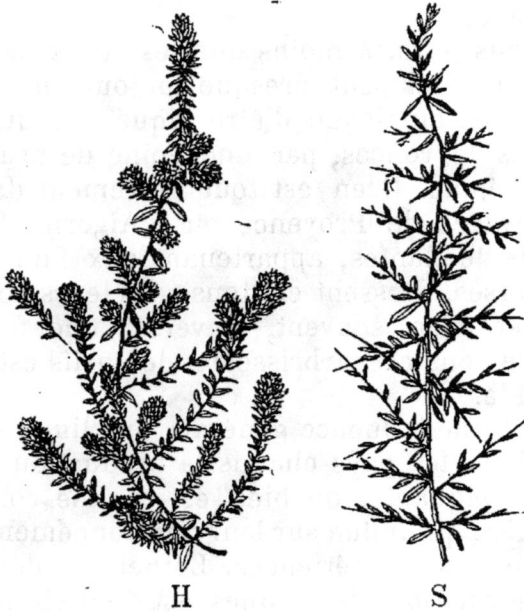

Fɪɢ. 205 et 206. — Deux branches de Genêt d'Angleterre développées l'une
dans l'air humide H, l'autre dans l'air sec S (réduit 3 fois) [d'après Lo-
thelier].

taux dont les rameaux feuillés ou florifères se sont
raccourcis, durcis, amincis au sommet, et transformés en autant de pointes les hérissant de tous
les côtés.

Après avoir considéré l'eau elle-même, l'eau
dans l'air, nous pouvons chercher quelle est l'influence de l'eau dans le sol, toutes les autres
conditions restant les mêmes. C'est là une influence
qui intervient souvent en géographie botanique,

les plantes adaptées aux sols secs étant ordinairement différentes de celles adaptées aux sols humides. Gain a examiné cette influence en cultivant comparativement dans le même sol et au même endroit, dans les mêmes conditions de température et d'éclairement, des lots de plantes semblables : les uns étaient très peu arrosés, les autres fréquemment. Il résulte de ces recherches que le sol relativement sec augmente la production des graines et donne de meilleures semences ; en outre, on observe expérimentalement, entre les végétaux cultivés sur les deux sols, les différences de forme et de structure qui caractérisent les plantes croissant de préférence dans les endroits secs ou dans les endroits humides.

Ces recherches ont donné un résultat curieux qui montre une fois de plus combien les observations sont insuffisantes dans ce genre d'investigation, et comme il est nécessaire d'isoler autant que possible chacune des conditions du milieu si l'on veut connaître sa véritable influence. Gain a constaté que si l'air est maintenu sensiblement dans les deux cas au même degré d'humidité, les plantes qui se trouvent dans un sol arrosé fleurissent *plus tôt* que celles qui ont été placées dans un sol sec. C'est exactement le contraire de ce qu'indiquent la plupart des observations directes faites dans la nature. Ces observations, en effet, ne s'appliquent, en général, qu'à des cas où deux conditions ont changé à la fois : l'humidité du sol et l'humidité de l'air ; or, cette dernière condition retarde notablement la floraison, plus encore que la première ne l'accélère. En dehors des conséquences agricoles que présentent les résultats obtenus par cet expérimentateur, on voit que ces recherches se rapportent aussi à notre sujet, puisque l'auteur est arrivé à modifier profondément la constitution et même les graines d'une plante de sol humide en la cultivant en sol sec, et réciproquement.

## 3. Influence de la nature du sol.

Mais ce n'est pas seulement de l'eau que les racines puisent dans la terre, ce sont aussi divers sels minéraux qui ont, comme on le sait, une influence considérable sur le développement des végétaux. L'emploi des engrais chimiques est fondé sur ce fait de l'absorption des sels, si bien étudié physiologiquement, il y a un siècle, par Théodore de Saussure.

Parlons d'abord du sel marin dont l'action joue un rôle important dans la lutte pour l'existence entre les plantes du littoral. On peut remarquer, au bord de la mer, que presque tous les végétaux prennent un aspect particulier : leurs feuilles sont épaisses ou même charnues comme celles des plantes grasses, et cela quel que soit le groupe auquel elles appartiennent ; ce même port spécial des plantes marines se retrouve à l'intérieur des terres lorsqu'il y a des marais salés ou au voisinage des mines de sel gemme, à Dieuze par exemple. L'influence du sel marin semble donc manifeste. Non seulement elle s'exerce sur un certain nombre d'espèces répandues partout, mais il y a bon nombre de plantes spéciales qui ne se trouvent qu'aux endroits où il y a dans le sol une forte proportion de sel : telles sont les Soudes, les Salicornes, etc. Cette flore particulière est généralement caractéristique.

Lesage a entrepris l'étude comparée de ces végétaux marins et de leurs analogues continentaux. De plus, il a fait des expériences de culture et est parvenu à faire croître des plantes continentales dans des sols de plus en plus riches en sel, jusqu'à leur donner tous les caractères des plantes marines. Déjà, Lloyd avait obtenu un résultat important d'ordre inverse ; il avait,' par la culture, transformé complètement une espèce linnéenne, le *Matricaria maritima* (plante voisine des Camomilles), en une autre espèce linnéenne, le *Matricaria inodora*, et cela en supprimant le sel dans le sol.

Ce n'est pas d'ailleurs uniquement l'aspect extérieur des plantes qui est modifié par la culture en sol salé, c'est leur constitution interne et leurs fonctions. Lesage a constaté qu'une forte proportion de sel, comme il s'en trouve dans les terres envahies par la mer de temps à autre ou dans des marais salants, produit un effet nuisible sur la chlorophylle, cette substance verte des feuilles si essentielle à l'assimilation végétale. On sait que c'est grâce à la chlorophylle que les feuilles assimilent, à la lumière, le carbone du gaz carbonique qui est dans l'air, en rejetant l'oxygène. La chlorophylle teinte en vert de petites sphères protoplasmiques qui sont dans les cellules, et qu'on nomme grains de chlorophylle. Or, les plantes maritimes, par suite d'une trop grande absorption de sel marin et de l'action nuisible qui en résulte, forment des grains de chlorophylle moins verts, plus petits et moins nombreux que les plantes continentales. Lesage a découvert que, par un remarquable balancement organique, la plante, pour lutter contre cet appauvrissement de la matière verte, produit alors un grand nombre d'assises de cellules à chlorophylle, d'où l'épaississement des feuilles des plantes maritimes. Mais ces assises vertes surnuméraires arrivent-elles à compenser complètement l'insuffisance de chlorophylle? C'est ce que s'est demandé Griffon, qui a comparé par des expériences physiologiques l'assimilation chlorophyllienne des mêmes espèces chez un échantillon croissant dans le sol salé et chez un échantillon qui s'était développé dans les environs de Paris. Malgré l'épaississement de leurs feuilles, les plantes maritimes assimilent toujours beaucoup moins que les plantes continentales.

Il résulte de là que, d'une manière générale, cette forte proportion de sel est nuisible aux végétaux. Comment se fait-il donc que certaines espèces soient spéciales aux terrains salés? Ces plantes sont-elles tellement adaptées qu'elles préfèrent se trouver dans des conditions nuisibles? Il n'en est rien, et Joseph Vallot, l'alpiniste bien connu, en cultivant isolément ces plantes maritimes spéciales dans un sol ordinaire, a trouvé qu'elles y prospéraient beaucoup mieux que dans un sol salé ou que dans leur station naturelle, au bord de la mer.

Il faut donc faire intervenir ici la lutte pour l'existence : ces plantes, adaptées plus que les autres au sol salé, sont devenues incapables de lutter contre les espèces continentales, et si on les cultive à l'intérieur des terres en même temps que d'autres plantes ordinaires, elles ne tardent pas à disparaître au bout de peu d'années. Ce ne sont pas des plantes qui *recherchent* les sols salés, ce sont des plantes qui le supportent mieux que les autres, voilà tout.

27

Bien d'autres sels que le sel marin exercent une
influence considérable sur la croissance et la structure des végétaux. Jumelle, dans des études physiologiques sur les plantes annuelles, avait déjà
comparé des sujets, croissant, les uns dans l'eau
distillée, les autres dans diverses solutions salines,
et il avait mis en évidence le retentissement de ces
changements de nutrition sur la constitution anatomique. Dassonville a repris cette question et a
institué un nombre considérable de cultures de
diverses espèces intéressant l'agriculture, dont les
racines s'allongeaient, soit dans l'eau pure, soit
dans l'eau additionnée de sels variés. La forme extérieure, la teinte verte des feuilles, le développement
des racines, sont profondément modifiés suivant les
divers milieux salins où puise la plante ; la nature
intime des tissus l'est encore davantage. Il suffira
de dire qu'une feuille d'Avoine ressemble plus par
sa structure à une feuille de Blé lorsque ces deux
céréales ont été nourries par les mêmes sels, qu'une
feuille de Blé ne ressemble à une feuille de Blé
lorsqu'on les prend dans des cultures où se rencontrent des sels différents. Il faut encore signaler
dans les importantes recherches de Dassonville,
l'effet souvent très opposé, ou tout au moins très
inégal, que peuvent produire deux substances fort
voisines au point de vue chimique. Ainsi, la potasse et la soude n'ont pas du tout la même action
sur la transformation de la structure.

Ces changements dans la teneur des sels du sol
sont réalisés dans la nature suivant la composition
minéralogique des divers terrains, et cela joue un
rôle assez important dans la distribution des plantes
à la surface du sol. On a même réparti un grand
nombre d'espèces en calcicoles et en calcifuges ; les

premières surtout localisées dans les terrains calcaires, les secondes dans les terrains siliceux. En
France, les Châtaigniers, les Bruyères, les Genêts
à balai, caractérisent assez bien les sols sans calcaire. Bien que cette distinction n'ait rien d'absolu,
il est évident qu'il y a une préférence marquée de
certaines plantes pour certains sols, et, ce qui est
plus intéressant, certaines espèces se correspondent dans les deux catégories de plantes; parfois ce
ne sont que des variétés. En cultivant sur un sol
dépourvu de calcaire quelques plantes calcicoles,
telle que la Bugrane jaune (*Ononis Natrix*), j'ai fait
voir que des modifications anatomiques correspondent au changement de terrain, et il est pro-
bable que beaucoup d'espèces nommées par les
botanistes descripteurs, n'ont pas d'autre origine
que cette différence dans la constitution chimique
du sol.

## 4. Influence de la lumière.

Les résultats précédents étant connus, passons
à l'étude d'autres conditions de milieu qui jouent
un rôle encore plus important sur la végétation.
Pour que les expériences soient comparables, il
sera nécessaire, dans toutes les recherches qui vont
suivre, que les plantes soient toujours dans un sol
de même composition, de même humidité et dans
un air sensiblement de même état hygrométrique.

La lumière est, sans contredit, l'un des facteurs
les plus importants de la vie végétale, puisque,
sans elle, l'assimilation chlorophyllienne, et par
suite l'augmentation du poids de la plante, ne sauraient se produire. Un savant hollandais, Rau-

wenhoff, peu d'années après le mémoire de Lewakoffski, a publié un remarquable travail sur la production des plantes à l'obscurité. Lorsqu'un végétal est privé de lumière, il est décoloré, sans chlorophylle, et allonge ses tiges en épuisant ses réserves, comme s'il cherchait quelque issue pour retrouver la lumière qui lui manque ; puis, au bout de quelques semaines, lorsque la plante a consommé toute la substance qu'elle peut trouver en elle-même, elle dépérit, se flétrit et meurt. Rauwenhoff, en faisant pousser comparativement des végétaux semblables dans les mêmes conditions — sauf qu'il plaçait les uns à la lumière et les autres dans l'obscurité complète — a constaté qu'à ces différences correspondent des diversités profondes dans les tissus, même lorsqu'il s'adressait à des plantes ayant des réserves assez considérables dans leurs tubercules pour fleurir et fructifier à l'obscurité. C'est ce qu'il a réalisé, entre autres, avec cette belle plante qui fleurit au premier printemps dans les jardins, la Fritillaire impériale, qui a donné à l'obscurité des fleurs colorées ayant leurs divers organes bien constitués. L'auteur a trouvé que les tiges de cette plante, ayant effectué toute leur croissance à l'obscurité, avaient la moelle et l'écorce anormalement formées, les vaisseaux conducteurs de la sève tout à fait dégradés.

Il n'en est plus de même si une partie seulement de la plante est à l'obscurité et si l'autre partie est exposée à la lumière. Un courant de substances s'établit dans le végétal entre la région verte qui assimile et la région décolorée qui est maintenue à l'abri de la lumière. C'est ce qu'avait montré le physiologiste allemand Sachs, en plaçant à l'obscurité la moitié d'un pied de Courge : la partie de la plante sans lumière se développait beaucoup mieux que si la Courge était tout entière dans l'obscurité, et, dans cette partie obscure, la plante fleurit, puis donna d'énormes fruits, nourris par les régions de la plante qui avaient été laissées à la lumière.

Mais en quoi, dira-t-on, ces dernières expériences intéressent-elles le problème de la transmutation des espèces? Voici comment.

Costantin, que j'ai déjà cité plus haut, a repris et complété les expériences de Rauwenhoff, et il les a étendues à l'étude des organes aériens d'une plante, comparés aux mêmes organes souterrains et, par suite, privés de lumière.

Chez la plupart des plantes vivaces, il n'y a pas que les racines qui croissent dans le sol à l'abri des rayons lumineux, il y a aussi des tiges portant des feuilles réduites et des écailles. Ces tiges souterraines, appelées *rhizomes*, parfois renflées en tubercules, comme les pommes de terre ou les topinambours, ont une constitution bien différente de celle des tiges aériennes, et beaucoup de caractères importants des espèces sont fondés sur la présence, la forme ou la structure des rhizomes. Ne sont-ce pas là des organes spéciaux, propres à certaines espèces? Est-il possible de donner aux tiges aériennes ordinaires les caractères de rhizomes? Si la réponse à cette dernière question était positive, cela enlèverait bien de la valeur à ces caractères spécifiques réputés irréductibles par les naturalistes descripteurs.

Dans ses expériences, Costantin est parvenu, en faisant pousser des tiges ordinaires dans de larges tuyaux pleins de terre, et en les recouvrant toujours de terre au-dessus du sommet, à produire artificiellement des organes ayant les caractères des

27.

rhizomes, c'est-à-dire pauvres en fibres, riches en
réserves d'amidon et de sucre, etc. On conçoit donc
très bien, d'après cela, qu'une plante sans rhizome
puisse en acquérir dans la nature en certaines circonstances ; bien plus, une plante annuelle, c'est-
à-dire constituée pour ne vivre que pendant une
seule saison, peut devenir vivace, c'est-à-dire vivre
indéfiniment. C'est ce que j'ai prouvé pour plusieurs
espèces annuelles transportées dans le climat rigoureux des Alpes ; c'est ce que Cosson avait indiqué pour certaines plantes annuelles qui deviennent vivaces lorsqu'elles sont ensablées par le sable
des dunes ou des plages littorales. Le fait pour une
plante d'avoir un rhizome ou de n'en pas avoir,
d'être annuelle ou d'être vivace, n'est donc pas
un caractère d'hérédité immuable ; il dépend
des conditions extérieures, il peut s'accentuer par
adaptation.

L'action de la lumière et de l'obscurité doit être
encore envisagée à un autre point de vue. Les
végétaux de nos pays ne sont soumis qu'à une lumière intermittente ; toutes les nuits, ils sont plongés dans l'obscurité, et cette alternance dans les
conditions extérieures retentit sur leurs fonctions.
C'est surtout pendant le jour qu'ils accumulent
leurs substances nutritives ; c'est surtout pendant
la nuit qu'ils les consomment pour s'accroître.
Dans les recherches précédentes, on a supprimé la
lumière ; qu'arriverait-il si on supprimait l'obscurité ?

Dans ce but, j'ai installé pendant quelques années
un petit laboratoire dans le sous-sol du pavillon
d'électricité des Halles Centrales de Paris. Après
m'être assuré que les plantes peuvent pousser à

la lumière électrique comme à la lumière solaire, à condition d'éliminer par des écrans de verre les rayons nuisibles ul-tra-violets, j'ai plan-té ou semé des végé-taux divers qui ont subi jour et nuit l'ac-tion de la lumière continue : l'alter-nance d'obscurité et de lumière étant ainsi complètement sup-primée, les plantes se sont transformées d'une manière en-core plus considéra-ble que dans toutes les expériences pré-cédentes. La plante, privée de la période nocturne de repos, assimilait et consom-mait en même temps; d'où une simplifica-tion de tous les tis-sus et une surpro-duction de chloro-phylle qui la rendait verte souvent jus-qu'au centre de la moelle. Des bran-ches d'arbre, des pommes de terre, ont ainsi entièrement verdi dans leur inté-

Fig. 207 et 208. — Plants de Fève ayant ger-mé : A, à la lumière électrique continue ; B, à la lumière électrique discontinue, 12 heures de lumière alternant avec 12 heures d'ob-scurité (réduit 0 fois) [d'après Gaston Bon-nier].

rieur; les fleurs étaient plus colorées, les feuilles d'un vert intense.

Un lot de plantes comparables, étant exposé de six heures du matin à six heures du soir au même éclairage électrique, était recouvert d'écrans noirs de six heures du soir à six heures du matin. Ces plantes présentaient la structure normale, montrant bien que la lumière électrique produit sensiblement le même effet que le soleil.

On peut juger des différences que présente l'aspect de ces plantes par les figures 207 et 208. En A, la plante développée à la lumière électrique continue est d'un vert très intense; en B, le développement, à la lumière discontinue, est très analogue à l'évolution normale.

C'est surtout dans leur structure anatomique que se manifeste l'influence de la lumière continue. Le Pin sylvestre, par exemple, exposé à cet éclairage, a formé des feuilles où ne se retrouvaient plus les caractéristiques du genre Pin; de même pour l'Épicéa, l'Ellébore, le Hêtre et bien d'autres espèces. La structure de tissus que l'on pensait ne pouvoir se modifier qu'au bout de nombreux siècles se transformait complètement en quelques mois.

Sans pousser les choses à l'extrême en maintenant les plantes dans l'obscurité complète ou dans la lumière continue, on peut étudier l'influence d'une lumière naturelle plus ou moins intense. Il existe un certain nombre de plantes des grandes forêts décrites comme espèces distinctes, et qui semblent manifestement ne constituer que des variétés, aimant l'ombre, des espèces qui croissent dans les endroits découverts.

Par des expériences conduites avec méthode,

Léon Dufour a étudié l'influence de la lumière
solaire directe et de l'ombre sur la structure des
feuilles. Là encore s'est montrée la nécessité de
l'expérimentation, car l'air humide produit un effet
inverse de celui de l'ombre, et si l'on veut séparer
les deux actions, on ne peut se contenter d'observations ; les plantes à l'ombre se trouvant presque
toujours, dans la nature, au milieu d'un air plus
humide. Contrairement aux résultats énoncés par
les observateurs, Dufour a montré que, toutes les
autres conditions restant les mêmes, les feuilles
sont plus différenciées au soleil qu'à l'ombre. Mais
ce n'est pas seulement leur organisation qui est
changée, ce sont aussi leurs fonctions, et Géneau
de Lamarlière a complété les recherches de Dufour
en étudiant *à la même lumière* des feuilles de la
même espèce qui s'étaient formées les unes au
soleil, les autres à l'ombre. Les premières respirent,
assimilent et transpirent avec une intensité beaucoup plus grande que les secondes. Curtel a suivi
à l'ombre et au soleil le développement des
fleurs de la même plante. Tout dans la fleur, le
fruit et la graine se réduit, se modifie et souvent
change de forme lorsque le végétal s'est développé
dans une lumière atténuée ; mais la plante s'habitue
à cette lumière, faible en certains cas ; d'où la production de variétés et même d'espèces adaptées à
l'ombre. Curtel a suivi ces changements jusque
dans le détail de la structure intérieure des pétales
d'une fleur.

Maige a examiné, au même point de vue, les
plantes à tiges rampantes et grimpantes. Il est
parvenu, en faisant varier l'intensité de la lumière,
à rendre rampantes des tiges dressées, ou dressées
des tiges rampantes, et il a suivi les modifications

anatomiques qui correspondent à ces transformations. Or, c'est aussi un caractère fréquent donné
comme distinctif entre les espèces végétales, d'avoir
ou non des tiges rampantes. On peut conclure des
expériences de Maige que la lumière faible est surtout la cause principale de la reptation des tiges,
et les modifications complètes qu'il a obtenues
enlèvent à ce caractère la valeur qu'on lui a souvent
donnée. Voilà encore une caractéristique de l'espèce
qui n'est pas irréductible.

### 5. Influence du milieu organique.

Je pourrais citer un grand nombre d'autres travaux, tels que celui de Jaccard, qui a montré
que de grands changements de pression de l'air
qui entoure la plante la restreignent ou l'agran-
dissent sans changer notablement sa structure ; celui
de Molliard, qui fait voir que l'action des parasites, insectes ou champignons, peut changer l'aspect des fleurs au point de les faire classer dans
des variétés ou des espèces différentes, etc. Mais
toutes ces recherches ne se rattachent qu'indirec-
tement à la question traitée, et je terminerai l'énumération des expériences par l'exposé rapide de
cultures entreprises à ce point de vue au sujet de
végétaux cultivés dans un milieu organique.

Dans toutes les expériences précédentes, où l'on
a pris pour sujet des plantes supérieures, il faudrait un temps très long pour suivre l'effet du
changement de milieu sur les générations successives, une génération exigeant au moins un an
pour évoluer et fournir de nouvelles graines. Mais,

en s'adressant à des organismes analogues aux
moisissures, qu'on peut obtenir en culture pure
par les procédés Pasteur, on y donne en très peu
de temps le développement complet du Champignon
avec formation de nouveaux germes (spores ou œufs) ;
on resème ces germes sur une nouvelle culture de
composition déterminée : on obtient ainsi une nouvelle génération qui produit de nouveaux germes,
et ainsi de suite. Comme, pour beaucoup d'espèces,
cette succession est très rapide, on peut suivre, en
peu de temps, un grand nombre de générations
successives.

L'un des faits importants que ces cultures ont
mis en relief, c'est qu'on peut arriver à avoir des
organismes semblables comme forme et comme
structure et qui, cependant, n'ont pas les mêmes
propriétés. Cela explique comment, dans toutes les
expériences que j'ai citées plus haut, les résultats
ont toujours été plus précis lorsqu'on s'est adressé
à la même plante pour changer son milieu, ou, ce
qui revient au même, à des boutures ou des mar-
cottes prises sur le même pied. Lorsqu'on se contente de prendre des plantes semblables ou des
graines différentes de la même espèce, il y a toujours dans les comparaisons quelque résultat
aberrant.

Dans un mémoire de Matruchot, fait dans un
autre but, on trouve ce résultat curieux : l'auteur,
par des cultures appropriées, est arrivé à obtenir
deux variétés d'une même espèce absolument identiques jusque dans le dernier détail de leur organisation, mais qui ne se reproduisent pas de la même
manière ; l'une forme certaines spores que l'autre ne
forme jamais, bien qu'on la cultive exactement dans
le même milieu.

Un des exemples les plus nets du déterminisme absolu dans le changement de structure des végétaux sous l'action directe du milieu nous est fourni

Fɪɢ. 209. — Radis rond rose à bout blanc, normal (grandeur naturelle).

par les belles recherches de Molliard qui ont été publiées en 1907.

Molliard a réussi à obtenir des cultures pures de Phanérogames ; c'est-à-dire qu'il est parvenu à faire développer les plantes supérieures dans un

milieu absolument dépourvu de tout germe, en
semant des graines stérilisées, et de telle façon
qu'aucun microorganisme ne soit venu les altérer.
Cette méthode rigoureuse a permis à l'auteur de
faire absorber par une même espèce de plante les
substances les plus diverses, non seulement minérales, mais organiques. On peut, par exemple,
obtenir le développement complet d'une Phanérogame jusques et y compris sa floraison, en la nour-
rissant avec de la glucose, et sans qu'aucun organisme étranger puisse intervenir dans les phases
successives de l'évolution de la plante.

Alors s'est révélé un fait important : c'est qu'une
plante quelconque, si différenciée et si compliquée
qu'elle soit, possède une variabilité de structure
dont on ne se doute pas lorsqu'on la voit végéter
dans la nature.

Je prendrai pour exemple le Radis ordinaire,
celui connu sous le nom de Radis rond rose à bout
blanc. C'est l'une des plantes étudiées avec grand
détail par Molliard, dont il a fait germer des milliers de graines et au sujet de laquelle il a établi des
centaines de cultures pures.

Tout d'abord, bien que ce ne soit pas là le plus
important, on remarque des différences extérieures
entre les Radis, suivant qu'ils sont alimentés de
telle ou telle façon. La figure 209 représente un
pied normal, nourri avec des substances minérales
et à l'air libre. La figure 210 représente un plant
issu d'une graine semblable à celle qui a produit
le pied normal, mais ayant germé en culture
pure sur un milieu gélosé contenant 10 0/0 de
sucre ordinaire ou saccharose, et en communication avec l'atmosphère à travers une bourre de
coton roussi. On voit que le tubercule formé par la

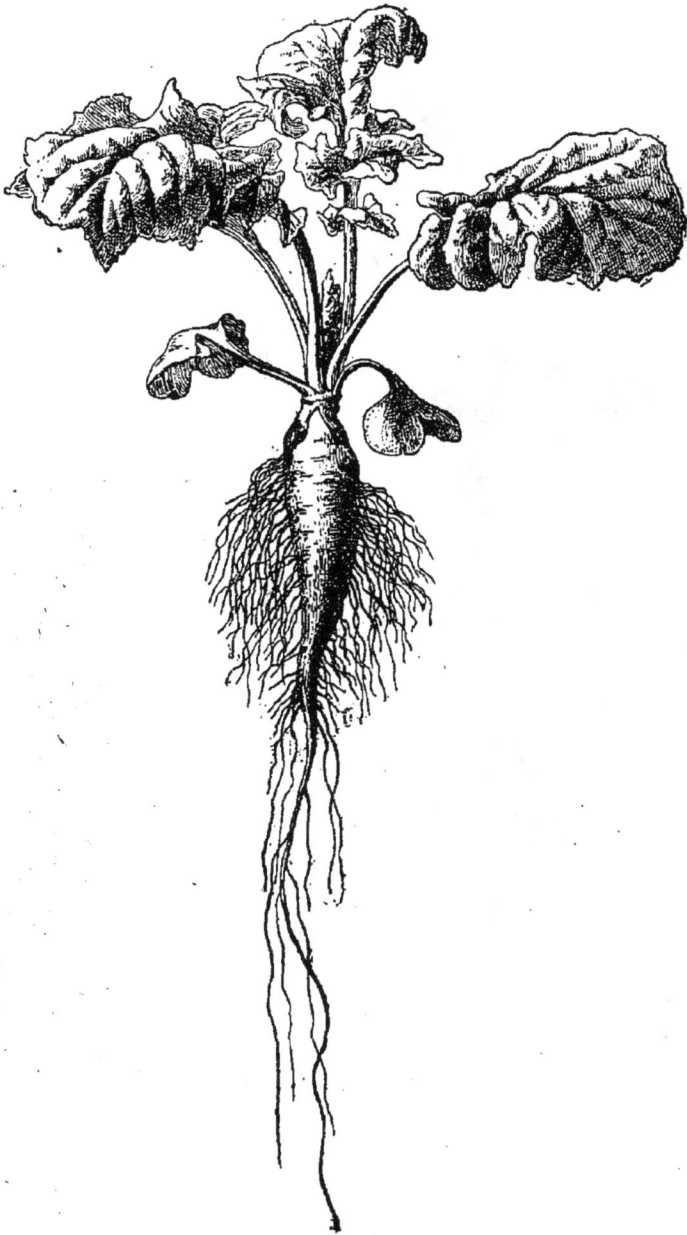

FIG. 210. — Radis rond rose, en culture pure, avec 10 0/0 de saccharose,
en communication avec l'air libre, c est-à-dire pouvant assimiler le carbone
du gaz carbonique de l'air (grandeur naturelle) [d'après Molliard].

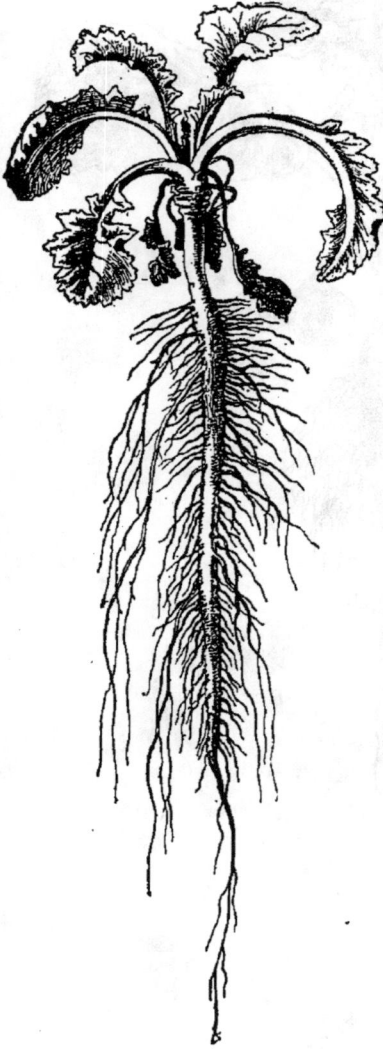

FIG. 211. — Radis rond rose, en culture pure, avec 10 0/0 de saccharose, en atmosphère confinée, c'est-à-dire ne pouvant pas assimiler le carbone du gaz carbonique de l'air (grandeur naturelle) [d'après Molliard].

racine est allongé au lieu d'être arrondi et porte de nombreuses radicelles ( comparez les figures 209 et 210).

La figure 211 représente un autre plant issu aussi d'une graine semblable, et nourri aussi avec du sucre; mais le flacon contenant la culture pure a été hermétiquement bouché, de telle sorte que le Radis s'est développé dans une atmosphère confinée, ce qui supprime l'assimilation par les feuilles vertes du carbone contenu dans le gaz carbonique de l'air. On voit que chez ce plant, toute tubérisation a disparu dans la racine; celle-ci est très allongée et porte de nombreuses radicelles.

Dans les conditions normales, le Radis ne contient pas trace d'amidon (fig. 212); il ne renferme que du sucre. Dans les cultures de Molliard, en pré-

sence d'une solution concentrée de sucre, il s'est
formé dans le Radis une quantité considérable
d'amidon. Les cellules du tubercule, qui naturellement n'en renferment pas du tout, étaient abso-

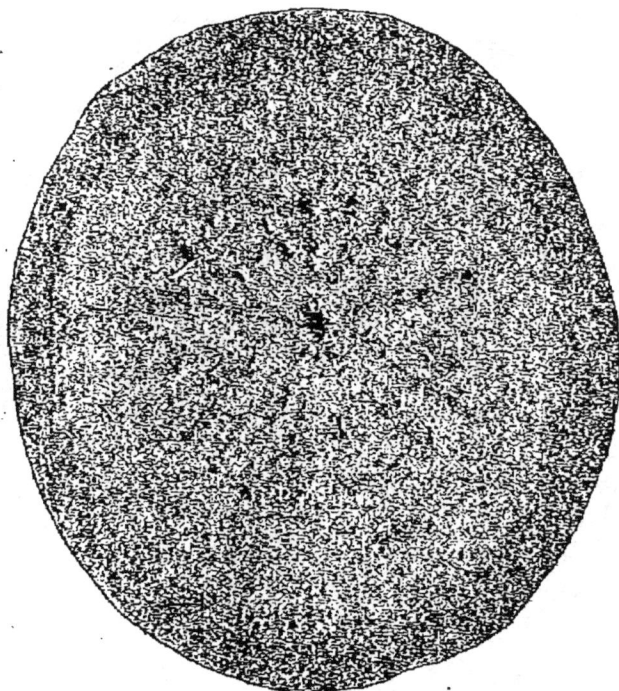

Fig. 212. — Coupe en travers de la racine renflée du Radis rond rose
normal (fig. 209). — Il n'y a pas trace d'amidon ; la réserve est naturellement formée de sucres ; les taches noires que l'on voit sur la figure correspondent aux vaisseaux du bois (grossi 6 fois) [d'après Molliard].

lument bourrées de fécule. On a même dit que ce
savant transformait les radis en pommes de terre.
Ce n'est là qu'une manière plaisante d'exprimer
clairement la transformation complète au point de
vue chimique obtenue par Molliard..

Il résulte de cette remarque générale que la plante, qui fabrique du sucre lorsqu'elle a une nourriture minérale, n'en fabrique pour ainsi dire

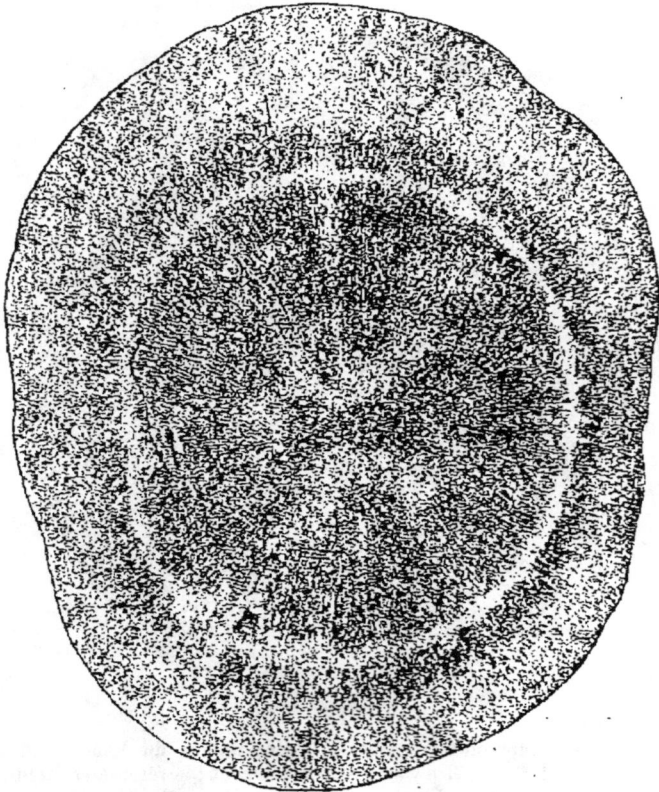

Fig. 213. — Coupe en travers de la racine renflée du Radis rond rose, en culture pure et en communication avec l'air (fig. 210). — L'amidon est très abondant; il est presque exclusivement indiqué sur cette figure par les parties d'un gris foncé (d'après Molliard).

plus lorsqu'on lui fournit du sucre; elle absorbe ce sucre extérieur et, au lieu de l'emmagasiner sous forme de sucre, elle le transforme en amidon qu'elle met en provision.

28.

Il y a plus, des modifications considérables peuvent être produites aussi dans la structure interne de tous les organes de la plante, sous la seule influence d'un changement de régime nutritif ou encore lorsqu'on supprime l'assimilation chlorophyllienne en cultivant les plantes dans de l'air dépourvu de gaz carbonique. C'est ainsi que Molliard a pu transporter dans les tiges aériennes la structure et l'organisation des tiges souterraines, provoquer la production de tubercules ou empêcher cette production, changer la localisation des cristaux d'oxalate de calcium dans les tissus de la même plante, etc., etc.

Aucune recherche ne montre mieux que ce remarquable mémoire de Molliard l'extrême plasticité des végétaux, même des plus élevés en organisation. Ces expériences font voir que leur structure est sous la dépendance étroite de leur chimisme, celui-ci étant lui-même influencé par les conditions extérieures. C'est donc une confirmation nouvelle apportée à la théorie Lamarckienne.

Nous pouvons maintenant donner une solution positive à la double question que j'ai posée au début. Oui, la variation du milieu extérieur peut modifier réellement les êtres qui y sont soumis. Oui, ces modifications produites peuvent devenir héréditaires.

## 6. Mécanisme de la transformation.

Et maintenant, que faut-il conclure de cet ensemble d'expériences faites sur les animaux et sur les végétaux où l'on a fait varier chacune des conditions les plus diverses du milieu ambiant, au sujet de la dispute entre les deux Écoles transformistes? Certains savants, on s'en souvient, soutiennent que toute la transformation se fait dans le germe, comme au hasard ; les autres admettent que toute variation est due à l'influence du milieu. Au lieu de s'entre-déchirer, les partisans de ces deux Écoles devraient se donner la main; car les deux principes sont également vrais et même ils se combinent admirablement l'un avec l'autre.

En effet, les modifications dans le germe ne peuvent être niées. Nous avons vu que les graines ne sont pas toutes pareilles et ne fournissent pas des individus exactement semblables. Je citerai encore à ce sujet le mémoire de Gauchery, qui d'un même semis obtient dans le même milieu des plantes naines et des plantes relativement géantes. Or, l'auteur en comparant la forme et la structure de ces divers individus, de même origine, cultivés dans les mêmes conditions, a trouvé que les nains ne sont pas la miniature des géants. Les tissus ne présentent pas dans les échantillons nains une réduction proportionnelle, et leur constitution intime est parfois toute différente.

Quant à soutenir, avec Wallace et Weismann, que le milieu n'a aucune influence, tous les travaux dont j'ai rendu compte viennent s'opposer à cette opinion. Ces darwinistes purs admettent que rien ne peut modifier un être s'il n'y a passage par le germe, et ils citent à l'appui de leur dire les faits bien connus du maintien des variétés d'arbres fruitiers par la greffe.

Daniel s'est entièrement consacré depuis un certain nombre d'années à des recherches expérimentales sur la greffe, et il a démontré que le sujet a souvent une influence plus ou moins marquée sur le greffon. S'il s'agit de greffes herbacées, cette action peut être telle que les graines produites par le greffon participent à la fois des caractères de ce dernier et des caractères du sujet sur lequel on l'a greffé. C'est ainsi, par exemple, qu'en greffant une variété de Chou fourrager sur une autre, Daniel a obtenu des graines qui ont à la fois les qualités de fourrage du premier et les qualités de résistance au froid du second.

Ainsi donc, des faits bien constatés prouvent que la variation est due à l'adaptation au milieu d'une part, et à la formation des germes reproducteurs d'autre part. Il y a plus, la première cause influe sur la seconde, et c'est ce qui résulte de plusieurs des recherches expérimentales que je viens d'énumérer. Si un être a pu s'adapter à un nouveau milieu, cette adaptation finit par retentir sur la production même des cellules reproductrices, et parmi ses descendants, non semblables entre eux, il y en aura de plus en plus qui seront, dès l'origine, prêts à supporter le nouveau milieu.

Ce que je viens de dire suffit, je pense, pour montrer que le transformisme expérimental vient d'ouvrir une nouvelle voie aux investigations sur l'évolution. Les expériences prolongées et multipliées permettront sans aucun doute d'établir une distinction entre les caractères des êtres : ceux qui sont dus à une accommodation rapide et qu'on peut modifier facilement ; ceux qui sont dus à une très lente adaptation, que nous appelons *fixés par l'hérédité*, et qui ne nous semblent immuables que parce que nous ne disposons pas du temps nécessaire pour les modifier.

Et s'il est possible, par l'anatomie comparée,

d'induire des transformations que l'on peut obtenir l'origine des changements de forme qui résistent à notre action, le vieux dicton *natura non fecit saltus* devra être pris à la lettre. Ce ne sera plus une vue de l'esprit, mais un fait général démontré par la méthode expérimentale.

Et cependant, dira-t-on, les mutations de Hugo de Vries, les expériences de Nilsson en Suède, de Blaringhem en France ne donnent-elles pas des exemples très nets de sauts brusques, de transformations immédiates d'une espèce à une autre?

Ce n'est pas la manière de voir de De Vries lui-même, ni de bien d'autres naturalistes, Klebs ou Giard par exemple, au sujet des mutations.

Pour ces savants, les caractères que nous voyons habituellement chez les organismes, plus ou moins bien définis comme espèces, sont toujours les mêmes, parce que nous voyons le plus souvent ces organismes dans les mêmes conditions de vie et de nutrition. Mais ils possèdent d'autres caractères qu'on peut appeler des caractères latents. Qu'une circonstance particulière se présente, que ce soit un changement brusque de milieu, l'attaque par un parasite ou un traumatisme, ou tout autre cause, certains de ces caractères latents deviendront tangibles, et il nous semblera qu'ils sont brusquement créés.

Si, sur l'un des côtés d'une bascule sensible, on ajoute peu à peu du sable pour contre-balancer un poids plus fort placé sur l'autre côté de la bascule, en ajoutant ce sable d'une manière *continue* grain à grain, il suffira, à un certain moment, d'un grain de sable ajouté pour faire *brusquement* mouvoir tout l'appareil en soulevant le poids placé primitivement sur l'un de ses côtés. C'est de la même manière que les naturalistes que je viens de citer supposent qu'une cause interne de variation, agissant continuellement, mais d'une manière invisible, peut, tout à coup, rompre l'équilibre de l'organisme et donner l'apparence d'un changement brusque, alors qu'en réalité la variation est continue.

# X

# EXPÉRIENCES SUR LES MODIFICATIONS PAR LE CLIMAT

## 1. Les plantes alpines et les plantes arctiques.

Lorsqu'on s'élève sur les pentes des Alpes et que l'on a dépassé les forêts de sapins, après avoir traversé les prairies qui les surmontent, on n'est pas loin des dernières limites de la végétation. A ces altitudes, toutes les plantes ont un aspect particulier : les tiges sont courtes et très serrées (fig. 214) ou courbées sur le sol (fig. 216); elles portent des feuilles

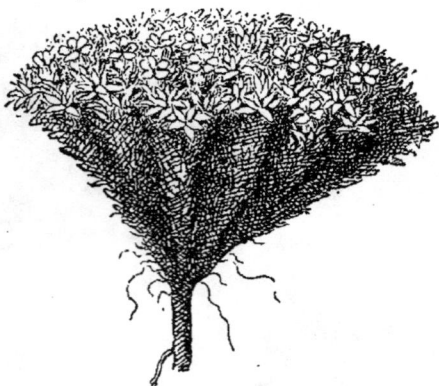

Fig. 214. — Silène à tiges courtes (Exemplaire des Alpes, grandeur naturelle).

serrées, petites, épaisses et très vertes ; les fleurs sont rapprochées du sol et acquièrent un éclat particulier. Si l'on déterre avec précaution une de ces plantes, on lui trouve généralement des tiges souterraines allongées, rameuses ou épaisses, avec de nombreuses racines. Ces parties de la plante situées sous le sol se sont développées sous la neige et contiennent de nombreuses réserves nutritives servant à produire les courtes tiges fleuries qui s'épanouissent dans l'air et fructifient rapidement, de juillet à septembre, pendant la courte période où il n'y a pas de neige.

Au point de vue physiologique, toutes ces plantes ont aussi des caractères communs. La lumière, plus intense dans ces régions supérieures, favorise l'assimilation par les parties vertes des feuilles; celles-ci ont d'ailleurs des tissus à chlorophylle (substance verte) organisés d'une manière toute spéciale et adaptés à cette fonction. On peut constater très facilement, par expérience, que la même espèce de plante dégage jusqu'à deux ou trois fois plus d'oxygène par unité de surface à cette altitude que dans la plaine, et, par suite, assimile deux ou trois fois plus de carbone provenant du gaz carbonique de l'air. La transpiration est également favorisée par la nature de l'atmosphère, qui contient moins de vapeur d'eau sur les Alpes que dans la région inférieure.

D'autre part, les modifications de structure de la plante sont en rapport avec l'alternance diurne des températures; ces végétaux subissent, en effet, une température très froide pendant la nuit, et relativement élevée, au soleil, pendant le jour. En particulier, le grand développement de tous les tissus protecteurs, tels que le liège, et la présence fréquente d'une substance rouge dans les cellules extérieures des feuilles paraissent dépendre de ces changements de température.

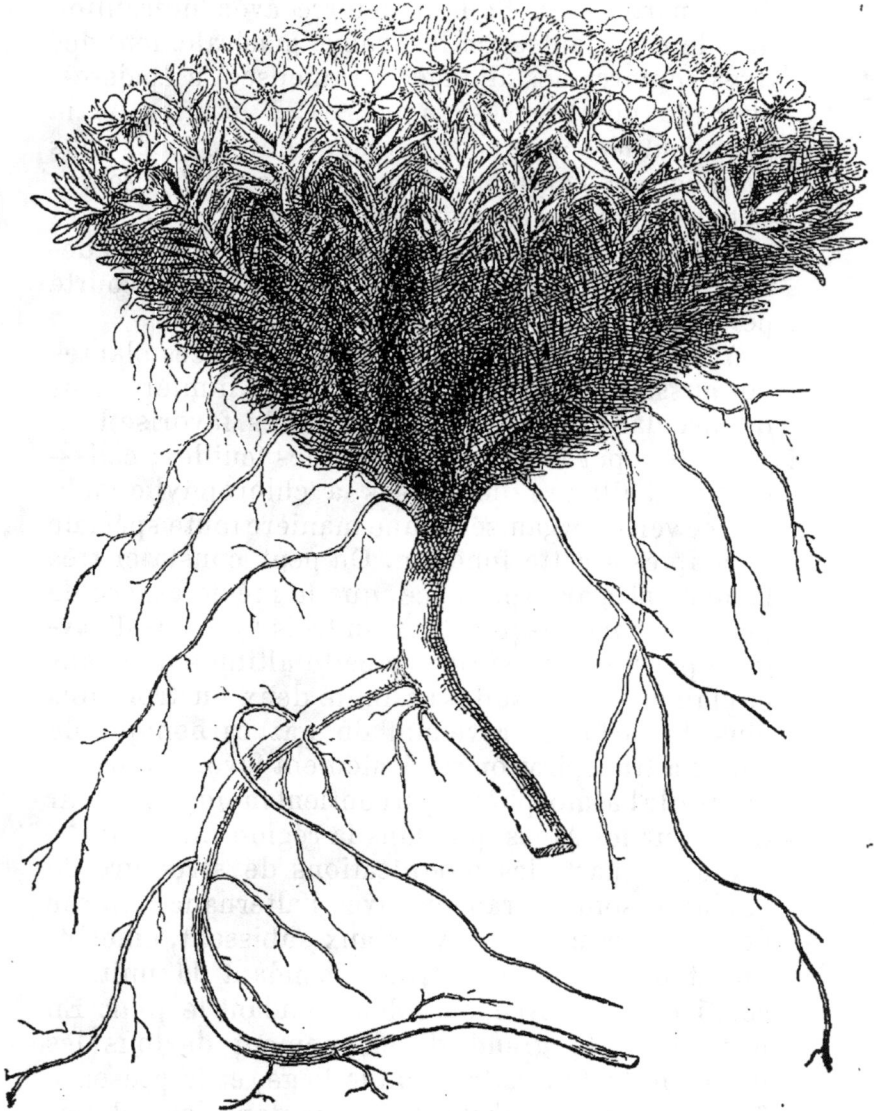

Fig. 215. — Silène à tiges courtes (Exemplaire ayant acquis artificiellement les caractères des plantes du Spitzberg, grandeur naturelle) [d'après Gaston Bonnier].

Quand on voyage dans les contrées polaires, au Spitzberg, à l'île Jan Mayen, par exemple, on voit en été, sur les rivages, une étroite bordure de végétation qui rappelle beaucoup celle que nous venons d'examiner dans les Alpes, à la base de la région des neiges éternelles. Ce sont aussi des plantes à tiges couchées sur le sol, à feuilles très serrées, à fleurs d'un éclat vif, à parties souterraines très développées; leurs tiges aériennes croissent,

Fig. 216. — Saxifrage à feuilles opposées (Exemplaire des Alpes, grandeur naturelle).

fleurissent et fructifient très rapidement dans le court espace de temps où la neige ne recouvre pas ces contrées glacées. La similitude d'aspect entre les plantes arctiques et les plantes alpines tient surtout à ce que, dans ces deux régions, la somme des quantités de chaleur reçue pendant toute la durée de la végétation est sensiblement la même.

Mais si l'on regarde attentivement ces plantes arctiques, on voit qu'elles présentent avec celles des Alpes des différences notables dans leur orga-

nisation. Le jour continu et faible des contrées
boréales, l'atmosphère chargée d'humidité, la température peu élevée et peu variable dans la journée,
le sol rempli d'eau, établissent autour de cès végétaux des conditions dissemblables de celles qui
caractérisent le milieu ambiant dans la région
alpine supérieure.

La chlorophylle est abondante dans les feuilles,

Fig. 217. — Saxifrage à feuilles opposées (Exemplaire ayant acquis artificiellement les caractères des plantes du Spitzberg, grandeur naturelle)
[d'après Gaston Bonnier].

mais répartie d'une manière plus uniforme. L'humidité détermine dans tous les tissus de nombreuses
lacunes (voyez plus loin L, L', fig. 224), c'est-à-dire
des espaces remplis d'air analogues à ceux que l'on
observe chez les plantes aquatiques. Dans une
même espèce d'ailleurs, tous les éléments sont
plus grands, les fibres beaucoup moins nombreuses
et les tissus protecteurs moins développés. Les
feuilles sont encore plus épaisses et donnent souvent au végétal presque l'apparence d'une plante
grasse (fig. 217).

Quant aux fonctions des feuilles, l'assimilation

est aussi activée chez les plantes arctiques, non pas à cause de la grande intensité de la lumière pendant le jour, comme dans les Alpes, mais par suite de la continuité d'une lumière modérée. La transpiration de ces plantes, au lieu d'être accentuée comme chez les végétaux des hautes montagnes, est au contraire ralentie par suite de l'air très chargé d'humidité dans les régions glaciales.

Tels sont les principaux caractères des plantes alpines et des plantes arctiques, caractères qui s'appliquent d'une manière générale à toutes les espèces, mais deviennent très accentués chez celles qui sont tout à fait spéciales à ces régions.

Nous venons de supposer que les modifications de forme et de structure qu'on observe chez les végétaux alpins ou arctiques ont pour cause l'adaptation aux conditions climatériques des régions dans lesquelles ils croissent ; mais c'est là une pure hypothèse. Certains naturalistes, ceux de l'école de Jordan par exemple, admettent au contraire que presque toutes ces modifications caractérisent des formes très distinctes, souvent même des espèces, et que l'adaptation au climat est insensible, ou ne peut s'effectuer qu'avec une extrême lenteur, à la suite de bien des siècles. C'est pourquoi je me suis proposé de traiter la question expérimentalement.

En premier lieu, je vais parler des plantes alpines.

Tout d'abord, depuis 1884, j'ai installé des cultures expérimentales : d'une part à l'Aiguille de la Tour, au-dessus de Pierre-Pointue, dans la chaîne du Mont-Blanc, à 2.400 mètres d'altitude ; d'autre part au col de la Paloume, près du pic d'Arbizon, dans les Pyrénées, à 2.300 mètres d'altitude. Des

plantes vivaces, recueillies aux environs de Paris,
ont été divisées chacune en deux parties : l'une a
été plantée dans l'un des champs de culture de
hautes altitudes, l'autre dans un champ de culture
comparable établi en plaine, sur de la terre prise
dans ces champs de culture de hautes montagnes.
Les plantes de plaine cultivées aux hautes altitudes
se sont très rapidement transformées, de façon à
acquérir, au bout de peu d'années, tous les caractères de forme et de structure des plantes naturellement alpines. Leurs fonctions physiologiques se
sont aussi modifiées très rapidement,
l'intensité de l'assimilation et de la
transpiration, par exemple, atteignant
le double ou le triple de celles des
plantes de plaine. Je n'en citerai qu'un
exemple : la figure 218 représente
comparativement en P un plant de

Fig. 218 à 220. — Cultures comparées de Topinambour en plaine (P) et à
2.400 mètres d'altitude (M), à la même réduction. On voit en M'
l'exemplaire obtenu dans la culture supérieure, représenté avec une moindre
réduction [d'après Gaston Bonnier].

Topinambour de la culture inférieure, en M la
simple rosette de feuilles qu'a développée la
moitié du même plant dès la première année, à
2.400 mètres d'altitude. On voit, en M', cette même

29.

rosette de feuilles figurée à une taille moins réduite. Lorsque j'ai aperçu cette touffe de feuilles
aplatie dans le terrain de culture supérieur, après
la première saison, j'avais cru d'abord que le Topinambour n'avait pas poussé, et qu'il était venu à
sa place une plante alpine à feuilles en rosette.
C'est seulement l'examen microscopique des feuilles
qui m'a montré que cette soi-disant plante alpine
n'était autre chose que mon Topinambour qui
s'était adapté au climat des grandes altitudes.

## 2. Reconstitution artificielle des conditions climatériques.

D'autres expériences m'ont prouvé que la condition principale du climat alpin était l'alternance
diurne de températures très opposées. J'ai cultivé,
au Laboratoire de Fontainebleau, des plantes des
environs de Paris en les soumettant pendant toute
la saison à l'alternance d'une température glacée
(pendant la nuit) et de la température normale, en
plein soleil, en été (pendant le jour).

Ces plantes, mises en pot, étaient placées, la nuit,
dans des étuves à doubles parois renfermant de
la glace fondante. Tous les matins, les plantes
étaient exposées dehors; tous les soirs, elles étaient
remises dans l'étuve à glace.

Dès la première saison, et plus encore après une
seconde année, les plantes ayant été placées dans
une glacière et recouvertes de neige pendant tout
l'hiver, ces espèces des environs de Paris avaient
pris presque toutes les caractères extérieurs, la
structure interne et les fonctions physiologiques
propres aux plantes des hautes altitudes.

Les tiges étaient devenues rampantes et étalées
sur le sol ou plus petites et plus grosses, les entre-
nœuds rapprochés, les feuilles beaucoup moins
grandes et plus épaisses (fig. 221, A), souvent avec
l'apparition de cette
substance rouge qu'on
observe chez les végé-
taux dans les hautes
montagnes ; les fleurs
étaient relativement
plus grandes et plus
colorées. En outre, ces
exemplaires offraient
les particularités ana-
tomiques des plantes

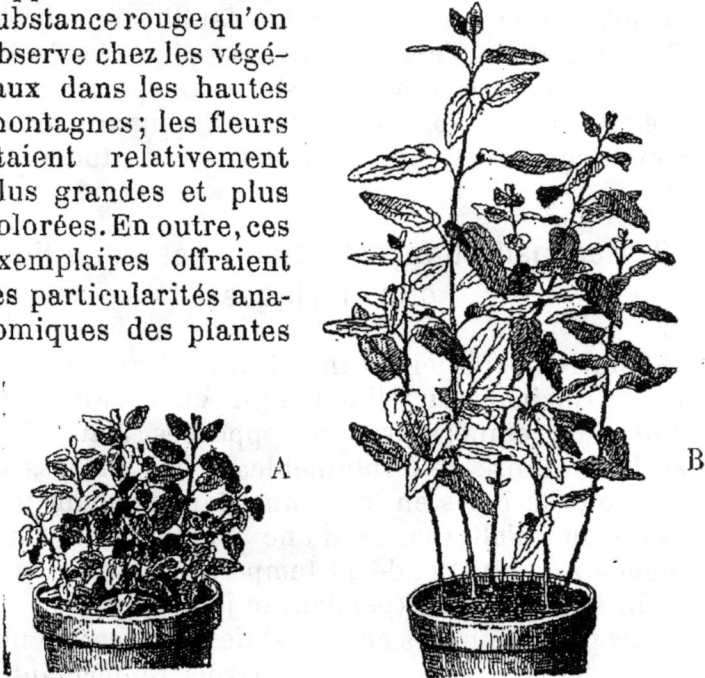

Fig. 221 et 222. — A. Germandrée cultivée alternativement dans l'étuve à
glace pendant, la nuit, et dehors, en plein soleil, pendant le jour (d'après
Gaston Bonnier). — B. Germandrée cultivée dans les conditions naturelles
du climat parisien (d'après Gaston Bonnier).

alpines, et l'assimilation chlorophyllienne y était
exaltée par rapport à celle des échantillons témoins
qui avaient été laissés dans les conditions naturelles du climat de la région parisienne.

Les figures 221 et 222 représentent, par exemple,
deux pieds comparables de Germandrée. Le pre-

mier (fig. 221, A) était soumis aux alternances de
température ; le second (fig. 221, B) était placé dans
des conditions naturelles. C'est donc bien l'alternance diurne des températures qui provoque surtout les caractères alpins.

En ce qui concerne les plantes arctiques, je citerai les expériences suivantes par lesquelles j'ai fait
croître des espèces alpines dans des conditions
artificielles se rapprochant, autant que possible, de
celles que présente le climat des terres glaciales
boréales.

Plusieurs espèces alpines, telles que le Saxifrage à feuilles opposées (*Saxifraga oppositifolia*)

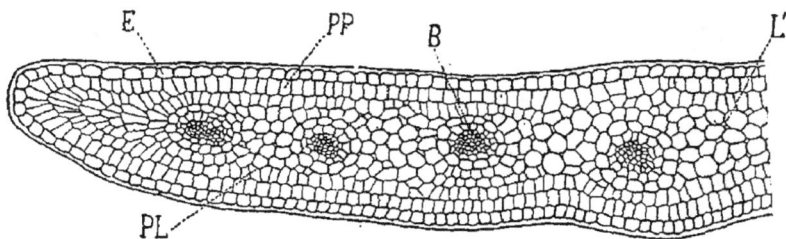

FIG. 223. — Coupe transversale d'une feuille de Saxifrage à feuilles opposées,
recueillie dans les Alpes françaises (vue au microscope) [d'après Gaston
Bonnier].

(fig. 216, 217, 223 et 224) ou le Silène à tiges courtes
(*Silene acaulis*) [fig. 214 et 215], ont été prises dans
la région alpine alors qu'elles étaient encore sous
la neige. Ces plantes mises en pots furent installées
à Paris au Pavillon d'Electricité qui se trouve dans
le sous-sol des Halles Centrales. Là, ces végétaux
ont été exposés jour et nuit à la lumière électrique
*continue*. Les rayons ultra-violets de cette lumière
avaient été supprimés par le passage des radiations
au travers de lames de verre ; la lumière reçue

produisait alors des effets physiologiques tout à
fait analogues à ceux des rayons solaires. En outre,
cette lumière continue était réglée de manière à
donner une intensité comparable à celle de la
lumière des régions polaires pendant l'été; une
température suffisamment basse était maintenue
autour des plantes par un renouvellement d'eau

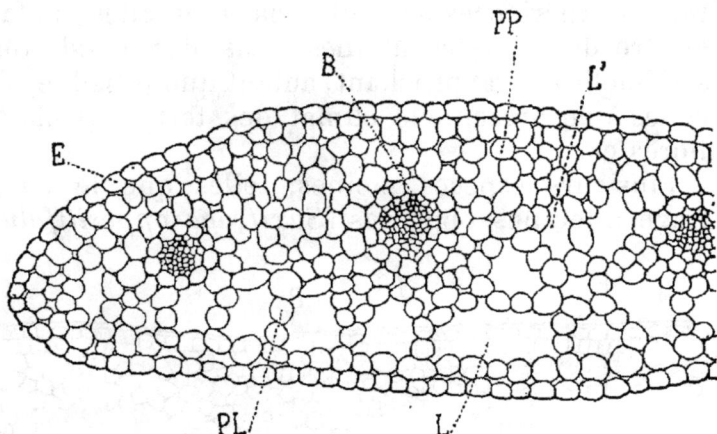

Fig. 224. — Coupe transversale d'une feuille de la même plante que celle
dont la feuille est représentée par la figure 223, après culture à la lumière électrique continue, à basse température et dans l'air humide
(vue au microscope) [d'après Gaston Bonnier].
La feuille a acquis les caractères des plantes semblables qui croissent
naturellement au Spitzberg. — Dans les figures 223 et 224, les mêmes
lettres indiquent les tissus comparables.

froide autour des étuves vitrées où se trouvaient
les cultures placées dans de l'air maintenu constamment humide.

Des échantillons témoins avaient été placés à la
lumière ordinaire, avec les alternances de jour et de
nuit naturelles du climat de Paris.

Cultivées, dans les conditions que je viens de
décrire, à la lumière continue, à cinq mètres d'une

lampe à arc réglée à huit ampères, dans l'air humide
de l'étuve maintenue à une température de 8° à 11°,
les feuilles des nouvelles rosettes de ces espèces se
sont très bien formées. Les pousses nouvelles, après
leur développement complet, avaient acquis presque
exactement l'aspect et la structure, non des plantes
récoltées dans nos montagnes (fig. 214, 216 et 223),
mais des plantes de même espèce recueillies au
Spitzberg (fig. 215, 217 et 224). Ainsi était réalisée,
dans ses grands traits, la synthèse de la structure
particulière qui caractérise les plantes arctiques.

## 3. Cultures de plantes du nord dans la région méditerranéenne.

Par des cultures comparées, faites d'une manière analogue à celles dont j'ai parlé plus haut,
j'ai fait des recherches analogues sur les mêmes
plantes croissant sous le climat méditerranéen et
aux Environs de Paris.

J'ai installé sur le même sol (transporté d'une
localité à l'autre) les mêmes espèces à Fontainebleau et à La Garde-près-Toulon. Un certain nombre
de ces plantes, récoltées aux Environs de Paris, se
sont maintenues dans le terrain de la région médi-
terranéenne en s'adaptant au changement de climat. Les feuilles et les tiges ont présenté alors tous
les caractères qui indiquent la résistance à la transpiration; de plus, un certain nombre de modifications ont donné peu à peu à ces végétaux la structure et l'aspect des plantes méditerranéennes. Les
tiges et les rhizomes sont plus fibreux, les rameaux
plus raides, les feuilles plus longtemps persistantes sur les tiges, etc.

Il résulte de l'ensemble de ces expériences, qu'en changeant les plantes de climat, ou même en réalisant artificiellement les principales conditions d'un climat donné, on peut modifier leur forme et aussi leur structure la plus intime, de façon à leur faire acquérir tous les caractères des végétaux similaires qui croissent naturellement dans la région considérée.

Or, comme les espèces spéciales de ces contrées présentent les mêmes caractères avec une accentuation plus prononcée, on doit en conclure que l'adaptation au milieu ambiant est l'un des facteurs importants de la transformation des espèces.

# XI

# LA VIE DANS L'OBSCURITÉ COMPLÈTE

## 1. Les conditions de la vie souterraine.

Nous avons vu que parmi les causes susceptibles de faire varier la forme et la structure des êtres, la lumière occupe l'une des places prépondérantes. On peut, à cet égard, se demander quelles sont les modifications qui se produisent chez les êtres vivants, lorsque la lumière est complètement supprimée (ou si l'on veut, lorsqu'il ne reste que des radiations infra-rouges)? Autrement dit, comment se comporte la vie dans ce que nous appelons l'obscurité complète?

L'étude des cavernes, ou spéléologie, est une science toute nouvelle qui comprend les branches les plus diverses de l'histoire naturelle. Non seulement cette science intéresse au plus haut degré la géographie physique et la géologie, mais des recherches, pour la plupart très récentes, nous ont révélé la présence de nombreux animaux et végétaux qui habitent les gouffres, les cavernes et même les grottes parfaitement obscures.

Tandis que, dans les temps anciens et pendant le Moyen âge, l'imagination des hommes avait peuplé les cavités souterraines de serpents monstrueux, de dragons à ailes de chauves-souris, ou encore de gnomes et de fées, il fut admis au contraire, depuis la Renaissance jusqu'à la fin du XVIIIe siècle, que les cavernes sont complètement dépourvues d'êtres vivants.

C'est en 1768 que Laurenti découvrit le premier animal habitant les grottes, et quelques années après, en 1772, Scopoli publia la première description d'un végétal du monde souterrain. Ces deux savants firent ces études dans les célèbres grottes d'Adelsberg, en Carniole (Autriche).

A propos de cette faune et de cette flore des cavernes, plusieurs questions très intéressantes se soulèvent tout naturellement.

Y a-t-il des espèces d'animaux et des espèces de végétaux spéciales aux cavernes, et qu'on ne rencontre jamais à la surface du sol?

Un animal ou un végétal vivant à la lumière peut-il devenir cavernicole et réciproquement?

La lumière est-elle nécessaire à la vie? Les êtres peuvent-ils croître, prospérer et se multiplier dans l'obscurité complète?

Autant de questions qui intéressent la philosophie biologique et la physiologie.

D'autres préoccupations, conduisant à des conséquences pratiques, se rapportent aussi aux organismes qui vivent dans les excavations du sol.

Beaucoup de cavernes et de grottes sont formées par des cours d'eau souterrains, parfois par l'interruption d'un cours d'eau superficiel qui coule à travers le sous-sol sur une certaine longueur; telle est la perte de la Lesse dans les grottes de Han (Belgique) ou la perte de la Piuka dans les grottes d'Adelsberg (Carniole).

30

Les bactéries, ou en général les microbes, peuvent-ils vivre dans ce milieu ? En particulier, les espèces dangereuses qui sont la cause de la plupart des maladies contagieuses sont-elles tuées par l'obscurité complète ? Sinon, sont-elles retenues par le filtre que constituent les couches de roches perméables traversées par le cours d'eau ?

Beaucoup de sources proviennent de cours d'eau souterrains, et leur eau a une origine de surface très lointaine. Faut-il se défier de ces sources, ou, au contraire, leur eau est-elle admirablement filtrée ?

On voit que de nombreux problèmes se trouvent déjà énoncés à l'occasion de ces études sur le monde cavernicole, bien que je laisse de côté toutes les questions d'ordre purement physiologique.

## 2. La Faune des cavernes.

Parlons d'abord des animaux. Quel que soit l'ordre auquel ils appartiennent, quelle que soit la caverne dans laquelle on les observe, leur caractéristique principale est d'être aveugles, soit par l'atrophie ou l'absence totale des yeux, soit parce que les yeux, lorsqu'ils existent, sont mal constitués et ne sont pas, en fait, impressionnés par la lumière.

Les animaux supérieurs, les Vertébrés, ne sont pas fréquents dans les cavernes. On n'en a jamais trouvé dans les cavités du sol explorées en France avec grand soin dans ces dernières années.

Il n'a encore été signalé qu'un seul Mammifère, dans la faune souterraine ; c'est un rat, nommé Néatoma et qui vit dans certaines cavernes d'Amérique. Ce rat semble avoir des yeux parfaitement conformés, tels ceux d'un rat quelconque ; mais il n'y voit pas.

On pourrait bien aussi citer les Chauves-Souris parmi les habitants des cavernes, car elles vont souvent s'établir très loin des entrées, même dans des galeries où l'obscurité est absolument complète ; toutefois, les Chauves-Souris sortent au

Fig. 225. — Protée aveugle, des grottes de la Piuka.

dehors et n'habitent les excavations, fussent-elles très profondes, que pour y nicher pendant le jour ou lorsque le temps est mauvais durant la nuit. Ces animaux ne doivent donc pas prendre place dans la faune des cavernes ; ils peuvent cependant remplir un rôle important par toutes les substances organiques qu'ils apportent du dehors.

Aucun Oiseau ne reste indéfiniment dans les milieux souterrains, mais on y a rencontré des Reptiles, des Batraciens et des Poissons.

Ce ne sont cependant pas les Reptiles des cavernes qui ont pu donner naissance à la légende des Dragons, car on n'en connaît qu'un seul : un Serpent aveugle des cavernes américaines.

Parmi les Batraciens, on doit citer tout d'abord le célèbre Protée des grottes de la Piuka (fig. 225). C'est le premier animal cavernicole décrit par Laurenti à la fin du XVIII<sup>e</sup> siècle. Cette curieuse bête ressemble à une Salamandre incolore, dont les pattes, petites et courtes, paraissent semblables à des morceaux de bois. Les Protées sont de vrais amphibies, car leurs branchies persistantes leur permettent de respirer dans l'eau des lacs ou des rivières souterraines, tandis que, grâce à leurs poumons, il leur est aussi loisible de vivre dans l'air. Deux taches à peine visibles sur la peau indiquent la place qu'occuperaient les yeux, d'ailleurs complètement avortés.

Des Batraciens de formes diverses, voisins des Protées et des Sirènes, ayant quatre pattes, deux seulement ou même ne possédant aucun membre, habitent des cavernes profondes dans l'Amérique du Nord et l'Amérique du Sud. On en trouve plusieurs espèces dans la célèbre Mammoth' Cave.

Les Poissons sont plus nombreux. Comme chez les Batraciens dont nous venons de parler, leur corps est blanc ou incolore, et tous sont aveugles, soit par l'atrophie des yeux, soit avec des yeux insensibles à la lumière. On a décrit ces diverses espèces de Poissons des nappes d'eau souterraines : dans l'Amérique du Nord, en Sibérie, et Apfelbeck en a découvert d'autres encore, provenant des cavernes de Bosnie et d'Herzégovine.

De quoi se nourrissent tous ces Vertébrés aveugles ? Presque exclusivement d'Insectes ou de

Crustacés qui sont relativement très abondants dans la faune cavernicole; ce sont surtout des Coléoptères et des Thysanoures (Insectes sans ailes), ainsi que des Crustacés terrestres ou pour la plupart aquatiques. On rencontre aussi dans les cavernes de nombreux Millepattes, des Araignées et quelques Mollusques.

A leur tour, de quoi se nourrissent tous ces Invertébrés des cavernes, aveugles comme les Vertébrés?

Il y en a qui mangent les autres; mais ce seul mode d'alimentation aurait rapidement détruit toute la faune cavernicole! Beaucoup de ces animaux, ceux dont les représentants sont les plus nombreux, notamment les Crustacés et les Coléoptères, s'alimentent au moyen des détritus organiques qui sont dans les cavernes.

Mais d'où viennent ces détritus organiques?

Non seulement des cadavres des animaux, ce qui ne serait pas une source d'alimentation indéfinie, mais des végétaux cavernicoles, notamment des Champignons qui se développent dans l'obscurité.

Or, ces Champignons eux-mêmes, de quoi peuvent-ils bien vivre?

La question est embarrassante. Et certes, si l'on imaginait une caverne n'ayant aucune communication avec l'extérieur, tous ces animaux et ces végétaux, en s'entre-mangeant les uns les autres, auraient bientôt fait disparaître toute trace de vie dans ce monde ténébreux.

Eh bien! il n'est pas nécessaire d'imaginer de pareilles cavernes. Il en existe, et, en 1905, en construisant une tranchée pour un tramway à vapeur qui se trouve au-dessus de Dinant (Belgique), un ouvrier a découvert de vastes grottes

30.

nouvelles, qu'il ne faut pas confondre avec les grottes déjà connues à Dinant.

Ces grottes ne communiquent nulle part avec le dehors. Je les ai visitées très peu de temps après leur découverte; aucun habitant du pays et aucun Anglais n'avait eu le temps d'y casser des morceaux de stalactites ou de stalagmites. Ceux-ci étaient

FIG. 226. — Crustacés des cavernes, sans yeux et à appendices tactiles très développés.

encore d'une fraîcheur admirable. Or, dans cette grotte on ne pouvait trouver trace d'aucun animal, ni d'aucun végétal quelconque.

Nous sommes donc obligés d'admettre, et d'autres considérations vont nous conduire à cette même conclusion, que la vie des cavernes ne peut s'entretenir que par des apports organiques venant de l'extérieur, c'est-à-dire de la vie à la lumière.

Plusieurs auteurs ont décrit avec soin les Insec-

tes et les Crustacés cavernicoles. Ce qu'il y a de
plus remarquable chez ces animaux de l'obscurité,
c'est l'extraordinaire développement de tous leurs
appendices, pattes, antennes, prolongement de la
queue, qui atteignent parfois une longueur triple
et quadruple de celle du corps (fig. 226 et 227). Il
semble que tout l'effort de la différenciation dans
l'organisme se soit porté vers le sens du toucher.
Ces Insectes et ces Crustacés palpent tout ce qui les
environne, soit pour se diriger dans la nuit cons-

Fig. 227. — Exemple d'insecte des cavernes (*Campodea*) à antennes
et appendices caudaux très allongés.

tante qui les entoure, soit pour chercher leur maigre
alimentation. Le tact est, en effet, le seul sens qui
leur reste, car on a constaté que le sens auditif est
atrophié chez eux, comme le sens de la vue. Le
silence, aussi bien que l'obscurité, règne en général dans ces cavernes. A quoi bon avoir des oreilles
pour ne pas entendre, des yeux pour ne point voir?

Voici l'occasion de nous demander si l'on a affaire, comme les entomologistes l'ont cru d'abord,
à de vraies espèces cavernicoles, fixées depuis des
temps très longs.

Il n'en est rien.

En 1889, Packard a constaté, en étudiant la faune des cavernes de l'Amérique du Nord que certains Protées, habitant un milieu complètement privé de lumière, et tout à fait décolorés, pouvaient être cultivés dans des aquariums. Alors, à la lumière, on voyait rapidement les pigments colorés réapparaître comme si ces animaux avaient été autrefois dépouillés de leur couleur primitive par le séjour prolongé à l'obscurité. De même, chez certains Crustacés appelés *Gammarus* et privés d'yeux dans les cavernes où ils habitent, la culture à la lumière provoquait la formation des yeux.

Quelques expérimentateurs, et en particulier Armand Viré (1899), ont fait voir que presque tous les animaux des cavernes correspondent à des espèces qui vivent à la lumière, et qu'on trouve tous les intermédiaires entre les deux types extrêmes. On peut même rencontrer, dans des excavations sans aucune lumière, des animaux ayant encore le sens de la vue et de l'ouïe, et dont les appendices tactiles sont peu développés. Leur structure ne tient pas d'une manière absolue à la distance plus ou moins grande qui existe entre l'entrée et l'endroit où on les trouve, mais bien au temps plus ou moins long qui s'est écoulé depuis qu'ils vivent dans les grottes obscures.

Des expériences analogues à celles de Packard ont été faites avec les Insectes, ou les Crustacés cavernicoles de France, ou encore avec les Protées des grottes d'Adelsberg. Lorsque ces animaux sont reportés à la lumière, leurs yeux se développent, leur corps incolore se couvre de taches brunes sur un fond jaunâtre ; on réussit également en faisant l'expérience contraire.

Ces diverses transformations peuvent être parfois comme prises sur le fait dans les conditions naturelles. C'est ce qu'a montré Chevreux. La source de la Robine est située non loin du bord de l'étang de Vic, près de la Méditerranée, au pied d'une montagne calcaire qui recouvre des ruisseaux souterrains ; l'un d'eux vient former cette source en donnant naissance à un petit cours d'eau de trois à quatre mètres de largeur. L'eau, venant des profondeurs obscures de la montagne, entraîne avec elle de petits Crustacés, de jeunes *Niphargus*, et sous les touffes d'herbes et d'algues qui sont dans le ruisseau, près de la source, on rencontre un certain nombre de ces Crustacés, les uns encore tout à fait blancs comme ceux des cavernes, les autres déjà fortement colorés en rose. Ces derniers, bien que repigmentés, sont encore aveugles. Chevreux en a trouvé en Algérie une autre variété, où l'on voit l'œil reparaître sous la forme d'une grosse tache jaune dont l'étude attentive démontre la nature oculaire.

Seuls, quelques Crustacés des cavernes appartenant au groupe des Sphæromiens n'ont pas d'espèces qui leur correspondent absolument parmi les animaux lucicoles. On a émis l'hypothèse, un peu hasardée, que ce sont des êtres oubliés dans les cavernes au cours de la destruction de certaines espèces de l'époque géologique appelée tertiaire ; ces petits Crustacés, échappant ainsi à la lutte pour l'existence à la surface du sol, se seraient conservés depuis des milliers de siècles dans l'obscurité de ces milieux.

Mais en somme, malgré ces quelques formes exceptionnelles, il n'en est pas moins vrai que la vie cavernicole n'est possible que si, par les entrées, les fissures ou les rivières souterraines, le milieu obscur souterrain communique perpétuellement avec la nature organique qui s'épanouit au soleil.

## 3. La Flore des cavernes.

Abordons maintenant l'étude de la Flore.

On ne s'attend pas à trouver dans l'obscurité complète des plantes de toutes sortes étalant leurs feuilles et leurs fleurs.

Mais un groupe physiologique de végétaux semble tout désigné pour occuper les parois des grottes sans lumière : ce sont ceux qui semblent n'en avoir aucun besoin, ce sont les végétaux privés de cette matière verte ou chlorophylle qui assimile le carbone extrait du gaz carbonique de l'air, sous l'influence de la lumière.

Les végétaux sans chlorophylle, et en particulier les Champignons, se cultivent très bien à l'obscurité, dans des caves absolument noires, dans des carrières obscures, à condition qu'on leur fournisse de la matière organique. C'est ainsi, comme on sait, que se cultive sur du fumier le Champignon de couche qui sert à l'alimentation.

Encore faut-il cette substance organique pour nourrir les végétaux sans chlorophylle et, dans les cavernes, nous avons vu qu'elle ne peut venir que du dehors.

C'est, comme je l'ai dit plus haut, Scopoli qui, en 1772, a décrit les premiers végétaux trouvés par lui dans les grottes de Carniole ; ces végétaux étaient des Champignons. Le naturaliste italien se montra, dès l'abord, frappé de leur aspect singulier et de leurs déformations variées.

« La végétation souterraine, dit-il, prend la forme des lithophytes et des coraux du fond de la mer ; mais ces formes inconstantes se transforment à l'infini. »

Cette phrase montre que Scopoli considérait déjà ces Champignons bizarres des cavernes plůtôt comme dus à des modifications des Champignons croissant à la lumière que comme des espèces spéciales.

Il se produit donc des modifications, si l'on maintient pendant longtemps, avec un substratum nutritif convenable, la même espèce de Champignon dans une obscurité complète? Comment cela se fait-il, puisque ces végétaux n'ont pas besoin de lumière?

Cela prouve justement que, contrairement à l'idée préconçue des physiologistes, il faut de la lumière, dans une certaine mesure, aux végétaux caverni-coles. Ils n'en ont pas besoin pour assimiler, puis-qu'ils sont privés de chlorophylle; toutefois, la lumière leur est cependant nécessaire, non pour vivre ni même pour se propager par simple multi-plication pendant un certain temps, mais pour se reproduire et pour s'installer définitivement sur le sol où ils se trouvent.

C'est ce qui résulte des très nombreuses ob-servations et des expériences faites par Jacques Maheu, qui vient de publier, en 1906, un travail considérable sur la flore souterraine de la France, dont il a exploré lui-même toutes les cavernes, toutes les grottes et tous les gouffres, depuis de nombreuses années.

Maheu a décrit tous les végétaux qu'il a rencon-trés dans le monde souterrain, depuis les entrées

des cavernes, jusque dans les galeries où l'obscurité est absolue.

Les plantes supérieures ou plantes vasculaires ne
sauraient vivre dans l'obscurité absolue, mais plusieurs espèces croissent cependant dans une obscurité presque complète. Dans ce milieu où pénètrent
à peine quelques radiations réfléchies cent fois par
les parois rocheuses, où l'air est presque saturé
d'humidité, ces plantes se déforment et leur structure interne se modifie; la chlorophylle ou substance verte des feuilles n'est plus distribuée de
même, et, en certains cas, la nature chimique de
cette substance verte paraît modifiée. Toutefois,
ces plantes ne fleurissent plus, et, s'il s'agit de
Fougères, telles que les Scolopendres, par exemple,
elles arrivent à ne plus produire de spores. Toute
reproduction est arrêtée, et ce ne sont en somme
que les graines, les germes ou les rejets provenant
de l'extérieur qui viennent entretenir cette végétation adaptée à une ombre très intense.

La Flore des Mousses, végétaux qui, pour la
plupart, aiment particulièrement l'humidité, est
beaucoup plus riche dans les gouffres et les « avens »
(grandes fentes verticales et profondes). Maheu en
a fait une étude très détaillée; il a suivi de près
toutes leurs déformations.

On voit que plus on s'éloigne de la lumière, moins
souvent se forment les organes de la reproduction;
et dans l'obscurité presque complète, là où l'on
trouve encore les Mousses et leurs cousines les
Hépatiques, les œufs de ces végétaux ne se forment
plus; dès lors, plus de fructification. Ces plantes
ne produisent plus que des « propagules », sortes
de bourgeons naturels, ou encore de ces pseudo-
spores que j'ai décrites pour la première fois sur

les filaments verts qui constituent le début du développement des Mousses.

Enfin, dans l'obscurité absolue, plus de Mousses
ni d'Hépatiques. Les Lichens aussi ont disparu.

Quant aux Algues, on n'en rencontre pas de très
nombreuses espèces dans les cavernes ou les
gouffres.

A ce propos cependant, une remarque curieuse.
Les Algues inférieures appelées Nostocs, ces masses
gélatineuses et vertes que l'on voit apparaître souvent en grand nombre, après la pluie, dans les
allées des jardins, peuvent se trouver dans les
galeries où l'obscurité est absolue. On savait déjà
que ces végétaux peuvent former de la chlorophylle
dans l'obscurité; mais il est intéressant de constater
dans la nuit complète des cavernes, là où les
Nostocs sont installés depuis un temps assez long,
qu'ils continuent à former cette chlorophylle,
laquelle, selon toute apparence, ne peut leur servir
à rien, puisque l'assimilation chlorophyllienne ne
se produit qu'à la lumière.

Ces quelques rares Algues constituent, avec de
nombreuses espèces de Champignons, la Flore des
galeries et des cavernes où l'obscurité est absolue.
Mais la même remarque peut être faite pour les
végétaux ainsi que pour les animaux : si ces galeries
à nuit constante ne communiquent pas avec l'extérieur, on n'y trouve pas plus trace d'organisme
végétal que d'organisme animal. Sans les apports
venant du dehors, il n'y a pas de vie cavernicole,
même végétale.

D'ailleurs, l'étude très minutieuse que Maheu
a faite relativement aux nombreuses espèces de
Champignons cavernicoles, fait voir qu'ils ne peuvent se propager indéfiniment dans l'obscurité

complète. Les organes de reproduction s'atrophient
chez ces êtres sans chlorophylle comme ils s'atrophient chez les végétaux verts, Fougères et
Mousses. Malgré cela, les Champignons peuvent
envahir tous les endroits obscurs et s'y propager
par multiplication pendant un temps plus ou moins
long. On peut citer des Polypores (fig. 228) qui ne

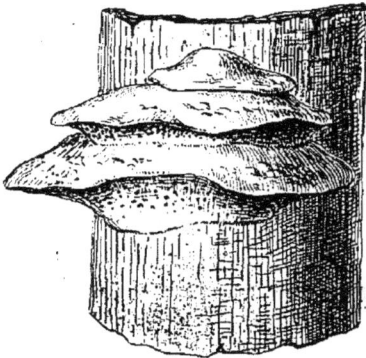

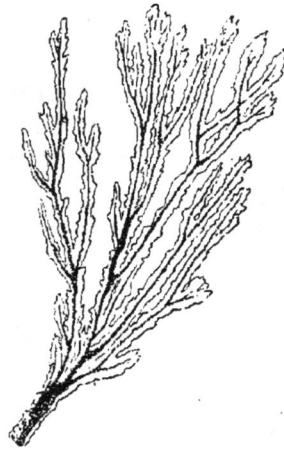

Fig. 228. — *Polyporus sulfureus* développé à la lumière.

Fig. 229. — *Polyporus sulfureus*
développé dans l'obscurité des
cavernes (d'après Maheu).

produisent plus dans l'obscurité complète que des
arborescences aplaties et irrégulières (fig. 229).

On sait qu'au fond des mers les plus profondes,
on a découvert des animaux qui, par des organes
particuliers, produisent une lumière intense. Dès
lors, l'obscurité n'est plus qu'intermittente, et les
conditions de la vie comprennent les radiations
lumineuses émises par ces lanternes ou ces phares
naturels sous-marins.

Aucun éclairage de ce genre n'a été observé chez

les animaux cavernicoles ; mais, phénomène plus inattendu, des êtres végétaux peuvent y produire de la lumière.

Dans une lumière extrêmement atténuée, imperceptible pour nos yeux, certaines Mousses, comme le *Schistotega osmundacea*, deviennent phosphorescentes dans les cavernes. Dans les excavations souterraines des environs de Clermont, aux grottes de Saint-Mamet près de Luchon, dans les Colli Berici en Italie, il n'est pas rare de voir les parois des galeries illuminées par une belle lueur uniforme d'un vert émeraude ; cette lueur est due à la phosphorescence des filaments chlorophylliens du *Schistotega*.

D'autres cavernes ou galeries sont aussi éclairées naturellement par des végétaux vivants. Cette fois, ce ne sont pas les Mousses, mais les Champignons qui sont phosphorescents.

Ce sont des filaments, appartenant à des espèces diverses et connus sous le nom général de « rhizomorphes », disposés en forme de choux-fleurs étranges ou de fantastiques perruques. Tulasne avait déjà signalé ce singulier phénomène en visitant les galeries des mines de charbon de terre à Dresde. Gillot et Maheu l'ont observé dans dans toute sa splendeur, au milieu des mines d'Autun.

Brefeld a réussi à cultiver certains de ces rhizomorphes dans du jus de pruneau. Cela permet de produire, dans un cours de botanique, un effet inattendu. Des armoires étant remplies de bocaux contenant des cultures de rhizomorphes sur jus de pruneau, et la leçon se faisant le soir, on éteint subitement toutes les lumières et on ouvre les armoires. La salle se trouve alors singulièrement illuminée par l'ensemble des bocaux phosphorescents.

Parmi les organismes inférieurs qui habitent les cavernes, il nous reste à parler des microbes. C'est le D<sup>r</sup> Raymond qui, en 1897, a fait voir le premier que des Bactéries pathogènes peuvent se développer et se reproduire dans l'obscurité absolue des eaux souterraines.

Depuis cette découverte, les observations se sont multipliées.

Les eaux souterraines, lorsqu'elles débouchent au dehors pour constituer une source, ne donnent-elles donc aucune sécurité au point de vue hygiénique, même si leur origine superficielle est très éloignée ?

A cet égard, il n'y a rien d'absolu, et la production des sources de ce genre doit être étudiée minutieusement. Le plus souvent, la pureté de l'eau au point de vue des germes dépend, en ce cas, de la nature des couches de terrains qu'elle traverse.

En certaines circonstances, les eaux souterraines peuvent être contaminées parce que des eaux de surface s'écoulent dans les fissures profondes sans être filtrées par une couche suffisamment épaisse de terrain. De plus, en certaines régions, les habitants n'hésitent pas à jeter des débris d'animaux, de fumier ou matières organiques en décomposition, dans ces « avens » ou fissures verticales ; et si les fissures, comme cela arrive fréquemment, sont directement au-dessus d'une rivière souterraine, cette rivière se charge de microbes dangereux; lorsque l'eau débouche ensuite au flanc d'une pente pour former une source, celle-ci, employée pour l'alimentation, peut provoquer des épidémies ; c'est ce qu'a fait remarquer, en plusieurs localités, Martel, l'explorateur bien connu des abîmes souterrains.

Cette contamination peut encore se produire dans une rivière souterraine qui traverse une couche de terrains solubles, comme le gypse ou pierre à plâtre. C'est ce qui se réalise aux environs de Bologne : la rivière souterraine, infectée par les dépotoirs que constituent les « avens », traverse, il est vrai, une grande épaisseur de gypse ; mais elle s'y crée un chemin sans aucun filtrage, et forme, en émergeant, la source de Zéna qui, malheureusement, est employée à l'alimentation, et produit souvent d'importantes épidémies.

Au contraire, la rivière souterraine vient-elle à traverser des terrains perméables, mais non solubles, ceux-ci constituent un excellent filtre comparable à un filtre Chamberland. C'est ce qu'on a pu constater maintes fois, par exemple à la perte de la Cèze (Gard). La rivière devient souterraine pendant deux kilomètres ; l'analyse microbienne des eaux de la Cèze, avant et après la perte, fait voir que l'eau a été filtrée admirablement ; les terrains traversés ont retenu les microbes.

Les expériences faites par Maheu, au sujet des végétaux cavernicoles, ont donné des résultats comparables à celles de Packard sur les animaux des cavernes. Au point de vue des végétaux, les faits sont encore plus nets, s'il est possible. On peut très rapidement rendre cavernicoles les végétaux lucicoles et inversement.

Des graines récoltées à la dernière limite où elles peuvent se produire dans les gouffres, recueillies sur des individus déformés par l'ombre et l'humi-

31.

dité, ont été mises à germer en pleine lumière, dans les conditions ordinaires. Les plantes issues de ces graines ont pris immédiatement, dès leurs premières feuilles et sans aucune transition, l'aspect de la forme normale.

Il en est de même pour les Fougères, les Mousses, les Champignons.

Il n'y a donc aucune adaptation essentielle, ni création de vraies races pouvant se reproduire, dans les végétaux de la flore souterraine.

Toutes ces plantes, y compris les plus simples comme organisation, proviennent de l'extérieur, de la végétation qui s'épanouit à la lumière du soleil.

Les Chauves-Souris, les bois d'étayage, les ouvriers ou les visiteurs, parfois les eaux venues du dehors, sont les pourvoyeurs des germes végétaux qui sont susceptibles de se développer à l'obscurité incomplète ou totale. Toute la végétation cavernicole est sous une étroite dépendance de la végétation extérieure.

Et maintenant, que conclure de tous ces faits, au point de vue de la vie dans l'obscurité ?

Cette vie existe-t-elle dans les profondeurs les plus grandes des mers ? Peut-être, et encore faut-il tenir compte, comme je l'ai dit plus haut, des appareils lumineux de certains animaux qui habitent ces abîmes sous-marins ; et aussi est-on bien obligé d'admettre que la nourriture de cette population lui arrive des parties superficielles, là où la lumière solaire exerce son influence.

En tout cas, la vie indéfinie dans l'obscurité des cavernes est impossible. Les animaux et même les champignons ne peuvent s'y reproduire indéfiniment. La vie y est entretenue continuellement par

une communication incessante avec le monde organisé superficiel, avec les animaux et les végétaux
qui se développent en pleine lumière. Nous avons
vu que, dans les grottes où pareille communication
n'existe pas, on ne saurait trouver aucune trace
d'être vivant, pas même de la Bactérie la plus
infime.

Et l'homme? Peut-il vivre toujours dans l'obscurité?

Dans un vieux traité de chimie industrielle que
j'avais entre les mains quand j'étais au lycée,
j'avais été frappé de cette phrase à propos des
mines de sel de Wieliczka en Galicie : « En ces
galeries profondes, les mineurs habitent en famille,
sans remonter à la surface du sol. Beaucoup d'entre
eux y sont nés et espèrent y finir leurs jours. »

Je doute de l'exactitude de cette dernière phrase,
et, quand j'ai visité les profondes galeries des
mines de sel, je n'ai trouvé aucun mineur qui ait
consenti à me dire qu'il espérait y finir ses jours.

# XII

## LA GÉNÉRATION SPONTANÉE

---

### 1. Les hétérogénistes ; Needham, Buffon, Trécul, Hæckel.

Lorsqu'on a posé la question de la génération spontanée, on s'est demandé si la substance vivante peut s'organiser par elle-même, s'il peut naître des êtres qui n'ont jamais eu de parents.

On sait que ce problème a reçu une solution négative, à la suite des belles expériences de Pasteur qui ont établi le principe suivant : *Tout être vivant, quelque simple qu'il soit, provient d'un être vivant qui a existé avant lui.*

Mais alors, la question étant résolue par le triomphe de Pasteur contre Pouchet et ses nombreux adversaires, il ne saurait plus être question à aucun titre de génération spontanée? Non, au point de vue des démonstrations expérimentales directes et précises, et, dans les limites posées par Pasteur à ses contradicteurs. Mais, malgré ces preuves indéniables, la possibilité de la génération spontanée a été admise de nouveau. Des naturalistes éminents, faisant revivre un problème qui semblait résolu

définitivement, l'ont repris comme base de leurs
édifices théoriques ; des découvertes récentes, des
expériences faites dans un tout autre ordre d'idées,
servent à appuyer ces vues nouvelles.

Avant d'examiner les faits et les hypothèses qui
ont permis de faire renaître cette question capitale,
il faut s'entendre, d'une manière absolument nette,
sur la génération spontanée — ou plutôt sur les
générations spontanées.

Tant de confusions se sont produites dans le
déchaînement passionné qui a heurté les savants
les uns contre les autres, à ce sujet, pendant près
d'un siècle et demi, qu'il faut essayer de jeter un
peu de clarté sur le fond même du sujet.

Depuis la première expérience faite par Needham
en 1747 jusqu'aux dernières recherches de Pasteur
en 1877, on s'est toujours demandé si des substances
organiques putréfiables ou fermentescibles, provenant en réalité d'êtres vivants préexistants, mais
préalablement tués, pouvaient ensuite, par elles-
mêmes, donner naissance à des êtres vivants microscopiques. Et c'est à cette question que l'expérience
a répondu négativement.

Mais il en est une autre, bien plus grave encore,
et sur laquelle aucune expérience n'a été faite
pendant cette lutte légendaire. Des substances qui
non seulement ne sont pas vivantes, mais qui ne
proviennent pas directement d'êtres vivants, ou qui
ne leur ont jamais appartenu : le carbone, l'oxygène,
l'hydrogène, l'azote, le soufre, le phosphore. etc.,
peuvent-elles se combiner entre elles spontanément
pour fabriquer de la substance vivante? Voilà une
génération spontanée, bien autrement importante
que la précédente, car, résolue positivement, elle

permet d'expliquer la formation des animaux et des végétaux sur la Terre, et même, si les conditions de cette hypothèse peuvent être réalisées par l'homme, elle laisse entrevoir la possibilité de créer de toutes pièces la substance vivante!

Pasteur trouvait cette question tellement absurde qu'il ne la posait même pas.

Hæckel la trouvait tellement naturelle qu'il la posait immédiatement après les résultats acquis par Pasteur.

Telle est la première partie du problème qui vient d'être énoncé à nouveau. Pour mieux saisir la seconde partie de ce problème, il faut revenir sur quelques points de l'histoire de la génération spontanée. On a classé parmi les partisans absolus de cette doctrine deux naturalistes, sur lesquels il faut s'arrêter un instant : Buffon contradicteur de Spallanzani au xviiᵉ siècle ; Trécul, l'un des adversaires les plus acharnés de Pasteur.

Buffon, le personnage est connu ; inutile d'insister. On a dit qu'il écrivait avec des manchettes de dentelles. C'est un symbole. La présence de ces manchettes signifie qu'il ne se servait pas de ses mains pour faire des expériences. Mais Buffon était un observateur remarquable et un esprit supérieur.

Pour discuter sa manière de voir au sujet de la question qui nous occupe, il est nécessaire de rappeler les lignes suivantes de Buffon incriminées par Pasteur :

« Les molécules des corps sont arrangées comme dans un moule. Autant d'êtres, autant de moules différents, et, lorsque la mort fait cesser le jeu de l'organisation, c'est-à-dire la puissance de ce moule, la décomposition du corps suit, et les molécules organiques, qui toutes survivent, se retrouvant en liberté dans la dissolution et la putréfaction des corps, passent dans d'autres corps aussitôt qu'elles sont pompées par la puissance de quelque autre moule ; seulement il arrive une infinité de générations spontanées dans cet intermède où la puissance du moule est sans action... »

Ces phrases de Buffon ont été considérées par Pasteur comme une déclaration de principe complète en faveur de la génération spontanée.

Il est vrai que, dans la citation précédente, Buffon emploie l'expression de génération spontanée, mais il faut bien remarquer qu'il parle de molécules organiques *vivantes;* ce n'est donc pas là une véritable génération spontanée qui fait sortir le vivant du non-vivant ! Buffon parle de molécules; il ne veut pas dire par là qu'elles sont insécables ou inorganisées.

En somme, Buffon admettait que d'un cadavre en décomposition pouvaient se détacher des particules vivantes extrêmement petites, lesquelles étaient capables de s'agglomérer, de s'agencer entre elles pour former les cellules initiales de nouveaux êtres; mais il ne supposait pas que ces molécules organiques se produisissent spontanément aux dépens de la substance inerte. Nous allons voir que, par une autre voie, c'est à la même conclusion qu'aboutissait Trécul, à la fin du XIXᵉ siècle.

Trécul, qui a fait des recherches très remarquable d'anatomie végétale, était un singulier type de savant. Il logeait, comme un étudiant, dans une chambre d'un hôtel de la rue Linné, et n'avait d'autres ressources pécuniaires que l'infime allocation que reçoivent les membres de l'Institut. Ayant travaillé seul pendant toute sa vie et se mé-

fiant de plusieurs de ses confrères, il avait acquis
des manies particulièrement bizarres ; c'est ainsi,
par exemple, qu'il écrivait à l'abri d'une sorte d'abat-
jour, afin qu'on ne pût lire par-dessus son épaule
— ou encore qu'il avait fait disposer des barres en
travers de sa cheminée, de peur que ses ennemis
scientifiques ne pénétrassent, par cette voie, dans
son sanctuaire. Trécul possédait des souris appri-
voisées auxquelles, sauf une, il avait donné les
noms de ses adversaires en botanique ; on prétend
même qu'avant de choisir un sujet pour un nouveau travail d'anatomie, il étalait un certain nombre de plantes sur le sol, et prenait comme exemple
d'étude la plante désignée par sa souris préférée.

Trécul, comme d'ailleurs un certain nombre de
naturalistes de son époque, n'admettait pas qu'on
pût trouver quoi que ce fût en sciences naturelles
au moyen d'une expérience. Il soutenait que les
êtres vivants ne doivent être étudiés qu'en pleine
nature, lorsqu'ils exercent une action réciproque
les uns sur les autres, et toute opération « in vitro »
était pour lui nulle et non avenue. Il prétendait
n'avoir pas besoin du laboratoire de Pasteur ni
des appareils compliqués qui s'y trouvaient, pour
faire des découvertes importantes, et même plus
importantes que celles de Pasteur. Si, par exemple,
il voulait étudier chez lui des Champignons inférieurs, le lavabo de sa toilette lui suffisait. C'est
cependant ce savant étrange qui fut un des adversaires les plus redoutables de Pasteur, et qui fît
retentir de ses virulentes apostrophes la salle des
séances de l'Académie des Sciences, pendant de
nombreuses années.

Trécul était partisan d'un polymorphisme absolu
chez les êtres d'une organisation inférieure. Il

admettait que, suivant les conditions extérieures
du milieu, chaque espèce pouvait donner naissance
à telle ou telle autre espèce. Il avait étudié en particulier une bactérie très remarquable, un de ces
êtres qu'on appelle vulgairement des microbes, et
qu'il a nommé *Amylobacter*, parce que, comme
nous l'avons vu, cet organisme contient de l'amidon
dans sa membrane.

Trécul soutenait que les bâtonnets extrêmement
petits de l'*Amylobacter* étaient formés par la substance vivante des cellules composant les plantes
attaquées par cette bactérie. C'était la matériali-
sation de la théorie de Buffon.

En fait, Trécul se trompait; d'une part, des
expériences précises ont démontré que l'*Amylobacter* ne peut se développer que par ses propres
germes; d'autre part, on a découvert la formation
et la germination des spores de cet organisme.

Et cependant, cette manière de concevoir la
substance vivante comme formée d'une agrégation
de corpuscules vivants, est reprise aujourd'hui,
sauf que les corpuscules qu'on envisage sont
beaucoup plus petits encore que les très petites
bactéries observées par Trécul.

Telle est donc la seconde partie du problème
actuellement posé. La substance vivante peut-elle
être considérée comme étant constituée par des
molécules organiques ayant une vie propre, pouvant se reproduire par elles-mêmes en se divisant,
et dont les divers arrangements fourniraient des
constellations variées qui ne seraient autre chose
que les cellules des êtres vivants?

Enfin, si on réunit les deux parties de l'énoncé,
on peut formuler le problème de cette façon: A-t-il

32

été possible à un certain moment de l'histoire de la Terre, et est-il possible encore aujourd'hui de fabriquer, au moyen des éléments minéraux inertes, cette poussière organique vivante, dont les agglomérations diverses forment tous les êtres, animaux ou végétaux ?

Comme je l'ai dit plus haut, c'est Hæckel qui, le premier, a posé nettement la question suivante : « Est-il possible qu'un organisme naisse spontanément d'une matière n'ayant pas préalablement vécu, d'une matière strictement inorganique ? » Et le naturaliste allemand répond d'une manière positive. Il s'appuie sur deux ordres de faits : 1° sur la synthèse chimique des corps dits organiques au moyen des corps dits minéraux ; 2° sur l'existence des *monères*, les êtres les plus simples que l'on connaisse, informes gouttelettes de substance vivante sans noyau et sans membrane.

Je n'insisterai pas sur le premier argument. Il y a déjà longtemps que la barrière factice qu'on avait établie entre la chimie minérale et la chimie organique a disparu. Depuis la synthèse de l'urée faite par Wœhler en 1828, il ne saurait plus être question de cette distinction artificielle. Mais qui dit substance organique ne dit pas substance organisée, substance vivante.

Quant au second argument, l'existence des *monères* de Hæckel, il a bien perdu de sa valeur depuis que les recherches histologiques se sont perfectionnées, depuis qu'on a pu examiner au microscope, avec une technique appropriée, ces curieux êtres monocellulaires. On sait que Hæckel avait réuni tous ces organismes sous le nom de *Protistes* et en

avait fait un Règne de la nature. Pour lui, tous les
êtres vivants sont répartis en ces trois règnes : le
Règne animal, le Règne végétal et le Règne des
Protistes. Aujourd'hui, on a découvert un noyau et
une structure très compliquée chez la plupart de
ces Protistes. De plus, chaque espèce de monère
se rattache à un groupe d'êtres plus élevés en organisation, et souvent par les liens les plus étroits. Les
unes sont des Foraminifères, les autres des Protéo-
myxés, des Myxomycètes, des Héliozoaires, etc.

Autrement dit, le Règne des Protistes s'est éva-
noui, et le nombre des êtres monocellulaires sans
substance nucléaire, sans complication dans leur
structure intime, devient si restreint qu'on peut
se demander avec raison s'il en existe réellement
un seul.

Quoi qu'il en soit, Hæckel développe avec ardeur
la nécessité de la génération spontanée absolue,
au moins à une certaine époque de l'évolution du
globe, alors que l'eau venait de se former à sa surface, et il trouve même vraisemblable que cette
création d'êtres vivants, de monères, puisse se
produire tous les jours. Malheureusement, il n'en
donne aucune preuve, et ses raisonnements reposent
uniquement sur les deux arguments que je viens
de rappeler, l'un et l'autre absolument insuffisants
pour étayer en quoi que ce soit la théorie proposée.

Pour préciser cette hypothèse, il vaut mieux
citer un élève et un admirateur de Pasteur, qui
professe sous une autre forme les idées de Hæckel.
Voici comment s'exprime Le Dantec :

« Il n'y avait pas d'eau sur la terre, il y en a,

donc l'eau a apparu ; il n'y avait pas de substances plastiques, il y en a, donc la vie élémentaire a apparu...

« Nous ne nous étonnons pas de l'apparition de l'eau, parce que nous savons reproduire dans les laboratoires la synthèse de l'eau. Mais nous ne savons pas encore reproduire la synthèse des substances plastiques, dont nous ne connaissons pas même aujourd'hui la composition chimique... Autrement dit, dans l'état actuel des choses, nous assistons tous les jours à la vie élémentaire manifestée, mais pas à l'apparition de la vie élémentaire. »

L'auteur suppose alors, comme Hæckel, qu'à un certain moment la vie est apparue sous la forme des êtres vivants les plus simples qu'on puisse concevoir, qui sont les monères, simples cellules sans noyau, minuscules parcelles de matière vivante.

Le Dantec dit plus loin : « Somme toute, nous sommes sûrs que la vie élémentaire a apparu. » Et par les phrases qui suivent, on comprend qu'il veut dire « a apparu sur la Terre ». Je ne vois pas du tout pourquoi nous en sommes sûrs. L'élan de Hæckel ou le raisonnement par l'absurde de Le Dantec ne sont persuasifs ni l'un ni l'autre. Et pourquoi, d'ailleurs, faut-il que les êtres vivants aient leur origine sur le globe terrestre? C'est voir les choses d'un point de vue bien restreint, et le panspermisme interastral de William Thomson est autrement satisfaisant pour l'esprit.

Un transport continuel a lieu d'une planète à l'autre par les météorites, qui peuvent contenir des germes, car les météorites ne sont stérilisées qu'à la surface par leur passage à travers l'atmosphère.

N'est-il pas raisonnable d'admettre qu'arrivée à un certain stade de développement, alors que refroidie à la surface et ayant développé de l'eau et une atmosphère, la Terre, comme tout autre astre, est devenue propice au développement des germes ? Alors, la planète peut commencer à se recouvrir de cette sorte de « moisissure » qui est formée par l'ensemble des êtres vivants. Et cet ensemencement interastral continue, donnant toujours de nouveaux points de départ à la formation des organismes, qui proviennent alors toujours d'organismes préexistants.

On a dit : « Ce n'est que reculer le problème de l'origine des êtres vivants. » Certes, c'est le reculer, comme on peut reculer le problème de l'origine de la matière ou de l'origine de l'espèce ! L'éternité de la substance vivante est tout aussi admissible.

La preuve du fait de ce panspermisme interastral n'est d'ailleurs pas impossible; on pourrait examiner l'intérieur des météorites lorsqu'elles viennent de tomber sur notre globe, surtout de celles qui renferment du carbone. Et si cette supposition plausible était prouvée, la question de la génération spontanée n'aurait plus qu'un intérêt très secondaire.

Toutefois ces germes ne sauraient être que microscopiques, et Empédocle est le seul savant qui relate qu'un lion soit un jour tombé du ciel dans le Péloponèse.

32.

## 2. Micelles et Radiobes.

Mais revenons au problème tel qu'il a été posé.

A côté de l'hypothèse d'une création spontanée, à un moment donné, de la première cellule vivante, je ne citerai que pour mémoire une théorie qui a eu son heure de vogue. Oken avait, le premier, supposé qu'il existe au fond des mers une substance vivante, plus ou moins homogène, ayant pris naissance spontanément, à une certaine époque de l'histoire de la Terre, et d'où devaient être sortis tous les êtres vivants qui ont apparu sur notre globe. Huxley, en examinant un dépôt argileux des fonds marins, crut avoir trouvé réellement ce père commun des organismes, qui existerait encore aujourd'hui. Il nomma *Bathybius* cette substance demi-fluide, visqueuse et sans forme définie. Mais rien de précis n'est venu s'ajouter à cette vague observation, et le Bathybius est allé rejoindre les substances hémiorganiques que Frémy avait imaginées dans ses objections aux expériences de Pasteur.

D'ailleurs, je l'ai rappelé plus haut, les progrès considérables des recherches modernes, dans l'art de colorer les substances vivantes pour en déceler au microscope les diverses parties, a fait reconnaitre dans la cellule, autrefois considérée comme l'élément primordial, une structure d'une extrême complexité.

Il ne saurait plus être question de faire provenir un tel organisme d'une pure combinaison chimique des éléments qu'il contient, ou de le supposer extrait d'un Bathybius quelconque. Dans l'état actuel de nos connaissances, il est aussi difficile de concevoir l'apparition spontanée d'une cellule que celle d'un être vivant tout entier.

Étant donnée la présence de noyau dans presque toutes les monères, on s'était rabattu, pour trouver des formes primitives, sur les cellules sans noyau de certains autres êtres inférieurs : algues bleues, bactéries ; mais des recherches récentes prouvent que les cellules de ces êtres sont aussi très différenciées dans leur substance intime. L'existence du noyau vient d'être démontrée chez les algues bleues qui en semblaient dépourvues, et l'étude détaillée des bactéries y révèle une complication nucléaire qu'on ne soupçonnait pas. D'autre part, l'organisation de la substance vivante de toutes les cellules se montre, bien qu'on ne la connaisse encore que très imparfaitement, comme étonnamment compliquée.

La substance vivante générale ou protoplasma peut présenter un aspect réticulaire, alvéolaire, fibrillaire, granulaire. Altmann et d'autres auteurs considèrent même les granules protoplasmiques comme les seules parties vivantes de la substance. Quant à la matière qui forme le noyau, cette partie essentielle de la cellule vivante, elle est encore bien plus complexe, et présente, au moment de la division d'une cellule en deux autres, des aspects successifs variés, mais dont la succession est toujours à peu près identique chez toutes les cellules des animaux et des végétaux. Là encore, l'existence de granules vivants doués de propriétés spéciales est tout à fait manifeste.

On est allé plus loin dans les hypothèses relatives aux parcelles qui forment la matière vivante : jusqu'à supposer que toutes les parties d'une cellule sont constituées par des éléments extrèmement petits et capables de se multiplier par eux-mêmes. Ces éléments, auxquels on donne, d'une manière générale, le nom de « micelles », seraient les cellules de la cellule, si l'on peut s'exprimer ainsi, les éléments des éléments. A la théorie cellulaire, on substitue la théorie micellaire.

C'est revenir, et par une tout autre voie, aux célèbres molécules organiques de Buffon. Mais les cellules, dans la plupart des cas, sont visibles, tandis que les molécules organiques, les vraies micelles, ne se voient pas, sont, comme on dit, ultra-microscopiques, précieux avantage pour les combiner dans l'esprit, de la manière la plus favorable !

Quel est le principal argument en faveur de la réalité des micelles ? C'est ce fait si remarquable, auquel j'ai fait allusion plus haut, de l'existence de microbes invisibles. Pour n'en citer qu'un exemple, parfaitement étudié dans sa propagation d'après les procédés de Pasteur, je dirai un mot de cet organisme tellement petit que sa forme échappe à tout microscope, et qui, cependant, est capable de tuer un bœuf. C'est la bactérie de la péripneumonie bovine.

Si l'on extrait une goutte de la sérosité prise dans les poumons d'un bœuf atteint de la péripneumonie, et qu'on sème cette goutte dans un bouillon de culture, on obtient un liquide à peine différent d'un bouillon stérile et pur, capable d'inoculer la maladie. Tout se passe, en un mot, comme si l'on opérait avec la culture d'un organisme visible au microscope et qui se développerait dans le

bouillon, ainsi que cela se produit pour la plupart des microbes infectieux. Il est vrai que, par
une disposition nouvelle des appareils microscopiques, on a pu entrevoir, dans ce bouillon altéré
par la bactérie de la péripneumonie, de petits
points brillants et mobiles dont il était impossible
de distinguer la forme. Si on l'avait distinguée, si
on avait réellement vu quelque chose, remarquons
que cet organisme infime n'aurait plus eu aucun
intérêt pour la théorie micellaire.

Mais c'est une erreur de croire que les êtres sont
très simples parce qu'ils sont très petits. Un Champignon gigantesque comme le *Bovista gigantea*,
gros comme une Citrouille, est d'une organisation
beaucoup plus simple qu'un de ces très petits
insectes qu'on distingue à peine, lorsqu'ils courent
sur une feuille de papier. Il y a des cellules énormes
visibles à l'œil nu, dont la structure est moins
compliquée que celle
d'autres cellules beau-
coup plus petites.

Pourquoi ces micro-
bes invisibles seraient-
ils des micelles ou seu-
lement composés de
quelques micelles?

Rien ne le prouve,
et l'on peut citer le fait
suivant en faveur de
l'opinion contraire.

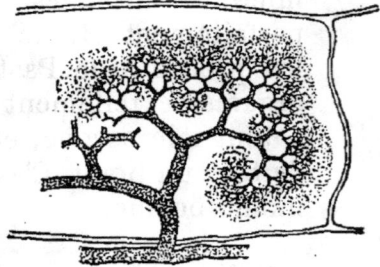

Fig. 230. — Suçoirs de champignon se
ramifiant indéfiniment dans une cellule de racine (grossi 600 fois) [d'après
Gallaud].

Gallaud a tout ré-
cemment découvert des Champignons qui présentent des suçoirs formés de ramifications se divisant en branches de plus en plus fines. Lorsqu'on
examine ces suçoirs arborescents, il subsiste dans

toute la périphérie une masse en apparence flo-
conneuse, formée par des ramuscules de plus en
plus minces, car ceux-ci apparaissent plus nombreux à mesure qu'on agrandit l'image au microscope; mais, en définitive, on ne peut apercevoir,
au plus fort grossissement, la terminaison des
ramuscules. Or, la partie visible de ces rameaux
possède partout la même organisation : que le
rameau soit gros ou extrêmement fin, c'est toujours
de la matière vivante entourée d'une membrane de
cellulose; l'arborescence entière, qui n'est que l'expansion d'une cellule ordinaire, est donc toujours
constituée de même. Donc, ces terminaisons des
filaments ramifiés, si extrêmement ténues qu'elles
sont invisibles, ne sont pas pour cela des micelles
et sont tout aussi compliquées que le reste de la
cellule dont elles font partie. Cela fait penser au
microcosme de Gœthe.

Je ne m'étendrai pas longuement sur les théories
micellaires, si ce n'est pour dire qu'on a tenté de
s'en servir pour étayer une résurrection de la génération spontanée.

L'argument typique est tiré de la curieuse découverte du platine colloïdal. Lorsqu'on plonge dans
de l'eau deux baguettes de platine et qu'on fait
passer l'arc électrique entre ces deux baguettes,
les fines particules du platine se détachent et restent
suspendues dans l'eau à l'état visqueux et insoluble
ou, comme on dit, à l'état colloïdal. Et comme le
liquide, qui contient ces particules ultra-microscopiques, a quelques propriétés, qu'ont aussi des
substances sécrétées par les êtres vivants, qu'il
peut changer la nature des sucres ou transformer
le vin en vinaigre, on en conclut qu'avec du platine

et de l'eau on a fabriqué des micelles à volonté.

Si on fabrique des micelles, et si la cellule vivante ne se compose que d'une agglomération de micelles, on a pour ainsi dire fabriqué de la matière vivante.

Ces expériences sur les corps colloïdaux métalliques sont évidemment des plus intéressantes à divers points de vue, mais il paraît bien difficile d'admettre qu'elles donnent une preuve quelconque en faveur de la possibilité pour l'homme de créer des êtres vivants. Il faut citer encore l'expérience sensationnelle exécutée récemment par Burke. Ce jeune savant anglais aurait découvert la génération spontanée, en faisant agir le radium sur un bouillon de culture stérilisé. Il dit avoir vu se produire des points sphériques qui se subdivisent, et ce sont là des êtres vivants, créés par génération spontanée, qu'il a baptisés du nom de *radiobes*. Raphaël Dubois avait d'ailleurs décrit sous le nom d'*Éobes*, des particules obtenues par des procédés du même ordre.

Malgré le « bluff » qui a été fait autour du nom de Stéphane Leduc, en 1906 et 1907, je ne parlerai pas des publications de cet auteur qui a cru trouver tous les caractères de la vie dans les précipités chimiques obtenus par Traube en 1865. Il n'y a dans ces arborescences bien connues, répétées dans les cours sous le nom de paysages chimiques, aucune assimilation possible avec des plantes vivantes.

Créer la substance vivante ! Comment l'espérer un instant dans l'état actuel de la science ? Lorsqu'on pense à ce qu'il y a de caractères accumulés, d'hérédité, de devenir compliqué dans un fragment de protoplasma vivant.

Si l'on songe que le développement d'un animal supérieur, ses transformations successives à l'état embryonnaire en protozoaire, en vers, en poisson muni de branchies, arrivant à produire un mammifère, un homme, cet ensemble de formes futures se trouve en puissance dans un fragment microscopique de substance vivante initial! Si l'on réfléchit que cette réminiscence des ancêtres lointains, cette hérédité acquise pendant des milliards de siècles, tout cela existe dans cette minuscule gouttelette de protoplasma! on comprend alors le sens de cette vérité : Il n'est pas plus difficile de créer d'emblée un éléphant que de créer une parcelle de matière vivante.

Lorsque l'homme aura résolu ce dernier problème, il sera devenu plus créateur que le Créateur, plus fort que la Nature entière, plus puissant que l'Univers infini.

### 3. L'apparition de la vie sur la Terre.

Voici maintenant que les fameux *radiobes* de Burke, de Cambridge, viennent de mourir à leur tour, et, comme les plantes fictives dont j'ai parlé plus haut, de mourir sans avoir vécu!

Douglas Rudge (et d'autres savants après lui ont confirmé les faits) a repris les expériences de Burke. Ce dernier croyait que le radium agissant sur une solution de gélatine stérilisée y faisait naître spontanément des microorganismes, susceptibles de s'accroître sous les yeux de l'observateur les considérant au microscope. C'étaient les radiobes.

Rudge a trouvé d'abord que moins le radium projeté dans la gélatine est pur, plus il se produit de radiobes. Bien plus, s'il n'y a plus que les impuretés du radium, sans radium mais avec baryum, les radiobes se forment en quantité. C'est donc le baryum et non le radium qui les produirait.

D'autre part, si l'on projette un sel soluble de baryum dans de la gélatine exempte de sulfate en solution dans de l'eau distillée, il ne se forme plus de radiobes. Si on met de l'eau ordinaire (contenant toujours des sulfates), les radiobes se produisent; si l'eau est distillée, mais que la gélatine contienne des sulfates il se fait des radiobes.

En dernière analyse, ces radiobes, ces soi-disant microbes obtenus par génération spontanée sont tout simplement les éléments d'un précipité de sulfate de baryte, sulfate insoluble qui se produit, comme on sait, par la réaction chimique entre le sel soluble de baryum et l'acide sulfurique.

Les *éobes* de Raphaël Dubois, réétudiés par lui, sont allés rejoindre dans le tombeau les radiobes de Burke et les plantes artificielles de Leduc.

Ce dernier dit que la célèbre expérience de Pasteur sur les microbes ne pouvant se développer sur du foin stérilisé ne prouve rien contre la génération spontanée.

Il n'y a pas *une* expérience de Pasteur, il y en a un nombre énorme, et toutes les cultures pures faites par les procédés Pasteur sont autant de fois cette expérience reproduite sous toutes les formes avec tous les milieux de culture et avec tous les êtres possibles. Il y a donc maintenant des milliers d'expériences de toutes sortes, prouvant chaque fois la non-existence actuelle de la génération spontanée. Et il n'y a pas d'autre moyen de prouver un fait négatif. On pourra toujours soutenir que dans une dix-millionième expérience réalisée dans d'autres conditions, les êtres se développent spontanément dans un milieu privé de germes. En attendant, on est bien obligé d'admettre que ce phénomène n'est pas connu.

Si la génération spontanée existait dans les conditions connues des organismes et des cultures, ce ne serait vraiment pas la peine que les biologistes et les médecins prissent tant de précautions pour établir des cultures privées de germe, et il serait bien inutile aux chirurgiens de faire emploi des aseptiques qui permettent si facilement aujourd'hui les opérations.

Pour les hétérogénistes, la nécessité de la génération spontanée à la surface du globe semble pouvoir être démontrée par A + B.

Le raisonnement semble bien simple. Le voici : A un moment donné, la Terre était un liquide en fusion, aucun être vivant ne pouvait s'y trouver. Il s'y trouve aujourd'hui des êtres vivants ; donc, ces derniers ont été formés par génération spontanée sur le globe aux dépens de la matière brute.

On n'a donc pas le droit de supposer à la vie une origine plus lointaine ? On dira encore que c'est reculer le problème ?

Supposons qu'au lieu de chercher l'origine des êtres vivants on cherche l'origine de la matière qui compose le globe terrestre ; alors, si l'on prétend que cette matière vient d'autre part, d'une nébuleuse qui, en se condensant, a donné naissance au système solaire et en particulier à la Terre, on recule le problème au lieu de le résoudre ! Pour le résoudre rationnellement, il faudrait donc admettre que toutes les substances minérales qui forment le globe ont apparu spontanément dans l'éther? On n'aurait pas le droit de leur supposer une existence anté-terrestre?

Au fond de tout cela, les hétérogénistes, qui paraissent au premier abord émettre des idées audacieuses ou très élevées, sont dominés inconsciemment par l'anthropocentrisme ou, au moins, par le géocentrisme. Ce sont là au contraire des idées étroites, semble-t-il. Pourquoi vouloir à toute force trouver sur la Terre l'origine de tout ce qui est sur la Terre, alors que la chute des bolides a formé sur notre globe des dépôts importants?

Regardons les choses de plus haut, avec Pascal et Laplace; nous voyons que l'Homme est bien peu de chose, misérable animal logé sur une boule qui tourne sur elle-même avec une vitesse vertigineuse; mais que cependant cet être infime dans l'Univers, le domine par sa pensée qui s'envole au delà des choses terrestres, et a conscience de l'infini.

C'est qu'en effet l'esprit de l'homme ne peut concevoir l'Univers autrement qu'infini : il est incapable d'assigner une limite à l'espace, au temps, à l'éternité de la matière.

On pourrait modifier un peu le vieil aphorisme et dire :

*Rien ne s'est créé, rien ne se perdra.*

# TABLE DES MATIÈRES

## I. — HISTOIRE DE LA FLEUR

Pages

1. Pour et contre la sexualité de la fleur. . . . . . .  1
2. Premières expériences sur le rôle de la fleur. . . .  5
3. Idées de Sprengel sur l'adaptation réciproque des fleurs et des insectes. . . . . . . . . . . . .  12
4. Découverte de la germination du pollen. . . . . .  17
5. La formation de l'œuf. . . . . . . . . . . . . .  22

## II. — IDÉES SUCCESSIVES SUR LA CONSTITUTION DES GROUPES

1. Avant les temps modernes. . . . . . . . . . . .  35
2. Gesner, Césalpin, Bauhin. — Idée du « genre ». . .  41
3. John Ray et Tournefort. — Idée des grandes divisions. . . . . . . . . . . . . . . . . . . . .  47
4. Linné. — Idée de l' « espèce ». . . . . . . . . .  52
5. Les Jussieu et De Candolle. — Idée de la « famille ».  59
6. Robert Brown et la classification actuelle. . . . . .  67

## III. — LES DÉCOUVERTES ET LES PROGRÈS DANS L'ÉTUDE DES CRYPTOGAMES

1. Premières recherches sur les Cryptogames. . . . .  75
2. Progrès variés, mais sans coordination. . . . . . .  83
3. La découverte des anthérozoïdes. . . . . . . . .  99
4. L'œuvre de Hofmeister. . . . . . . . . . . . . . 104

Pages

5. La sexualité et l'évolution des Algues. . . . . . . 113
6. Nouveaux progrès dans l'étude des Algues. — La
    Parthénogenèse. . . . . . . . . . . . . . . . . 126
7. Le Polymorphisme des Champignons. . . . . . . . 133
8. Les Lichens, associations amicales d'algue et de cham-
    pignon. . . . . . . . . . . . . . . . . . . . . . 145
9. La méthode des cultures pures. . . . . . . . . . . 148


IV. — ENTRE LES PLANTES SANS FLEURS
ET LES PLANTES A FLEURS

1. Les Phanérogames opposées aux Cryptogames. . . . 158
2. Exemples de transition. . . . . . . . . . . . . . 166
3. Les formes fossiles intermédiaires. . . . . . . . . 174


V. — LA DOUBLE INDIVIDUALITÉ DU VÉGÉTAL

1. L'Anthocéros. . . . . . . . . . . . . . . . . . . 179
2. Prédominance de l'individu asexué ou sporophyte. . 189
3. Prédominance de l'individu sexué ou gamétophyte. . 213
4. La réduction chromatique. . . . . . . . . . . . . 222


VI. — CRITIQUE DE LA CLASSIFICATION ACTUELLE

1. Les caractères des grands embranchements. . . . . 227
2. Le démembrement des Thallophytes. . . . . . . . 237
3. La classification de l'avenir. . . . . , . . . . . . 247


VII. — LA NOTION EXPÉRIMENTALE DE L'ESPÈCE

1. L'espèce. . . . . . . . . . . . . . . . . . . . . 250
2. Les grandes espèces et les espèces élémentaires, . . 255


VIII. — LA CRÉATION ACTUELLE DES ESPÈCES

1. La disparition et l'apparition des espèces. . . . . . . 262
2. La Mutation . . . . . . . . . . . . . . . . . . . 268

Pages
3. Jordan et les espèces jordaniennes. . . . . . . . . 274
4. Le Laboratoire de Svalöf. . . . . . . . . . . . . 276
5. Sélection, mutation, adaptation. . . . . . . . . . . 282


IX. — LE TRANSFORMISME EXPÉRIMENTAL

1. Expériences sur les animaux. . . . . . . . . . . . 288
2. Les végétaux et le milieu aquatique. . . . . . . . 295
3. Influence de la nature du sol. . . . . . . . . . . 311
4. Influence de la lumière. . . . . . . . . . . . . . 315
5. Influence du milieu organique. . . . . . . . . . . 322
6. Mécanisme de la transformation . . . . . . . . . . 330


X. — EXPÉRIENCES SUR LES MODIFICATIONS
PAR LE CLIMAT

1. Les plantes alpines et les plantes arctiques. . . . . 335
2. Reconstitution artificielle des conditions climatériques. 342
3. Cultures de plantes du Nord dans la région méditer-
     ranéenne. . . . . . . . . . . . . . . . . . . . 346


XI — LA VIE DANS L'OBSCURITÉ COMPLÈTE

1. Les conditions de la vie souterraine. . . . . . . . 348
2. La Faune des cavernes. . . . . . . . . . . . . . 350
3. La Flore des cavernes. . . . . . . . . . . . . . . 358


XII. — LA GÉNÉRATION SPONTANÉE

1. Les hétérogénistes : Needham, Buffon, Trécul, Hæc-
     kel. . . . . . . . . . . . . . . . . . . . . . . 368
2. Micelles et Radiobes. . . . . . . . . . . . . . . 378
3. L'apparition de la vie sur la Terre. . . . . . . . . 384

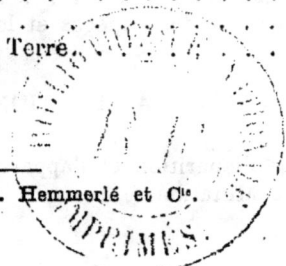

8440. — Paris. — Imp. Hemmerlé et Cⁱᵉ.

# Bibliothèque de Philosophie scientifique
## DIRIGÉE PAR LE Dr GUSTAVE LE BON

Les faits scientifiques se multiplient tellement qu'il devient impossible d'en connaître l'ensemble. Les savants sont obligés de se confiner dans des spécialités très circonscrites.

Malgré des découvertes incessantes, les principes généraux qui dirigent chaque science et constituent son armature philosophique sont toujours peu nombreux. Ils changent fort rarement et ne peuvent même changer sans que la science qu'ils inspiraient se transforme entièrement. L'évolution profonde subie par les sciences physiques et naturelles depuis cinquante ans est la conséquence du changement des principes philosophiques qui leur servaient de soutien et dirigeaient les travaux des chercheurs.

Pour se tenir au courant des connaissances scientifiques, philosophiques et sociales actuelles, il faut s'attacher surtout à connaître les principes qui sont l'âme de ces connaissances et constituent en même temps leur meilleur résumé.

C'est dans le but de présenter clairement la synthèse philosophique des diverses sciences, l'évolution des principes qui les dirigent, les problèmes généraux qu'elles soulèvent, que la Bibliothèque de Philosophie scientifique a été fondée. S'adressant à tous les hommes instruits, elle est destinée à prendre place dans toutes les bibliothèques.

### VOLUMES PARUS :

La Valeur de la Science, par H. Poincaré, membre de l'Institut, professeur à la Sorbonne (10e mille).

La Science et l'Hypothèse, par H. Poincaré, membre de l'Institut, professeur à la Sorbonne (12e mille).

La Vie et la Mort, par le Dr A. Dastre, membre de l'Institut, professeur de Physiologie à la Sorbonne (7e mille).

Nature et Sciences naturelles, par Frédéric Houssay, professeur de Zoologie à la Sorbonne (5e mille).

Psychologie de l'Education, par le Dr Gustave Le Bon (8e mille).

Les Frontières de la Maladie, par le Dr J. Héricourt (5e mille).

Les Influences ancestrales, par Félix Le Dantec, chargé de cours à la Sorbonne (8e mille).

Les Doctrines Médicales, par le Dr E. Boinet, professeur de clinique médicale, agrégé des Facultés de Médecine (4e mille).

L'Evolution de la Matière, par le Dr Gustave Le Bon, avec 62 figures (12e mille).

La Science moderne et son état actuel, par Emile Picard, membre de l'Institut, professeur à la Sorbonne (7e mille).

L'Ame et le Corps, par A. Binet, directeur du laboratoire de psychologie à la Sorbonne (4e mille).

La Lutte Universelle, par Félix Le Dantec, chargé de cours à la Sorbonne (6e mille).

La Physique moderne, par Lucien Poincaré, inspecteur général de l'Instruction publique (8e mille).

L'Histoire de la Terre, par L. de Launay, professeur à l'École supérieure des Mines (6e mille).

L'Athéisme, par Félix Le Dantec, chargé de cours à la Sorbonne (8e mille).

La Musique, par Jules Combarieu, chargé du cours d'Histoire de la Musique au Collège de France (6e mille).

L'Hygiène moderne, par le Dr J. Héricourt (6e mille).

L'Electricité, par Lucien Poincaré, Inspecteur général de l'Instruction publique (6e mille).

L'Allemagne Moderne, par H. Lichtenberger, maître de Conférences à la Sorbonne (6e mille).

L'Evolution des Forces, par le Dr Gustave Le Bon, avec 42 figures (6e mille).

La Vie sociale, par Ernest Van Bruyssel, Consul général de Belgique.

Le Monde végétal, par Gaston Bonnier, membre de l'Institut, professeur à la Sorbonne, avec 230 figures.

9531. Paris. — Imp. Hammarié et Cie. — 6-07.

*9782013763967*